国家自然科学基金项目(42264008)资助

基于地质雷达技术的采煤对土壤含水量影响规律研究

聂俊丽　著

中国矿业大学出版社
·徐州·

内容提要

研究地表土壤含水量受采煤影响的规律，对于西部生态脆弱区生态复垦具有重要实际意义。本书中不仅有雷达探测方法的创新，而且对于采煤对土壤含水量的影响研究方面，也有别于其他学者，对比了不同开采阶段等情况下采煤对土壤含水量的影响，给出了同一研究区采前、采中、采后不同时间采煤对土壤含水量的影响。

本书可以为研究采煤沉陷盆地特征的相关领域学者以及研究探地雷达土壤含水量反演方面的专家学者提供借鉴和参考，也可以为研究采煤对土壤含水量影响的相关学者提供不同的思路和视角。

图书在版编目(CIP)数据

基于地质雷达技术的采煤对土壤含水量影响规律研究/聂俊丽著.— 徐州：中国矿业大学出版社，2024.3

ISBN 978-7-5646-6191-5

Ⅰ.①基… Ⅱ.①聂… Ⅲ.①煤矿开采—影响—土壤含水量—研究 Ⅳ.①S152.7

中国国家版本馆CIP数据核字(2024)第056239号

书　　名　基于地质雷达技术的采煤对土壤含水量影响规律研究
著　　者　聂俊丽
责任编辑　宋　晨　耿东锋
出版发行　中国矿业大学出版社有限责任公司
（江苏省徐州市解放南路　邮编221008）
营销热线　(0516)83885370　83884103
出版服务　(0516)83995789　83884920
网　　址　http://www.cumtp.com　**E-mail**:cumtpvip@cumtp.com
印　　刷　苏州市古得堡数码印刷有限公司
开　　本　787 mm×1092 mm　1/16　**印张** 13.75　**字数** 262千字
版次印次　2024年3月第1版　2024年3月第1次印刷
定　　价　58.00元
（图书出现印装质量问题，本社负责调换）

序　言

地处毛乌素沙漠和黄土高原过渡地带的国能神东煤炭集团有限责任公司是我国首个2亿t煤炭生产基地。伴随着煤矿资源的高强度、大规模开发，矿区土地复垦与生态治理工作迫在眉睫。因此，为西部干旱半干旱矿区生态修复与工程示范提供支撑技术和基础数据成为当务之急。其中，摸清采区土壤含水量的空间分布情况以及土壤含水量随煤炭开采的变化规律，对于煤矿区生态复垦具有重要意义。

本书作者创新性地提出了利用地质雷达反演计算整个雷达探测深度范围内土壤含水量的两种方法，不仅采用早期信号振幅反演浅部土壤含水量，利用功率谱属性结合BP神经网络实现地面波时窗以下深度范围土壤含水量的反演，而且可以实现野外大范围内土壤含水量的快速探测，为土地复垦以及农业领域土壤含水量的监测提供技术支撑。此外，根据神东矿区大柳塔矿的开采速度、采高、煤层埋深等具体情况，从采煤所引起的地表移动规律进行分析，按照下沉盆地不同变形区，给出了采前、采中、采后各不同变形区土壤含水量的具体变化规律。

虽然大家普遍认为地表变形产生的裂缝在某种程度上是对自然生态的一种破坏，会拉伤根系，并会漏水、漏肥。但是从研究结果来看，地表变形产生的裂隙也可以说是一种有效的生态修复方式，就像农民在耕种前要先松土一样。通过裂缝的松土作用，可提高土壤水入渗能力，增加土壤透气性。若辅以适量生物土壤改良技术，可促进植被生长。可见，煤炭开采对生态环境的影响具有正负两方面效应，用“损伤”描述开采对生态环境的影响比“破坏”更为贴切，这也是我们从几十年的工作成果中得到的一个结论。

我很高兴为此书作序，期望本书阐述的理论、技术、方法能为我国煤矿区生态建设做出更多贡献！

中国工程院院士

2023 年 7 月 1 日于北京

前　言

西部干旱半干旱矿区煤炭资源的开发利用会带来地面塌陷、水土流失等一系列环境问题。为了给煤矿采后复垦提供基础数据，本书从地质角度出发，考虑采煤所引起的地表移动规律、下沉盆地特征，研究地表下沉盆地不同变形区内土壤含水量的变化规律，从更宏观、更大范围的角度来探究采煤导致的土壤含水量的变化规律。因此，需要适用于大范围土壤含水量探测的技术。

本书创新性地提出了一种可以直接利用地面波对应时段的早期雷达信号振幅包络反演土壤含水量的方法；参考早期信号对应的时窗选择高斯窗长度，利用频率域的多种属性参数，通过自回归滑动平均谱(ARMA)反演地面波有效探测深度以下不同深度的土壤含水量，实现了地质雷达在整个探测深度范围内土壤含水量的探测；并将此技术应用于煤矿生态修复工程中——基于地质雷达技术的煤矿开采对浅层地下土壤含水量动态演变的规律研究。

本书可以为研究下沉盆地特征的相关领域学者以及研究探地雷达土壤含水量反演方面的专家学者提供借鉴和参考，也可以为研究采煤对土壤含水量影响的相关学者提供不同的思路和视角。

本书依托国家自然科学基金项目(42264008)、神华科技创新项目(SHGF-2011-08、SHGF-201292548011)以及国家能源集团 2030 重大项目先导项目(GJNY2030XDXM-19-03.2)等研究成果，其中包括吕恒、谢国青的硕士论文的研究成果。此外，学生冯艳玲、陈紫秋、陈德文、张锡江、张磊、张力文、熊悦意、周学义在此书编写过程中帮助修改图件等，一并表示衷心感谢。

由于时间和精力有限，书中难免有疏漏之处，恳请广大读者批评指正。

著　者

2023 年 7 月

目　录

1 绪　论

1.1 研究意义

我国是一个煤炭资源大国(资源量约为 5×10^{12} t),其中 95%的煤炭资源从地下矿井采出。煤炭资源的井工开采会导致煤层上覆岩层的错断、下沉,进而引起采区地面沉陷。上覆岩层错断下沉,在一定程度上会使上覆岩层的结构发生变化,导致地下水重新分布以及潜水位下降,而地下水埋深增加会引起潜水对包气带中土壤的毛细管作用部分埋深增加;并且在此过程中地表岩层移动会导致地表出现一系列裂缝,从而引起松散层结构及其含水量的相应变化。煤炭资源的大规模开发必然会对矿区和周边地区环境及生态系统造成严重影响。

神东矿区是我国建成的第一个亿吨级煤炭基地,千万吨矿井群全球独一无二,目前煤炭年产已高达 1.89 亿 t 左右,有中国新世纪“煤都”之称,是国家能源战略的重要组成部分。神东矿区位于毛乌素沙漠南缘与黄土高原交错地带,以干旱少雨、水土流失严重为显著特征,风蚀区占总矿区面积的 70%以上,年均降水量仅 362 mm,水资源极其匮乏,是地球上生态环境极差且极度脆弱的地区之一。神东矿区虽然采用国际先进的煤炭开采技术,但因受采煤影响该地区仍然不可避免地出现了地表河流断流、水塘干枯、植被枯死、土地沙漠化等一系列生态与环境问题,不仅制约矿区煤炭工业的发展,同时也成为生态脆弱地区资源开发面临的紧迫问题。

掌握煤炭开采对地层结构以及浅地表松散层土壤含水量的影响规律,预防和减少煤炭资源开采对地表环境的影响迫在眉睫。这对于保证矿区采前植树造林、防风固沙,采后土地复垦所采取措施的有效性具有重要意义。

众所周知,植被的生长与土壤水的关系非常密切,土壤含水量是决定植物生长发育的重要生态因子,植物群落的生长发育及其生产力是由土壤资源中的土壤水分供给状况所决定的。植物对地下水的吸收利用主要取决于其根系与根系层土壤含水情况。开采沉陷引起的松散层变形以及地下水位的变化都将直接影响包气带土壤水的变化,沉陷导致的地面裂缝会影响土壤水分的入渗和蒸发,进而影响植物根系层土壤含水分布。

土壤和水是几乎所有植物生长的必要条件，不同类型的植物对土壤和土壤含水量的需求也有不同。松散层土壤结构和性质直接决定大气降水的入渗特征以及地下含水层水的毛细作用影响范围；受采煤沉陷影响的地下水的动态重分布直接影响土壤的含水量。此外，松散层的土结构和性质反映了土壤的结构及养分条件，这也是提高植树造林成活率、生态复垦效率必须考虑的基础条件。

地质雷达作为高分辨率探测手段，根据雷达天线频率的不同，可探测地下几米到几十米不同深度，并可以分辨地下不同排列方向、不同粒径、不同密实度及不同分选的沉积物。且因水具有较高的介容率，又是有极分子，对高频电磁波信号的传播特征影响很大，应用探地雷达技术检测介质含水量具有良好的地球物理前提，加之探地雷达技术具有非接触、连续测量、效率高等特点，适合大范围含水量的探测，成为本研究首选的探测方法。

因此，进行研究区浅表层松散沉积物填图，测定其采前、采中、采后不同时间及不同深度含水量，了解地下松散物的分布状况、物性、结构受采动影响的动态变化规律，确定研究区土壤含水量随采动影响在三维空间的变化规律，是提高荒漠化矿区植树造林成活率、增强生态复垦有效性、有效控制荒漠化进程所需开展的必要的基础性工作。

1.2 国内外研究现状

1.2.1 采煤影响下土壤含水量动态变化研究现状

1.2.1.1 采煤塌陷区土壤水分变化方面

研究采煤塌陷区土壤水分的变化特征，对土地复垦以及地表生态环境的恢复有重要作用。目前这方面的研究还较少，D. A. Swanson 等[1]对尾矿库及煤矸石山的土壤含水量进行了研究。K. A. Thomas 等[2]对矿区塌陷后 4 个不同阶段——2、7、11、23 a 的土壤结构理化性质进行了分析研究。诸多学者针对采煤塌陷区包气带土壤水分的变化规律进行了探索研究。赵红梅[3]首先将地表分为山谷基岩出露塌陷类型、基岩上覆薄土层塌陷类型和基岩上覆厚风积砂层塌陷类型，并在此基础上主要针对厚风积砂层塌陷区进行了包气带土壤水垂向分布特征对比分析及包气带土壤水空间变异分析，认为塌陷对表层土壤水垂向变异性有很大影响，而在空间分布上塌陷坑内土壤含水量低。雷少刚[4]通过地质雷达研究给出了包气带中土壤含水性的垂直分布规律及下沉盆地不同变形区的土壤含水性分布规律，并选择不同矿区的下沉盆地的不同变形阶段做了含水量的对比分析。在其分析过程中采用遥感方法解释浅层土壤含水量，利用地质雷达获取深部潜水水位面等资料,但遥感方法所测土壤含水量深度较小,对于潜水水位面的探测仅仅是以采煤工作面为单元,而单个采煤工作面的地下水位所受影响因素众多,水位下降有可能是采煤工作面开采前疏放水所导致的,也可能是相邻采煤工作面的开采所引起的,因此以采煤工作面为单元研究地下水的运移和变化失之偏颇。

1.2.1.2 塌陷前后土壤水分变化方面

众多等学者分别针对西部干旱半干旱区采煤沉陷引起的土壤理化性质的改变做了不同程度的研究,都对采煤沉陷后裂隙较发育部位的土壤含水量动态变化进行了分析,但其研究深度都不大(小于 1 m),而且主要是通过传统取样方法针对土壤含水量及土壤中氮磷钾等养分变化规律进行分析。

赵永峰[5]分别研究了采矿塌陷对土壤持水率、饱水渗透率及含水量在采煤前后的变化规律,但其研究深度不大,仅局限于地下 1 m 以浅。赵红梅等[6]对土壤含水量受采动影响的空间分布规律进行了研究,指出沉陷盆地不同部位土壤变形不同,造成土壤含水量不同,但其缺点是研究深度比较小,只研究地表以下 60 cm 的区域;研究方法也是传统的土壤取样方法。臧荫桐等[7]对补连塔矿采煤沉陷后土壤的容重、含水量、孔隙度以及氮磷钾等方面的变化做了研究,但是其研究区只选择了地表的沙丘,虽然考虑了沙丘的坡顶、坡中和坡底,但并未考虑沙丘具体属于采煤沉陷盆地的哪个位置或哪种变形区,而且研究深度也仅限于 1 m 以浅。张发旺等[8]从土壤容重的变化分析采前、塌陷非稳定阶段、塌陷稳定阶段包气带结构的变化,认为采矿沉陷会导致包气带变厚并改变包气带的结构,使其由原来的孔隙为主的结构变为孔隙加裂隙的形式。但所选的 3 个研究区不在同一地点,也就是说原来的本底条件有一定的差异,那么在此基础上的对比结果会与真实情况有一定的偏差,而且只是简单地从采矿导致的“上三带”理论出发进行论述,并未考虑岩性差异以及沉陷过程中受力的差异,而且也未对土壤含水性随开采的变化进行论述。赵红梅[3]将采煤塌陷过程分为未塌陷阶段、塌陷非稳定阶段和塌陷稳定阶段,分别选择大柳塔矿区双沟原农场、补连塔试验 1 区、祁连塔试验 2 区作为试验区进行矿区表层土壤水分的分析研究。虽然在一定意义上可以说明地表裂缝被掩埋、存在地表裂缝以及未产生塌陷这 3 个不同阶段的土壤含水量的变化趋势,但是并没有考虑到处于沉陷盆地的不同位置,地表裂缝多少和变形是不一样的。而且该研究只考虑 60 cm 以浅的土壤含水量,研究深度较小,对于根系较深的植物并不适用。

总的来说,以上文献都提到了采矿形成的塌陷裂缝会使土壤容重、土壤含水量减小,但是所有研究都是在同一时间选取不同采样地点,分别作为采煤塌陷前和塌陷后的研究区进行研究，这很难避免地下土壤本身性质的差异所导致的容重和含水量的不同。虽然赵红梅在其研究中提到了风沙土的含水量与耕作土的含水量差异很大，并认为这是土壤的物性不同所造成的。但是所有学者都没有从物性差异的角度去研究采矿前后土壤含水量变化的差异。另外，所有的研究都没有考虑所研究的裂缝区具体属于沉陷盆地的何种位置，没有考虑拉伸和压缩变形区。并且所有研究中都没有采用地质雷达作为土壤含水量的探测手段，要么直接在野外使用 TDR 或其他仪器，要么采土样在室内测试含水率。

1.2.1.3 地质雷达探测采矿前后土壤水分变化方面

雷少刚等[9]分别针对采后地面沉陷规律在研究区不同沉陷部位布置了测线，对拉伸区和压缩变形区进行研究，对采前、采中和采后的数据进行对比，但其研究结果是基于不同矿区给出的动态变化规律，并且也未从松散层物性、结构等方面来分析地表松散土层在地表沉陷过程中受压缩、变形的程度和结果，未对变形前、变形中和变形后的土壤含水量变化规律的差异进行分析。

1.2.1.4 沉陷前后含水量变化随地下物性差异的变化规律方面

对于沉陷前后含水量变化随地下物性差异的变化规律方面，目前国内外没有任何报道。

1.2.2 地质雷达(ground penetrating radar,GPR)探测含水量方面

1.2.2.1 GPR 时域方法探测土壤含水量方面

(1) 反射波方法

① 地面波方法。L. W. Galagedara 等[10]、J. A. Huisman 等[11]和 K. Grote 等[12]提出了利用地面波计算土壤介电常数，进而利用经验公式计算土壤含水量。C. M. Steelman 等[13]从理论上证实了利用地面波方法的有效性。M. Ercoli 等[14]进行了实验室测试和野外探测，指出地质雷达是一种非常值得推荐的区域性砂壤含水量探测的有效方法。A. Turesson[15]结合地面波法和电法方法在野外对不同含水量的土壤进行了测量，并采用地震数据处理共中心点道集计算波速的方法计算了地面波的波速和土壤介电常数，但准确拾取地面波相当困难，仍需要采用共中心点或宽角法进行探测。

S. Du 等[16]采用了易于拾取地面波的探测方法，即利用分体式天线，先用宽角法测量，直到在地质雷达图像中可以明确分辨出空气直达波和地面波，再利用此时的天线偏移距进行野外共偏移距方法的快速测量。这不失为一种利用地面波方法进行土壤含水量探测的行之有效的方法，不仅可以很方便地拾取地面波，而且可以兼顾野外探测效率。但在土壤含水量存在较大变化的情况下，选择一个恒定的天线偏移距显然无法满足所有情况的探测。

针对地面波难以拾取的困难，C. Ferrara 等[17]和 Di Matteo A.等[18]提出了利用地质雷达早期信号平均振幅包络进行含水量计算的 AEA（average envelope amplitude）方法，不仅从理论方面证明该方法的可行性，而且将该方法应用于野外的实际探测，证实该方法的有效性。乔新涛等[19]、崔凡等[20]、吴志远等[21]也分别采用 AEA 方法对黄土、风积砂和黏性土含水量进行了计算。D. Comite 等[22]认为，AEA 方法中的计算公式不应该是简单的振幅和介电常数之间的负倒数形式，因此，他们研究了不同天线偏移距、电导率、天线外壳等对雷达信号的影响，并指出当介电常数较大时，雷达早期信号会受影响，天线外壳对早期信号影响很小，小偏移距更适合该方法。

② 介质分层界面反射波方法。刘四新等[23]将共中心点（common midpoint，CMP）方法运用到铁路路基含水量的探测上，采用 Dix 方式求取层速度，接着用 Topp 公式计算含水量。郭秀军等[24]采用反射波法对路基土含水量进行了探测。马福建等[25]通过分层实验室物理模型，利用反射系数结合信号振幅对模型中土壤含水量进行了探测。I. A. Lunt 等[26]利用地质雷达反射数据对加利福尼亚州某一葡萄园中土壤含水量进行了动态探测，指出利用地质雷达反射数据在野外进行土壤含水量探测是一种行之有效的方法。B. Allred 等[27]探测高尔夫球场绿地土壤的含水量，为评估高尔夫球场不同绿地部分土壤排水系统的有效性以及调整绿地可变灌溉量提供有力支撑。若地下存在明显反射层，且该反射界面在地质雷达天线的有效探测深度范围内，均可利用反射法实现该深度范围含水量的探测，且可以使用共偏移距方法快速探测。

（2）透射波方法

崔凡[28]利用透射波方法进行土壤含水量的研究，将地质雷达分体式天线放置于土壤模型两侧进行点测，通过改变模型中土壤的含水量，计算电磁波穿过土壤的波速，进而按 Topp 公式计算土壤含水量。L. W. Galagedara 等[29]利用钻孔雷达方法，采用零偏移距和多偏移距的方式对砂壤含水量进行了探测。王春辉等[30]利用钻孔雷达方法采用平测和扇形测量的方式实现对土壤含水量的探测，指出平测方式非常适合于包气带内土壤含水量的探测。

1.2.2.2 GPR 频域数据计算土壤含水量方面

杨峰等[31]将 ARMA 算法引入地质雷达含水量的计算中，利用自回归滑动平均谱分析法的优势，在共偏移距探测数据的基础上提出了一种利用谱密度计算土壤含水量的方法，实现土壤含水量的地质雷达快速探测。彭苏萍等[32-33]在鄂尔多斯矿区，利用 AEA 和 ARMA 两种方法计算了浅地表砂壤含水量。

X. B. Liu 等[34]、A. Benedetto 等[35]和 M. Bittelli 等[36]从频域的角度研究

了土壤含水量的计算问题。在室内物理模型测试的基础上，给出了频谱峰值与含水量之间的关系。采用数值模拟和室内实验，对6种不同含水量土壤的地质雷达数据进行频域分析，给出了利用频谱中心频率计算含水量的公式，同时指出该方法可以用来识别土壤中是否存在黏土。F. Benedetto等[37]认为若土壤中含有黏土，频谱会向低频方向偏移，并认为可据此定性估计土壤中横向上是否有黏土存在。程琦等[38]研究了野外探测中峰值频率与土壤含水量间的关系模型。

B. Panzner等[39]采用波导法和自由空间探测法探测介质的复介电常数。其中GPR采用的是3种微波波段，研究从7 GHz到20 GHz极低含水量土壤的复介电常数。刘杰[40]提取了整个地质雷达探测深度范围内的雷达波属性，如振幅类、频谱类、瞬态类等共28种，通过BP神经网络训练，最后找出了最大峰值振幅、主频带能量、峰值频率和平均瞬时相位等7种对土壤含水量比较敏感的属性。

1.2.2.3　全波形反演土壤含水量方面

国外众多学者对全波形反演土壤含水量进行了较深入的研究，既有采用频域数据进行计算的，也有利用时域数据进行计算的。其中，A. P. Tran等[41]在2015年采用全波形反演方法，利用介电常数混合模型，结合Debye公式估算了土壤含水量，对一处山坡土壤含水量的时空变化进行了评估。J. Minet等[42-43]在2011年和2012年分别用全波形反演估算田间尺度土壤和粉砂土壤的含水量，其中2011年的研究主要针对层状介质，分别采用数值模拟和野外实地探测研究了采用全波形反演方法计算单层以及双层土壤含水量。K. J. Wu等[44]于2019年对无人机载GPR数据采用时域全波形反演方法计算黄土含水量，探测深度为10～20 cm。F. Tosti等[45]于2013年用地面耦合天线探测沥青层下黏土的含量，研究中采用了全波形反演、瑞利散射法、时域信号拾取法3种技术手段，通过在物理模型中不断加入黏土，研究了这些方法探测黏土含量的可行性。

1.2.2.4　土壤含水量有效探测深度研究方面

L. W. Galagedara等[46]利用gprMax模拟软件，设置了上层干、下层湿和上层湿、下层干2种双层土壤模型，通过波场快照分析了2种不同情况下地面波的组成，并通过改变模型中上层土壤厚度研究地面波速度变化，指出地面波的采样深度会随上层土的介电常数和含水量的变化而变化，地质雷达采样深度和地面波波长之间有很强的线性关系。

K. Grote等[47]通过室内实验，利用CMP和WARR(wide angle reflection and refraction)方法测试地面波在砂土中的探测深度，并与前人提出的方法进行了对比，认为实验中所得到的地面波的探测深度和全波形模型以及L. W.

Galagedara所用的方法估计的地面波深度较接近。K. Grote 指出,不管是对于干土还是饱和土,地面波的探测深度都和频率呈负相关关系;当其他条件相同时,地面波在干土中的传播深度略大于其在饱和土中的传播深度,但土壤含水量对地面波采样深度的影响可能比模拟得出的结果要小。不过 K. Grote 也指出这些结论是在实验条件下得出的,还需要进一步研究加以验证。

1.2.2.5 地质雷达在土壤含水量探测中存在的问题及发展趋势

地质雷达是被普遍认可的一种适用于中尺度范围土壤含水量无损探测的方法,但目前在利用地质雷达探测土壤含水量方面还存在以下问题:

(1) 利用 GPR 时域属性计算土壤含水量方面的问题

采用共偏移距方法探测时,只有地下介质中存在明显且稳定的反射层,才会有明显的反射同相轴,一旦不存在反射同相轴,则无法用反射波法计算波速或者反射系数等,因此该方法不具有普遍适用性。CMP 和 WARR 法虽然不要求地下有明显反射层,但探测过程费时费力,效率较低。

采用透射法虽然在模型上探测简单易行,但在野外探测难度较大,首先要求天线为分体式的,此外需将天线放置于待测土壤两侧,所以在野外作业时需要打钻或进行开挖,费时费力,且钻孔雷达探测距离有限,限制了该方法在野外的使用。

地面波方法是一种有效探测地表浅层土壤含水量的方法,但若采用共中心点法或宽角法准确求取地面波波速费时费力、探测效率极低,有时还会完全无法分离地面波。用 AEA 方法计算土壤含水量虽然克服了拾取地面波的困难,不用考虑空气直达波、地面直达波及反射波、折射波等的相互影响,可以实现地质雷达共偏移距方法对野外土壤含水量的快速探测,但有效探测深度较小,且计算过程中对于早期时段长度的选取,需要根据实际情况对比得出,并没有明确的根据。此外,利用地面波方法对共偏移距雷达数据求解时,需先计算介电常数再计算波速,然后在此基础上利用经验公式计算土壤含水量,存在误差的二次传递问题。

(2) 利用 GPR 频域属性探测土壤含水量方面的问题

ARMA 谱分析法探测深度较大,但深度方向上第一个滑动平均窗口的上半部分不具有重叠性,表层土壤含水量值误差较大或者表层存在空白,确定土壤含水量的频率范围需要依靠人为经验。

(3) 全波形反演土壤含水量方面的问题

目前全波形反演方法多使用喇叭天线,即空气耦合天线,探测深度有限。

(4) GPR 探测土壤含水量有效探测深度研究方面的问题

尽管有学者给出了地质雷达地面波有效探测深度估计的经验公式,但对于不同的土壤，经验公式往往不是高估就是低估，甚至存在数值模拟和室内实验结论互相矛盾的情况。

本研究主要通过理论分析、数值模拟、物理模型实验综合研究方法，开展基于地质雷达电磁波属性的土壤含水量计算理论模型研究，为地质雷达共偏移距探测方法计算土壤含水量提供理论依据，研究成果对农业、边坡、施工、地质灾害防治、土地复垦等领域土壤含水量的快速测量具有重要的参考价值。

1.2.3 地层结构地质雷达探测研究现状

国外在20世纪80年代就开始了沉积学方面的研究，研究比较系统，对地质雷达电磁波在各种介质中传播的速度，受影响因素，沉积物的层理面、颗粒大小、排列关系、分选、物质组成等沉积物固有的特征在地质雷达剖面中的反映都有系统的研究，涉及的领域涵盖了地质沉积的各种不同环境。如J. Woodward等[48]对河流冲积物，N. J. Cassidy等[49]、J. Heinz等[50]对冰水沉积，M. A. J. Bakker等[51]、P. R. Jackobsen等[52-55]对冰川沉积构造，I. V. Buynevich等[56-57]对海岸沉积，G. A. Botha等[58-63]对风积物，C. P. Pelpola等[64-68]对三角洲沉积物，C. E' kes等[69-71]对冲积扇，D. Carreón-Freyre等[72-74]等对湖相沉积物，J. Holden等[75-77]对泥炭沉积物，J. J. Degenhardt Jr等[78-80]对坡积物，H. M. Pedley等[81-83]对碳酸盐沉积，B. Cagnoli等[84]对火山沉积，K. B. Anderson等[85-86]对地质构造如断层等方面进行了地质雷达探测研究。N.Adrian[87]对前人的研究做了系统的分析，认为地质雷达可以分辨不同的地质界面，沉积物颗粒大小、分选及排列方向，并借鉴三维地震数据处理技术对雷达数据进行处理，可以很好地分辨出沉积界面及不同的沉积相、地下潜水位。A. Lejzerowicz等[88-94]利用地质雷达对波兰中部Kozlow蛇形丘沉积结构进行探测，结合野外露头，按粒度大小对沉积结构进行了详细划分。K. Pedersen等[95]通过用地质雷达对丹麦西南部的Hvidbjerg海岸沙丘进行探测，并利用其露头及^{14}C测年发现，现在稳定的沙丘下覆有10～15 m厚风成沙与泥炭层互层。L. Sambuelli等[96]利用水上探地雷达对意大利北部的一个冰碛湖的水深、水量及沉积特征进行调查，认为探地雷达可探测沉积物的类型。R. Gerber等[97]对更新世冰缘坡积物进行探测，指出黄土和砾石层在雷达剖面上有较好的反映，土壤中含水量的多少是影响雷达探测最重要的因素。F. Rejiba等[98]对塞内加尔泥炭层中含水量及地下水位进行了探测。F. Soldovieri等[99]使用探地雷达和微波进行火星上的断层探测筹备研究，并根据在斯瓦尔巴群岛的实地调查收集的实验数据，判断断层位置。P. R. A. Antunes等[100]对地下风化层进行调查，在雷达图像上可观测到较清晰的风化程度信息。

但国内关于地质雷达探测地层结构的研究较少，白旸[101]、殷勇等[102-103]分别对沙漠和海岸沙坝进行了相关研究，划分了沙丘及海岸沙坝的内部结构。由此可知，应用地质雷达探测可实现连续、快速、大范围的松散层物性及结构的调查。赵艳玲等[104]利用地质雷达对土壤结构进行了探测研究，但其仅限于物理模型研究。彭亮等[105]、胡振琪等[106]也利用地质雷达探测土壤的结构分层，为生态复垦提供依据，但研究深度较小，对土壤结构在地质雷达剖面中的反映特征研究不够深入。

上述研究分别利用地质雷达对不同成因、不同类型的沉积物进行探测，并结合钻孔资料或露头资料划分了相应沉积物结构及层理面，而且一致认为地质雷达在砂层地区有良好的探测效果。因此本书拟借助地质雷达确定研究区的浅地表沉积结构，以期从一个新的视角给采前植树造林及采后生态复垦提供地质基础资料。

1.3 研究内容、实施方案及所采用的方法

本研究针对西部生态脆弱区采矿过程中出现的荒漠化加剧的问题，利用地质雷达探测地表松散层厚度及物性、结构等分布情况，分析土壤含水量随采煤扰动的动态变化规律，从而了解不同类型松散物的含水和持水能力，为采后生态复垦提供基础数据，拟对以下几方面做重点研究：

（1）地质雷达探测土壤含水量方法研究

针对目前国内外利用地质雷达探测土壤含水量方法的优缺点，重点选择AEA方法作为浅部土壤含水量探测的方法，选择ARMA方法作为深部土壤含水量反演方法，实现野外地质雷达以共偏移距方法对雷达整个探测深度范围内土壤含水量准确有效的快速探测。

（2）雷达波探测浅地表地层的方法研究及地层结构空间分布研究

实际的地质情况是千变万化的，第四系地表松散层的分布差异性很大，如果直接在野外研究会有一定的盲目性，因此拟在分析研究区地质资料和野外调研资料的基础上，选择露头情况较好的区域以及较典型的地层区域，采用不同频率的地质雷达对露头及开挖剖面进行探测实验，选取适合研究区探测的雷达天线频率，确定研究区典型地层在雷达剖面上的反映特征，为研究区地质雷达探测结果的解释提供依据。

针对地质雷达探测的数据，在上述研究的基础上，结合钻孔取芯的地质资料，划分浅地表土壤在三维空间的分布。

（3）土壤含水量空间分布研究

采煤会使岩层结构破碎，导致地下水位下降；采煤也会引起地表沉陷及地

表变形，地表运动必然会伴随地表土体的拉伸、压缩，裂缝的产生、压密甚至闭合，进而引起松散层土壤含水量的变化。因此拟通过雷达探测结果、结合钻探取芯实验室测定土样含水率，确定各次探测时间松散层土壤含水量的空间分布情况。

(4) 地层结构、含水量动态变化规律研究

采煤导致的地表沉陷是一个动态变化的过程，地表变形及地下岩层移动、变形也是一个动态变化过程，因此除降雨与季节温差变化对浅层土壤含水量的影响外，浅地表松散层水分也是随采煤过程不断变化的。拟通过采前、采中、采后地表变形的不同阶段地质雷达探测数据的对比分析，进行以下几个方面的研究：

① 采煤沉陷不同影响区土壤含水量变化规律分析。浅地表土壤含水量的变化受多种因素影响，为了剔除季节变化、蒸发及降雨对浅地表松散层含水量的影响，因此针对同一次探测数据，对比下沉盆地不同变形区土壤含水量的变化规律，寻找采煤对土壤含水量的影响规律。

② 不同类型土壤受采煤沉陷影响下含水量变化规律分析。土壤介质的不同直接导致了其含水性和保水性的特点不同，因此本研究首先按钻孔揭露的土壤物性差异，对雷达探测数据进行划分，然后分别研究不同类型土壤含水量在采煤前后的变化规律及在下沉盆地不同变形区含水量的变化规律。

③ 下沉盆地不同变形区土壤含水量与变形关系研究。地表土壤在受采煤扰动的过程中，因为受力的差异，形成了地表特有的变形盆地形态特征，盆地的不同部位受力状态、变形程度、受扰动的程度不同。因此为了寻找变形程度与含水量变化之间的关系，先根据下沉盆地地表观测数据，求取地表下沉盆地的下沉曲线及倾斜变形曲线，再利用统计学的方法，求取地表测点土壤含水量与对应点的各种变形(拉张、压缩和中性)之间的关系，寻找研究区地表下沉变形对土壤含水量的影响规律。

1.4 本书内容安排

全书共分为 7 章，各章内容安排如下：

① 第 1 章分析西部干旱半干旱区煤炭开采扰动下浅地表土壤含水量变化规律、地质雷达探测土壤含水量及地层结构在国内外的研究现状。并对各种地质雷达探测土壤含水量的技术方法的优缺点进行总结，指出本研究的现实意义。

② 第 2 章对地质雷达反演地面波探测深度范围内土壤含水量方法——AEA 法做具体介绍，介绍该方法用于探测介质的含水量的理论基础，并通过数值模拟、物理模型等方法创新性地提出直接利用振幅包络值计算土壤含水量的

方法,并讨论该方法的有效探测深度。

③ 第 3 章介绍地质雷达反演地面波探测深度以下范围土壤含水量方法——ARMA 法。通过数值模拟、物理模型实验等方法,利用 BP 神经网络实现利用多个地质雷达频谱属性进行现代功率谱对土壤含水量的反演计算,并通过滑动高斯窗实现不同深度土壤含水量的计算。

④ 第 4 章介绍地质雷达用于地下地层结构探测的理论依据,并阐述本研究中野外地质雷达探测的方法,该研究区地质结构与地质雷达剖面中图像特征的相互关系,以及研究区探测结果和最终的地质解释成果。

⑤ 第 5 章介绍煤矿开采条件下地表移动规律,在大柳塔矿实测地表移动观测资料的基础上分析地表点在现代煤炭开采技术条件下的下沉移动规律,拟合出相应的下沉及变形曲线,对 52304、52305 采煤工作面地表下沉盆地按不同变形特征进行分区。

⑥ 第 6 章主要针对第 2 章和第 3 章的计算结果,分别讨论研究区内土壤含水量、土壤类型和下沉盆地不同变形区的相互关系。并在此基础上分析未受采煤影响区以及不同变形区土壤含水量的变化规律;采前、采中、采后不同开采阶段矿区土壤含水量的变化规律;给出下沉盆地倾斜变形值与砂土含水量变化规律的数学模型。

⑦ 第 7 章对全书进行总结,并对今后的研究工作进行展望。

2 浅部土壤含水量计算方法

在利用地质雷达探测土壤含水量的应用中，地面波方法应用得非常广泛，但大多数需要通过共中心点方式求取雷达波速，计算介电常数，然后根据 Topp 公式计算土壤含水量。这样比较费时费力，因此这里介绍一种通过共偏移距探测方式，利用地面波的特性便可实现土壤含水量探测的更方便快捷的新方法。因为地面波的探测深度比较小，所以此处称该方法为浅部土壤含水量探测方法，指地面波有效探测深度范围内土壤含水量的计算方法。

2.1 浅部土壤含水量计算理论基础

电磁波在介质中传播时，振幅会受到周围介质介电性质的影响，随着传播距离 z 增加，其振幅 A 相对于初始振幅 A_0 呈指数衰减，具体计算公式如下：

$$A = A_0 e^{-\alpha z} \tag{2.1}$$

式中，A 为振幅，V/m；A_0 为初始振幅，V/m；z 为传播距离，m；衰减常数 α 由式(2.2)计算：

$$\alpha = \frac{\sigma}{2}\sqrt{\mu/\varepsilon} \tag{2.2}$$

式中，σ 为介质电导率，S/m；μ 为介质磁导率，H/m；ε 为介电常数；α 为衰减常数，对于低损耗介质，α 这个常数是与频率无关的。因此由式(2.2)可以看出，电导率 σ 对衰减常数影响很大，介电常数对振幅影响很大。

在此，通过分析单偏移距(共偏移距)地面耦合天线探测数据早期信号振幅属性，甚至在典型条件下空气直达波和地面直达波叠加的情况下，求取土壤介电常数的可行性。使用共偏移距地面耦合天线探测的情况下，近场的影响是非常大的。这种情况下，空气直达波和地面直达波互相干扰，使得场的理论推导变得异常复杂，因此需要利用数值模拟的方法帮助更好地理解电磁波现象。

使用地面耦合天线时，必须考虑天线和地面之间的耦合效应。因此，天线模型使用有限长良导体，并在天线两端安装电阻，压制天线两端的反射，由此来模拟具有一定带宽特征的天线。

为了分析这种方法的影响深度，模拟中将土壤设置成水平层状。天线长度为 L，截面半径为 a，天线放置于空气与土壤接触面上，且收发天线相互平行，2 个天线之间的距离为 d，如图 2.1 所示。发射天线[由仅代表馈电的脉冲电场 ΔV 激发，也就是位于导线（天线）的中点，$x=0$]中电流的积分公式表示如下：

$$\int_{x'=\frac{L}{2}}^{\frac{L}{2}} I^{T}(x')G(x-x',y=0,z=a)\mathrm{d}x'-I^{T}(x)R^{L}(x)=\Delta V\delta(x) \tag{2.3}$$

式中，I^{T} 表示天线中未知电流，A；R^{L} 表示电阻，Ω；G 为层状半空间由于 x 定向电极而形成的格林函数电流在 x 方向的分量；$\delta(x)$ 为衰减系数。接收天线接收由代表馈电的脉冲电场 ΔV 激发而产生的电场 $E^{i;T}$，V/m。所以，接收天线中电流的积分公式可表示为：

$$\int_{x'=\frac{L}{2}}^{\frac{L}{2}} I^{R}(x')G(x-x',y=0,z=a)\mathrm{d}x'-I^{R}(x)R^{L}(x)=E^{i;T}(x,d) \tag{2.4}$$

其中

$$E^{i;T}(x,d)=\int_{x'=\frac{L}{2}}^{\frac{L}{2}} G(x-x',y=d,z=a)I^{T}(x')\mathrm{d}x' \tag{2.5}$$

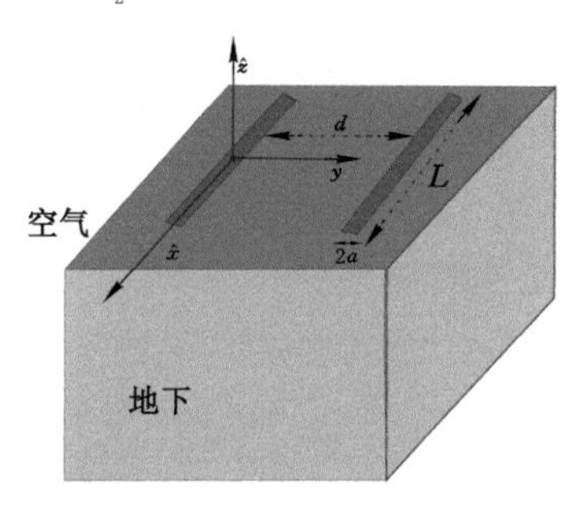

图 2.1　模拟模型天线设置（金属天线放置于空气与土壤接触面上）

通过离散方式来解积分公式，可以得到天线方程的数值解。这里使用的格林函数适用于均匀水平层状介质，并且与表面全反射系数相关，表面全反射系数由横电（TE）和横磁（TM）之间关系定义，具体关系如下：

$$\bar{G}=-\left(\mathrm{j}\omega\mu_{0}+\frac{k_{1}^{2}}{\sigma_{0}+\mathrm{j}\omega\varepsilon_{0}}\right)\frac{1}{2\widetilde{\Gamma}_{0}}+$$

$$\left[\frac{\widetilde{\Gamma}_0 k_1^2}{2(\sigma_0+\mathrm{j}\omega\varepsilon_0)k^2}R_0^{\mathrm{TM}}-\frac{\mathrm{j}\omega(k^2-k_1^2)}{2\widetilde{\Gamma}_0 k^2}R_0^{\mathrm{TE}}\right]\exp(2a\widetilde{\Gamma}_0) \tag{2.6}$$

式中,~表示频率水平波数域;j 为虚部;μ_0,ε_0,σ_0 为真空中的磁导率、介电常数和静态电导率;ω 为角频率;$\widetilde{\Gamma}_0$ 为垂向波数;k 为传播常数,k^2 与横向波数有关,可通过 $k^2=k_x^2+k_y^2$ 来计算。全反射系数包括来自地下层面间的反射和多次反射。对于任何频率地下第 n 层 TM、TE 波反射系数可由下式计算:

$$\begin{cases}R_n^{\mathrm{TM}}=\dfrac{r_n^{\mathrm{TM}}+R_{n+1}^{\mathrm{TM}}\mathrm{e}^{-2\widetilde{\Gamma}_{n+1}d_{n+1}}}{1+r_n^{\mathrm{TM}}R_{n+1}^{\mathrm{TM}}\mathrm{e}^{-2\widetilde{\Gamma}_{n+1}d_{n+1}}}\\ r_n^{\mathrm{TM}}=\dfrac{\eta_{n+1}\widetilde{\Gamma}_n-\eta_n\widetilde{\Gamma}_{n+1}}{\eta_{n+1}\widetilde{\Gamma}_n+\eta_n\widetilde{\Gamma}_{n+1}}\\ R_n^{\mathrm{TM}}=\dfrac{r_n^{\mathrm{TE}}+R_{n+1}^{\mathrm{TM}}\mathrm{e}^{-2\widetilde{\Gamma}_{n+1}d_{n+1}}}{1+r_n^{TE}R_{n+1}^{TE}\mathrm{e}^{-2\widetilde{\Gamma}_{n+1}d_{n+1}}}\\ r_n^{\mathrm{TE}}=\dfrac{\zeta_{n+1}\widetilde{\Gamma}_n-\zeta_n\widetilde{\Gamma}_{n+1}}{\zeta_{n+1}\widetilde{\Gamma}_n+\zeta_n\widetilde{\Gamma}_{n+1}}\end{cases} \tag{2.7}$$

式中,r_n^{TM},r_n^{TE} 表示在 TM 和 TE 波模式下第 n 层的反射系数;d_{n+1} 表示反射层的厚度;$\widetilde{\Gamma}_n=\sqrt{k^2+\eta_n\zeta_n}$(其中 $\eta_n=\sigma_{0n}+\mathrm{j}\omega\varepsilon_n$,$\zeta_n=\mathrm{j}\omega\mu_n$)是垂向波数,其实部为非负数。式(2.7)以递归的形式表示反射系数,可以通过假设没有波从下半空间传递上来(即 $R_{n+1}^{\mathrm{TM,TE}}=0$)进行求解。

通过点源天线工作原理和对式(2.6)作一些近似,可以将空气直达波和地面直达波分开。首先,可以按照上层反射系数重新改写这个公式,将全局系数作为表面反射和下层非均质土壤反射的和,即:

$$R_0^{\mathrm{TM}}=r_0^{\mathrm{TM}}+\bar{R}^{\mathrm{TM}},R_0^{\mathrm{TE}}=r_0^{\mathrm{TE}}+\bar{R}^{\mathrm{TE}} \tag{2.8}$$

$$\bar{R}^{\mathrm{TM}}=\frac{[1-(r_0^{\mathrm{TM}})^2]R_1^{\mathrm{TM}}\mathrm{e}^{-2\widetilde{\Gamma}_1 d_1}}{1+r_0^{\mathrm{TM}}R_1^{\mathrm{TM}}\mathrm{e}^{-2\widetilde{\Gamma}_1 d_1}} \tag{2.9}$$

$$\bar{R}^{\mathrm{TE}}=\frac{[1-(r_0^{\mathrm{TE}})^2]R_1^{\mathrm{TE}}\mathrm{e}^{-2\widetilde{\Gamma}_1 d_1}}{1+r_0^{\mathrm{TE}}R_1^{\mathrm{TE}}\mathrm{e}^{-2\widetilde{\Gamma}_1 d_1}} \tag{2.10}$$

只考虑土壤层的反射系数,忽略天线到地表的垂直距离(即假定天线直接放置于地面,与地面接触紧密)来了解空气直达波和地面直达波的影响,于是式(2.6)可以变为:

$$\widetilde{G}=-\left(\frac{\mathrm{j}\omega\mu_0}{\widetilde{\Gamma}_0+\widetilde{\Gamma}_1}+\frac{k_x^2}{\eta_1\widetilde{\Gamma}_0+\eta_0\widetilde{\Gamma}_1}\right) \tag{2.11}$$

这里局部反射层的反射系数是上层土壤层电磁参数的函数。

通过应用二维傅里叶反变换或乘以 x 方向点源格林函数,可从式(2.11)得到电场的空间域响应。在圆柱坐标系中,该电场可表示如下:

$$\hat{E}^T(\rho,\phi,z=0,\omega)=-\frac{\hat{J}^e(\omega)}{4\pi}\int_{k=0}^{\infty}\left[\frac{2j\omega\mu_0 J_0(k\rho)}{\widetilde{\Gamma}_0+\widetilde{\Gamma}_1}\right]-\left\{\frac{k^2[J_0(k\rho)-\cos(2\varphi)J_2(k\rho)]}{\eta_1\widetilde{\Gamma}_0+\eta_0\widetilde{\Gamma}_1}\right\}k\,dk \tag{2.12}$$

$$k_x=k\cos(\psi+\phi),x=\rho\cos(\phi) \tag{2.13}$$

$$k_y=k\sin(\psi+\phi),x=\rho\sin(\phi) \tag{2.14}$$

式中,$0<k<\infty$,$0<\psi<2\pi$;J_0、J_2 分别表示零阶和二阶第一类贝塞尔函数。在高频的情况下,式(2.12)中积分的第二项可以忽略,利用傅里叶反变换,空间电场公式可以表示为空气直达波和地面直达波两项的和。

$$E^T\left(\rho,\frac{\pi}{2},z=0,t\right)=E^T_{\text{air-wave}}\left(\rho,\frac{\pi}{2},z=0,t\right)+E^T_{\text{ground-wave}}\left(\rho,\frac{\pi}{2},z=0,t\right) \tag{2.15}$$

$$E^T_{\text{air-wave}}\left(\rho,\frac{\pi}{2},z=0,t\right)=A_{\text{air-wave}}I(t-\rho/c_1)H(t-\rho/c_0) \tag{2.16}$$

$$E^T_{\text{ground-wave}}\left(\rho,\frac{\pi}{2},z=0,t\right)=A_{\text{ground-wave}}I(t-\rho/c_1)H(t-\rho/c_1) \tag{2.17}$$

式中,ρ 表示圆柱坐标系中一个点位置空间的径向距离,其单位与具体建模空间的单位相关。

假设采用轴向发射源,并假定接收位置为 y 的函数($x=0,z=0$),即可得到式(2.16)、式(2.17)。其中,c_0,c_1 为电磁波在空气和上层土壤中的传播速度($c_0=\frac{1}{\sqrt{\varepsilon_0\mu_0}}$,$c_1=\frac{1}{\sqrt{\varepsilon_1\mu_0}}$);$t$ 为雷达波走时;H 为赫维赛德函数;I 为电流。详细的空气直达波和地面直达波振幅可由下式给出:

$$A_{\text{air-wave}}=\frac{\sqrt{\varepsilon_0\mu_0}}{2\pi(\varepsilon_1-\varepsilon_0)\rho^2} \tag{2.18}$$

$$A_{\text{ground-wave}}=A^0_{\text{ground-wave}}\cdot\exp\left[-\left(\frac{1}{2}\right)\frac{\sqrt{\mu_0}}{\sqrt{\varepsilon_1}}\sigma_{01}\rho\right] \tag{2.19}$$

$$A^0_{\text{ground-wave}}=\frac{\sqrt{\varepsilon_1\mu_0}}{2\pi(\varepsilon_1-\varepsilon_0)\rho^2} \tag{2.20}$$

式(2.19)中的指数项表明地面直达波快速衰减的特性,负号说明地面直达波和空气直达波相位相反。

按照图 2.1 中给定的模型天线参数进行设计，采用多种不同的介电常数在 gprMax 软件中进行模拟，模拟时根据介电常数的不同来调整天线收发距，即天线收发距大于雷达电磁波波长，使得空气直达波与地面直达波能完全分离，由此可以拟合出介电常数与空气直达波振幅和地面直达波振幅之间的关系，如图 2.2 所示。

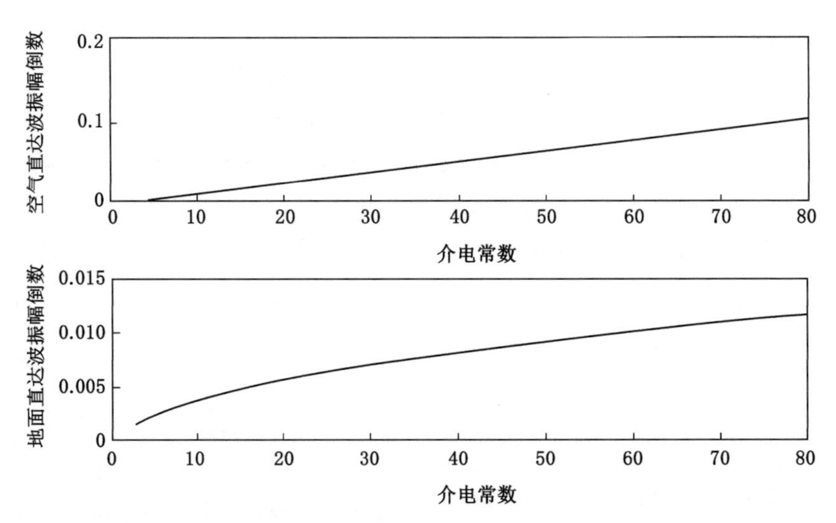

图 2.2　介电常数与空气直达波振幅和地面直达波振幅关系图

2.2　振幅包络平均值计算方法

由以上理论推导分析不难看出早期信号——地面直达波和空气直达波对应的早期时窗信号的振幅包络平均(amplitude envelope average，AEA)倒数与介质介电常数呈正相关关系。因此，以下介绍如何利用早期信号振幅包络平均倒数实现雷达共偏移距探测数据快速计算土壤含水量的相关研究内容。

2.2.1　地面波组成及特征

如图 2.3 所示，当 GPR 发射天线位于空气-土壤界面时，雷达波能量会以球面波的形式辐射到空中和地面[107]。从空气向土壤层入射的电磁波与法线的夹角的变化范围为 0°～90°，穿过层状土壤的电磁波满足斯奈尔定律：

$$k_1 \sin \theta_1 = k_2 \sin \theta_2 \tag{2.21}$$

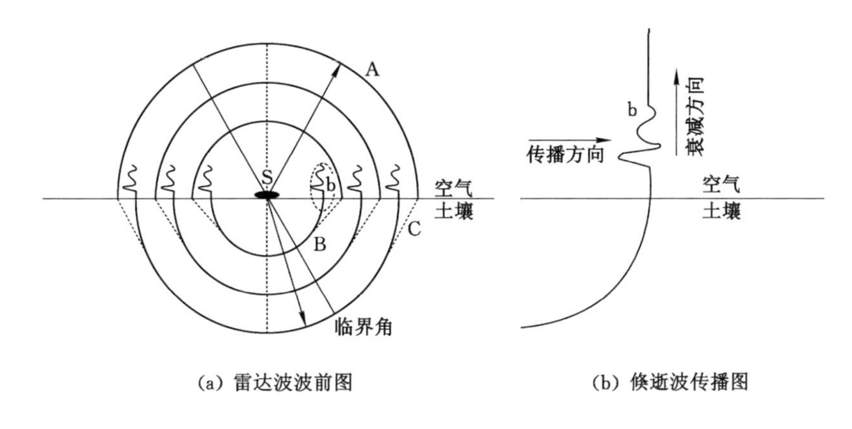

(a) 雷达波波前图　　(b) 倏逝波传播图

图 2.3 地面直达波组成

可知透射角的最大值为 $\theta_2=\arcsin\dfrac{k_1}{k_2}$，这个透射角被称为临界角 θ_c；其中 k_1，k_2 分别为空气和土壤层电磁波传播常数；θ_1，θ_2 分别表示入射角和透射角。发射源 S 发射电磁脉冲后在地面上方形成空气球面波 A，当球面波到达界面处时，电磁波以临界角 θ_c 向下传播，并被分为球面波 B 和平面波 C 两部分。根据费马原理，电磁波沿着最小路径连续传播，因此平面波 C 连接着空气中的球面波 A 和土壤中的球面波 B，平面波 C 又被称为侧向波。球面波 B 向空气中传播时，当入射角不大于临界角 θ_c 时，从土壤进入空气中电磁波透射角的变化范围为 0°～90°，但当入射角大于临界角 θ_c 时，根据斯奈尔定律 $\sin\theta_1>1$，这在实数域不存在，但是在复数域是存在的，其物理意义是倏逝波(evanescent wave)b，倏逝波又被称为凋落波、隐失波。倏逝波沿着界面向上传播，不断衰减直到消失。地面波就是球面波 B 和倏逝波 b 的组合。

电磁波在空气-土壤界面的传播形式，可通过设置上下含水量有差异的双层土壤模型，利用数值模拟波场快照来直观表示。数值模拟采用的是时域有限差分(FDTD)法，激励源是 Ricker 子波，电导率为 0.072 mS/m，离散网格为0.005 m×0.005 m，采样时窗分别为 40 ns、20 ns，中心频率分别为 400 MHz、900 MHz，收发天线每次同步移动 0.02 m。400 MHz 天线探测的模型大小为4 m×4 m。上层干土大小为(0，0)×(4 m，0.8 m)，下层湿土大小为(0，0.8 m)×(4 m，1.6 m)；900 MHz 天线探测的模型大小为 2 m×2 m，上层干土大小为(0，0)×(2 m，0.4 m)，下层湿土大小为(0，0.4 m)×(2 m，0.8 m)。

图 2.4(a)、(b)为 400 MHz 雷达波场快照图。图 2.4(a)为采样时窗为 11 ns 时的波场快照图，从图中可以看出，A 为在空气中传播的球面波；B 为在干土层

内传播的球面波;C为在干土层内传播的侧向波,D为在干湿土层界面传播的球面波。按照费马原理,波沿最小路径传播,C连接着空气中传播的球面波A和干土层内传播的球面波B;b为倏逝波。地面波是倏逝波b和球面波B在空气-干土界面的结合。图2.4(b)为采样时窗为22 ns时雷达波波场快照图,与图2.4(a)不同的是少了一个在干湿土层界面传播的球面波D,这是因为上层为湿土层时雷达波衰减得很快。图2.4(c)、(d)为上层分别为干土层、湿土层时900 MHz激励源在采样时窗为10 ns、16 ns时雷达波波场快照图,同图2.4(a)、(b)相比,图2.4(c)、(d)的分辨率较高,图2.4(c)中侧向波C非常明显,同样的介质中的地面波(GW)是由空气中倏逝波b和球面波B组成的。

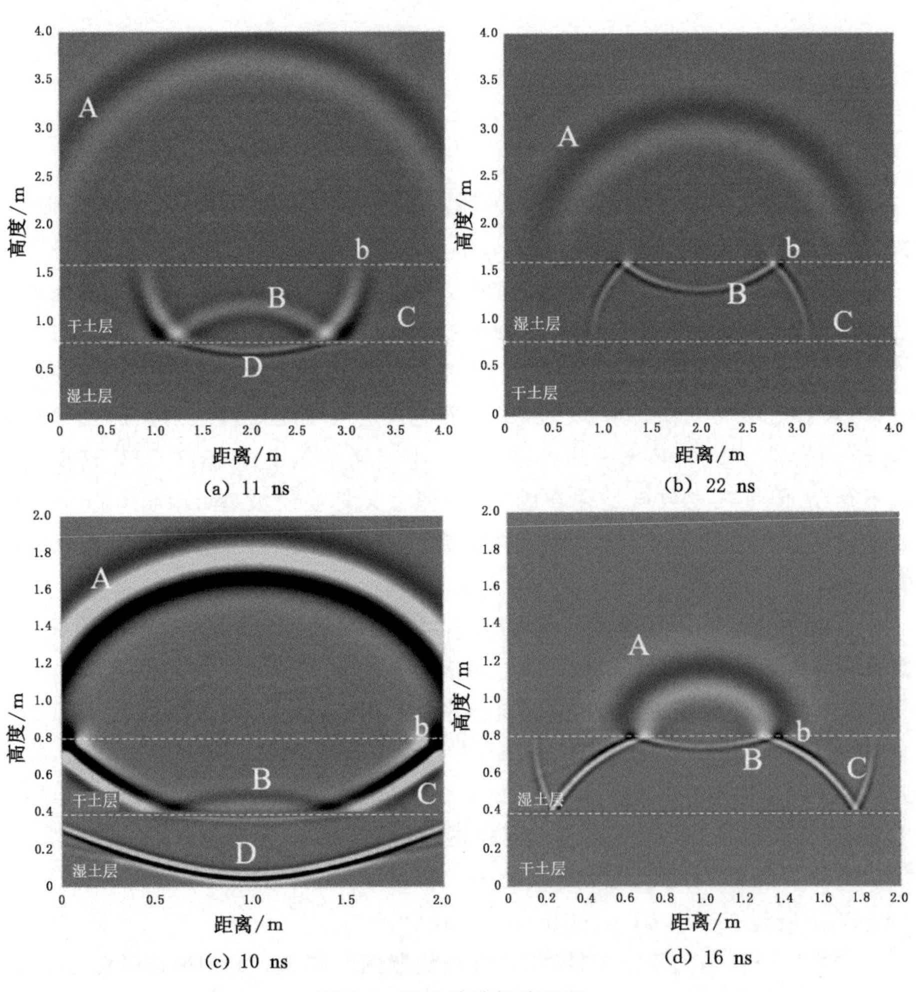

图2.4 雷达波波场快照图

2.2.2 AEA 法数值模拟实验

为了探索早期信号振幅包络与土壤含水量的关系，首先利用 gprMax 软件进行土壤数值模拟。共设置 8 种不同含水量的土壤数值模型，土壤体积含水量按 0.04 cm^3/cm^3 的梯度递增配制，土壤体积含水量在 0.04～0.32 cm^3/cm^3 范围。激励源选择 Ricker 子波，中心频率分别为 200 MHz、400 MHz、900 MHz。200 MHz天线探测的模型大小为 4 m×2 m，初始收发天线距为 0.4 m，采样时窗为 60 ns，离散网格为 0.01 m×0.01 m。400 MHz、900 MHz 天线探测的模型大小为 2 m×1 m，土壤层大小为(0,0)×(2 m,0.6 m)，收发天线距分别为0.2 m、0.1 m，收发天线每次同步移动 0.02 m，采样时窗分别为 40 ns、20 ns，离散网格为 0.005 m×0.005 m，电导率为 0.072 mS/m，其余为空气。

采用共偏移距法分别得到 8 组不同含水量土壤对应的雷达剖面，选取单道信号分析土壤含水量的变化对雷达波早期信号振幅的影响。先截取模拟数据中地面波对应的时窗内的雷达信号，求所有单道信号振幅包络值并求平均，得出雷达信号中地面波对应时窗的单道波形及相应的希尔伯特变换振幅包络，如图 2.5 所示。

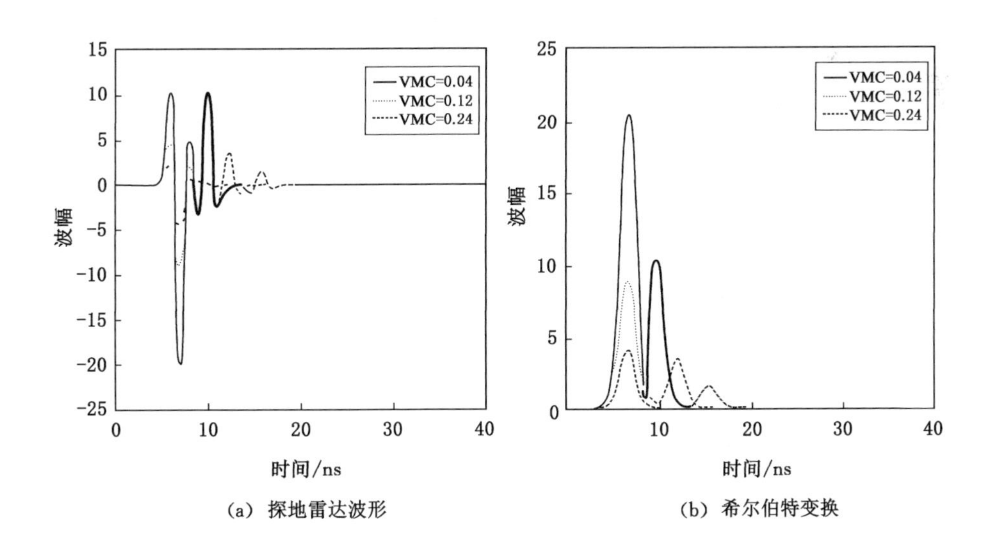

图 2.5 探地雷达波形及其相应的希尔伯特变换振幅包络

（粗线对应地面波时窗范围；VMC 为土壤含水量）

图 2.5(a)中粗线为 400 MHz 天线模拟的含水量为 0.04～0.24 cm^3/cm^3 的土壤的地面波波形，可以看出地面波振幅随着含水量的增大而减小，地面波走时随着含水量的增大而增加。

数值模拟的 8 种不同含水量的土壤地面波振幅变化情况以及通过希尔伯特变换后得到的振幅包络如图 2.6 所示。从图中可以看出，当土壤含水量较低时，微小的含水量的增加就会导致振幅有很大的衰减，而当土壤含水量较高时，即使含水量变化很大，但振幅的变化并不明显。

从图 2.6 中可以看出通过希尔伯特变换后的振幅变得更加简单，振幅值全部变为正值，读取地面波对应的时窗范围信号，计算平均振幅包络倒数，见表 2.1。

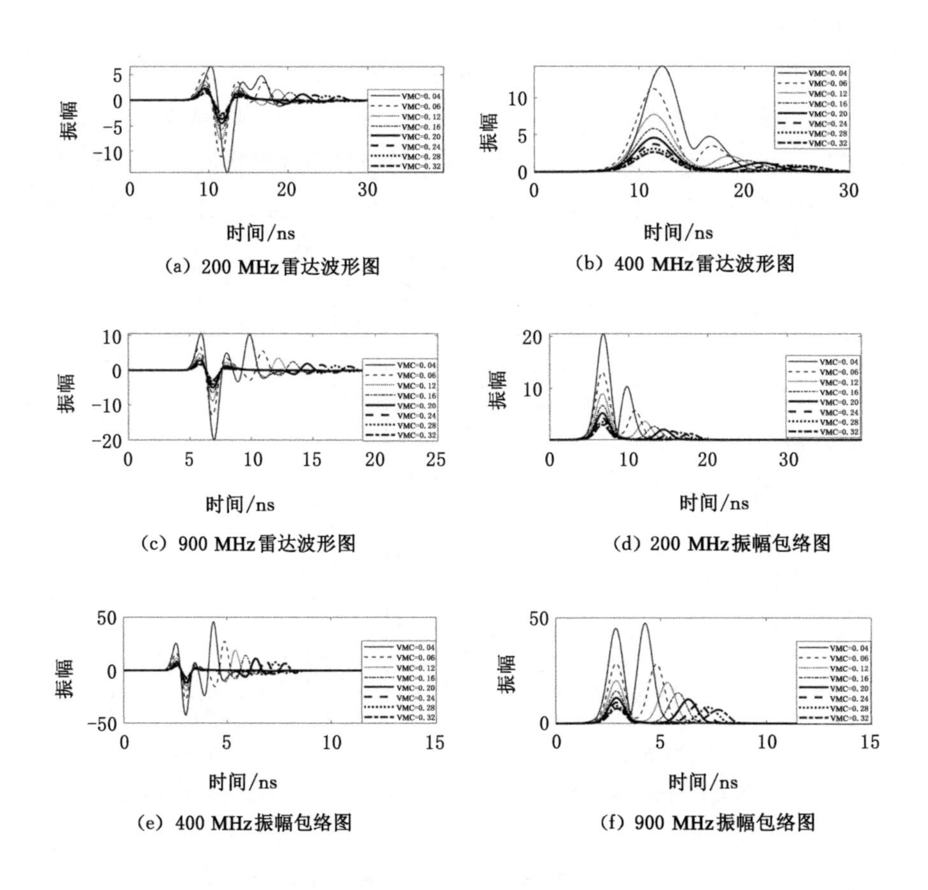

(a) 200 MHz雷达波形图　(b) 400 MHz雷达波形图
(c) 900 MHz雷达波形图　(d) 200 MHz振幅包络图
(e) 400 MHz振幅包络图　(f) 900 MHz振幅包络图

图 2.6　不同含水量土壤波形图

表 2.1 土壤含水量与雷达波平均振幅包络倒数

土壤含水量/(cm^3/cm^3)	200 MHz	400 MHz	900 MHz
0.04	0.478 0	0.347 2	0.075 8
0.08	0.780 8	0.659 0	0.107 2
0.12	1.071 7	0.887 5	0.159 2
0.16	1.424 2	1.158 5	0.212 5
0.20	1.803 1	1.527 4	0.249 2
0.24	2.196 7	2.080 7	0.342 7
0.28	2.740 4	2.355 0	0.411 1
0.32	3.039 8	2.527 8	0.485 5

从表 2.1 中可以看出，随着土壤含水量增大，3 种频率的天线计算得到的雷达波振幅包络倒数(AEA^{-1})增大，表明 AEA^{-1} 与土壤含水量呈正相关关系。分别拟合 8 种不同体积含水量的土壤早期信号振幅包络倒数与土壤体积含水量之间的关系，如图 2.7 所示。

不同频率的天线发射的电磁波能量不同，对应的雷达波振幅不同，但 3 种频率天线探测得到的雷达波对应时窗内振幅包络倒数与土壤体积含水量有很强的相关性。表 2.2 给出了地面直达波对应时窗内振幅包络倒数与土壤含水量的拟合关系式及相关系数。

表 2.2 地面直达波时窗内雷达波振幅包络倒数与土壤含水量拟合结果

频率/MHz	拟合关系式	相关系数 R^2
200	$y=9.371x+0.005\,2$	0.992
400	$y=8.242x-0.041\,0$	0.986
900	$y=1.481x-0.011\,1$	0.981

K. M. Franko 等[108-109]认为雷达波振幅除了受介电常数、电导率等影响外，还受到传输信号强度的影响。传输信号强度取决于发射天线频率。为了使传输信号强度的影响最小化，将雷达波的振幅进行归一化处理。

图 2.8 为 3 种频率的天线归一化处理后地面直达波时窗内雷达波振幅包络倒数与土壤体积含水量之间的拟合关系图，其中，y 表示土壤体积含水量，x 表示早期信号振幅包络倒数值归一化值，拟合得到的关系式如下：

$$y=3.083x+0.001\,7 \tag{2.22}$$

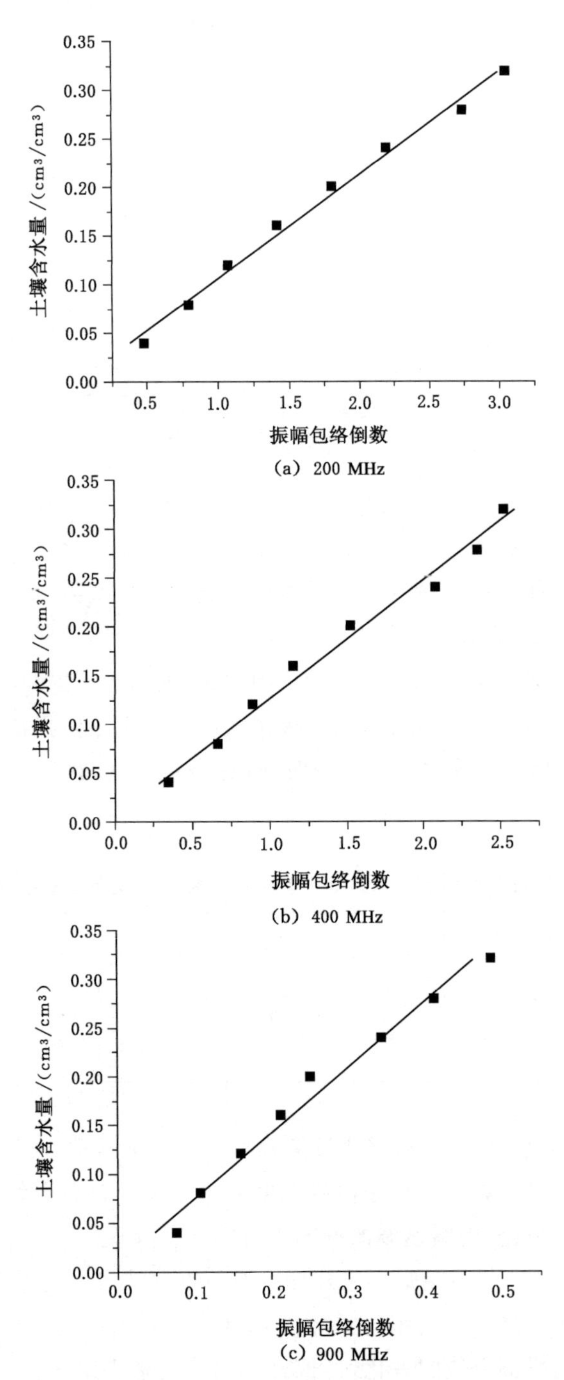

(a) 200 MHz

(b) 400 MHz

(c) 900 MHz

图 2.7　地面直达波时窗内雷达波振幅包络倒数与土壤含水量拟合关系图

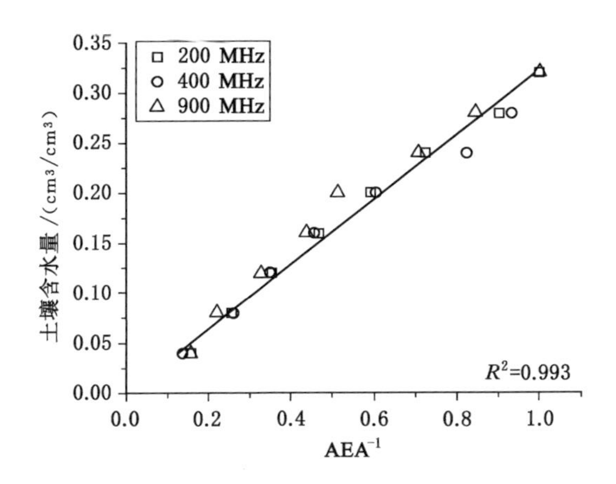

图 2.8　归一化处理后雷达波振幅包络倒数与土壤含水量拟合关系图

土壤含水量与振幅包络倒数具有很强的线性相关性，由图 2.8 可以看出，归一化处理缩小天线频率引起的雷达波振幅幅值差异对反演土壤含水量的影响。

2.2.3　AEA 法物理模型实验

为了能够将该方法推广到野外实地探测应用中，在数值模拟的基础上进行了物理模型研究。设置 6 种不同含水量土壤的物理模型，用 200 MHz、400 MHz 和 900 MHz 3 种频率的中高频天线对物理模型中土壤进行探测，200 MHz、400 MHz 天线探测的模型大小为 2 m×1 m×0.8 m，900 MHz 天线探测的模型大小为 0.65 m×0.45 m×0.4 m。目前，国际上应用 GPR 探测土壤含水量时采用 225～900 MHz 的中高频天线[110]，中高频天线在保证探测精度的同时也兼顾一定的探测深度。利用地质雷达完成探测后在测线方向雷达数据打标处从模型表面向下，每隔 5 cm 依次用标准环刀($100\ cm^3$)连续取样，同时取对应的平行样。取样结束后将土样从模型箱里取出，用洒水壶喷水，并充分搅拌均匀，再装入模型箱。按照上述雷达数据采集、土壤取样、土壤含水量配置、搅拌步骤完成其他组实验。第一组实验直接对采集的土样进行探测，后面几组实验视土壤湿度控制喷水量，共完成 6 组不同含水量的土壤的雷达测量和取样。并在实验室用烘干法测样品的土壤含水率、土壤电导率以及土壤容重等参数。

(1) 土壤体积含水量测试

物理模型土壤样品采集贮存详细步骤参考《土壤检测 第 1 部分：土壤样品的采集、处理和贮存》(NY/T 1121.1—2006)。利用烘干法测得土样的质量含水率，测量详细步骤参考《土壤水分测定法》(NY/T 52—1987)，土壤容重的详细测量步骤参考《土壤检测 第4部分：土壤容重的测定》(NY/T 1121.4—2006)。最后根据土壤质量含水率、土壤容重和土壤体积含水量之间的关系式(2.23)计算得到土壤体积含水量：

$$\theta_v = \theta_w \times \rho_b / \rho_w \tag{2.23}$$

式中，θ_v 为土壤体积含水量，cm^3/cm^3；θ_w 为土壤质量含水率，%；ρ_b 为土壤容重，g/cm^3；ρ_w 为水的容重，g/cm^3。

将物理模型所取土样测得的含水量数据，按各测点不同取样深度作图(图2.9)，横坐标表示土壤体积含水量，纵坐标表示土壤取样深度，从图中可以看出各测点深度方向土壤体积含水量的分布情况。其中，第一、二、六组物理模型土壤所配置含水量相对均匀，第三、四、五组的均匀性稍差。

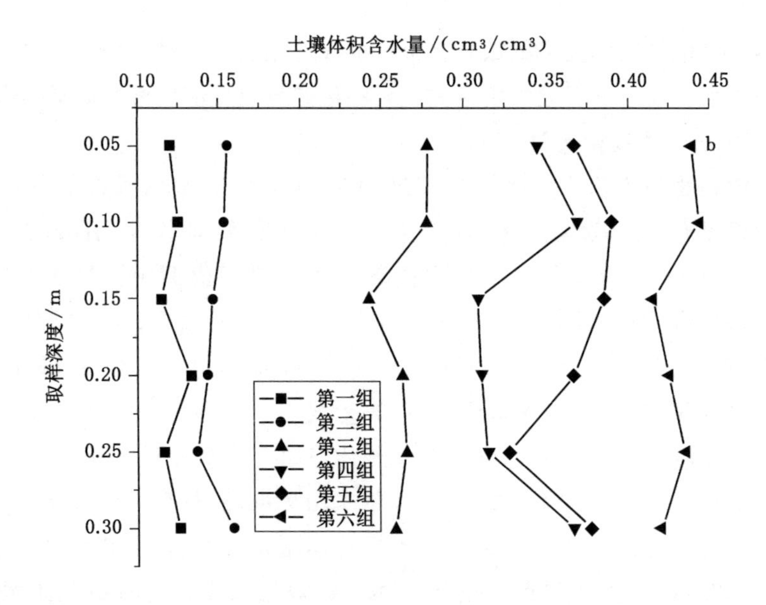

图2.9 物理模型中土壤体积含水量分布图

(2) 土壤介电常数测试

利用GPR反射波法测量不同含水量土壤的介电常数，电磁波在土壤中传播时，传播速度会随着介电常数的增加而减小，当遇到良导体时，电磁波便会发生全反射[111]。雷达波在土壤中的传播速度与土壤的介电常数存在以下关系：

$$v = \frac{c}{\sqrt{\varepsilon_r}} \tag{2.24}$$

式中，c 为雷达波在真空中的传播速度，为 0.3 m/ns；ε_r 为土壤的相对介电常数。

因此只需要求得电磁波在土壤中的传播速度，便可通过式(2.24)计算得到土壤的相对介电常数。利用 GPR 反射波法，在已知测量土壤厚度 h(m)的情况下，根据电磁波在介质中的双程旅行时间 t(ns)，可以根据式(2.25)求得电磁波在土壤中的传播速度 v：

$$v = \frac{2h}{\Delta t} \tag{2.25}$$

由式(2.24)和式(2.25)便可计算出土壤的介电常数：

$$\varepsilon_r = \left(\frac{c}{v}\right)^2 = \left(\frac{c \times \Delta t}{2h}\right)^2 \tag{2.26}$$

本实验选择一个 0.45 m×0.32 m×0.25 m 的小塑料箱，采用 900 MHz 天线进行探测，并在塑料箱底部放置一块金属板，以便实现对电磁波的全反射，获取电磁波在已知厚度的土壤层中的双程旅行时间，用于计算土壤的介电常数。土壤介电常数实验的物理模型见图 2.10。

图 2.10　介电常数实验模型箱

通过探测不同含水量土壤得到不同的雷达剖面，提取采样点附近雷达剖面单道数据读取电磁波在不同含水量土壤中传播的双程旅行时间，图 2.11 为雷达剖面及单道波形图。图中 t_0 为直达波双程旅行时间；t_1 为电磁波到达金属板位置双程旅行时间；Δt 为电磁波在厚度为 h 的土壤中传播的双程旅行时间。

根据式(2.26)得到不同含水量土壤的介电常数，介电常数实验相关参数见表 2.3。

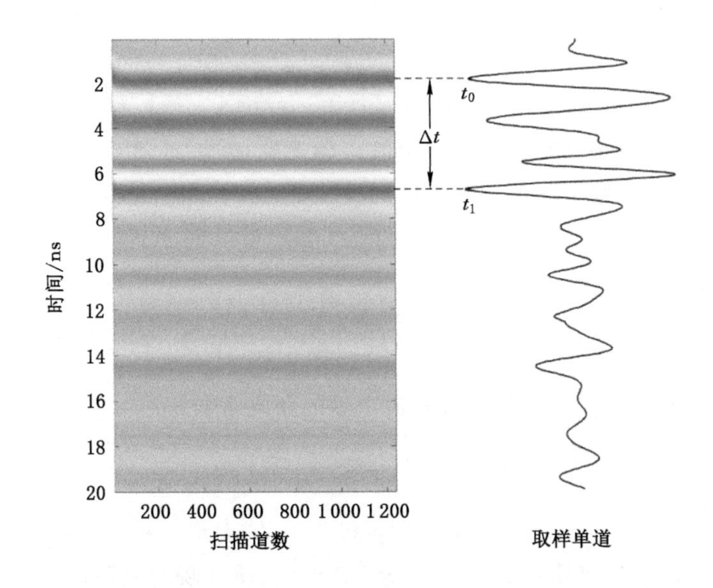

图 2.11　物理模型雷达剖面及单道波形图

表 2.3　介电常数实验相关参数

组号	t_0/ns	t_1/ns	Δt/ns	$2h$/m	v/(m/ns)	ε_r	实测土壤含水量/(cm^3/cm^3)
1	1.672	5.536	3.864	0.46	0.119	6.350	0.122
2	1.732	5.756	4.024	0.46	0.114	6.887	0.141
3	1.836	6.758	4.922	0.46	0.094	10.304	0.208
4	1.756	6.936	5.18	0.46	0.089	11.413	0.229
5	1.869	7.465	5.596	0.46	0.082	13.319	0.279
6	1.934	7.863	5.929	0.46	0.078	14.952	0.310

(3) 振幅包络平均值计算土壤含水量

为了验证数值模拟得到的结果，采用共偏移距测量方式进行物理模型实验，所用的仪器是由中国矿业大学(北京)自主研发的 GR 系列雷达，天线使用的是 200 MHz、400 MHz、900 MHz 分体式天线，如图 2.12 所示。

收发天线从模型箱一侧向另一侧同步移动，数据采集方法为自由测量，采集参数见表 2.4。配制的第一组到第六组土壤的体积含水量依次为 0.123 cm^3/cm^3、

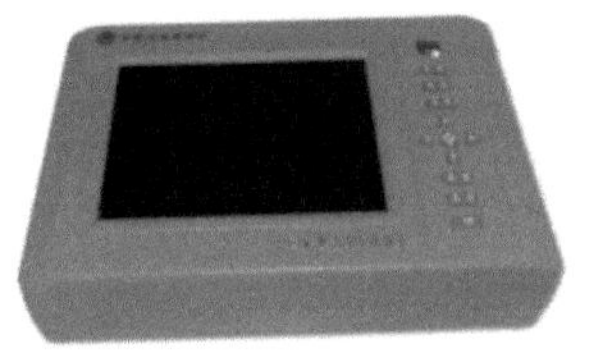

(a) GR-TV主机

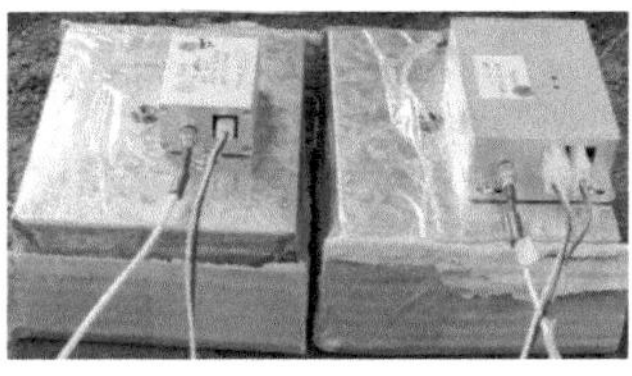

(b) 900 MHz天线

(c) 400 MHz天线

图 2.12 物理模型拟探测用雷达

0.149 cm³/cm³、0.265 cm³/cm³、0.336 cm³/cm³、0.370 cm³/cm³、0.430 cm³/cm³，对应图 2.13 中雷达单道波形。依次探测完 6 组不同含水量的土壤，得到 6 组雷达剖面。将采集的雷达剖面通过零点校正、背景去噪、一维滤波、增益等常规处理后，通过读取地质雷达数据，提取单道波形。通过归一化处理可以看出不同含水量土壤雷达波信号起跳点不同，土壤含水量越低，雷达波信号起跳点越早，不同含水量土壤雷达数据如图 2.13 所示。

表 2.4 物理模型实验雷达采集参数

天线频率/MHz	采集频率/kHz	采样点数	采样时窗/ns	叠加次数	前放/倍
900	100	512	20	5	2
400	100	512	40	4	4
200	100	512	100	4	4

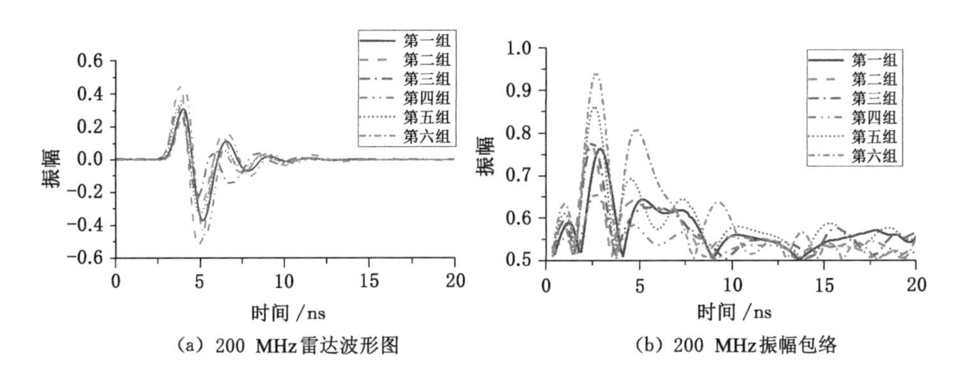

(a) 200 MHz雷达波形图　(b) 200 MHz振幅包络

图 2.13 物理模型探测雷达数据

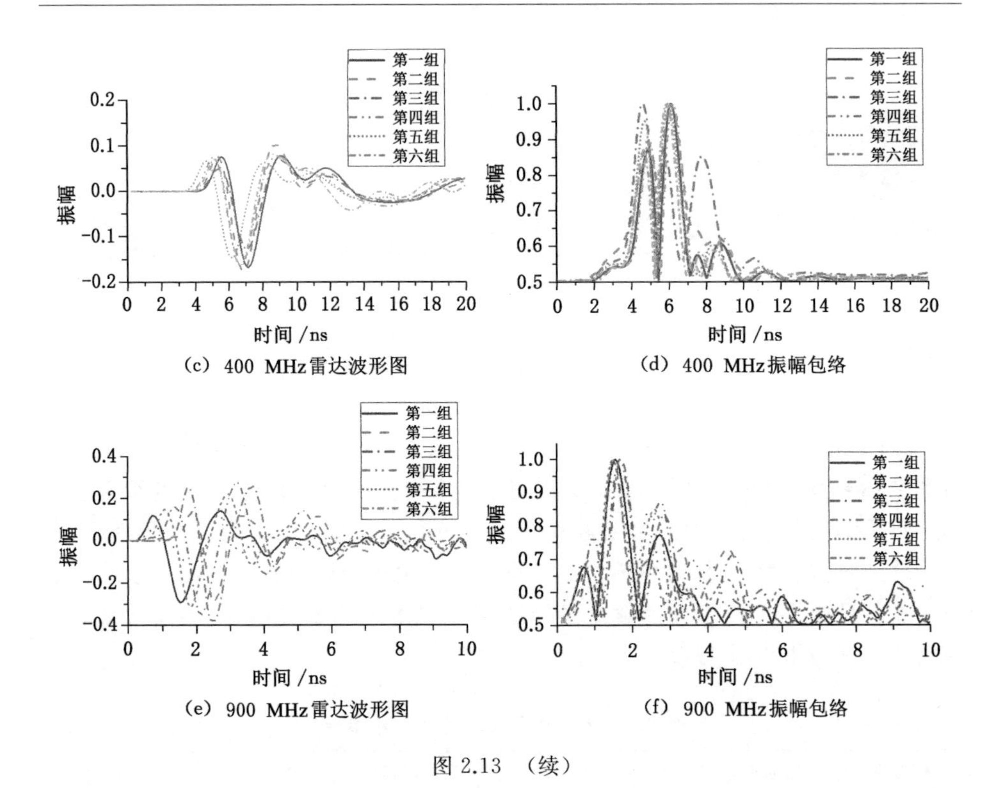

(c) 400 MHz雷达波形图

(d) 400 MHz振幅包络

(e) 900 MHz雷达波形图

(f) 900 MHz振幅包络

图 2.13 (续)

分别提取6组含水量不同的土壤模型中雷达剖面上采样点附近的10道雷达数据,读取雷达波第一正半周期对应时窗的数据,然后计算各道雷达数据振幅包络的平均值,并取其倒数,计算结果见表2.5。

表 2.5 6组土壤模型相关参数表

体积含水量/(cm^3/cm^3)	振幅包络倒数	介电常数 ε_r
0.123	1.187	8.788
0.149	1.206	8.086
0.265	1.278	15.582
0.336	1.292	24.834
0.370	1.509	27.412
0.430	1.580	31.444

对雷达数据平均振幅包络倒数值(AEA^{-1})和土壤体积含水量进行线性回归分析,见图2.14。

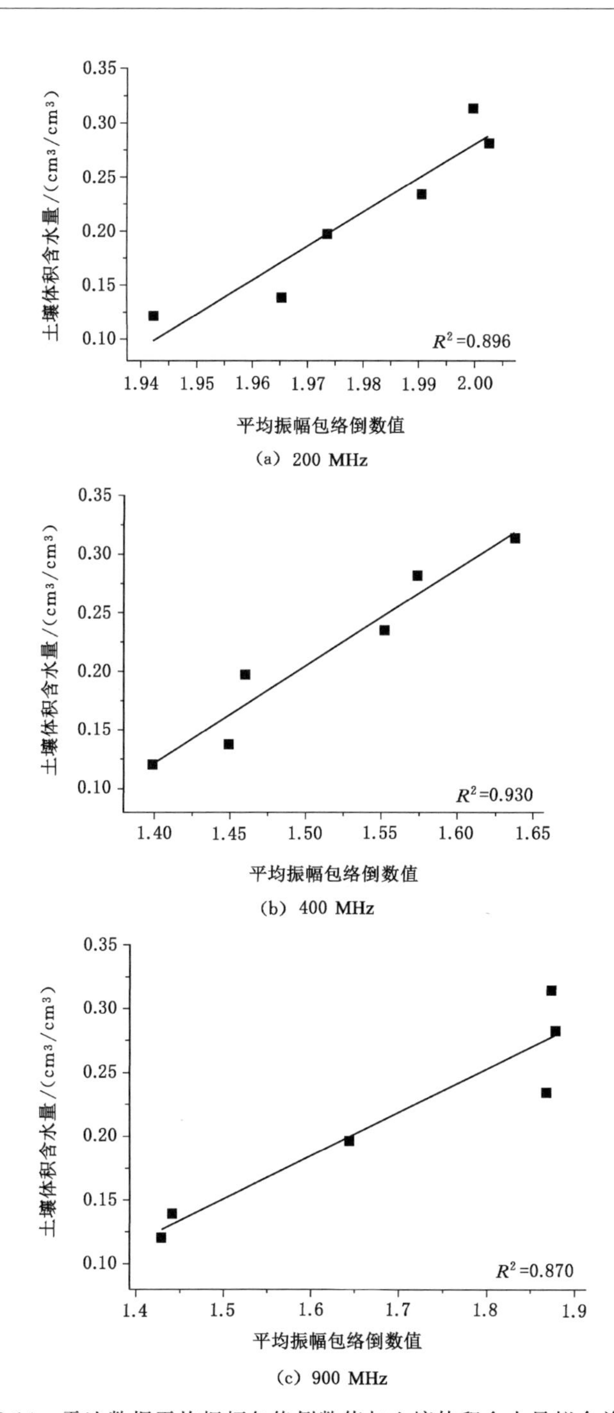

(a) 200 MHz

(b) 400 MHz

(c) 900 MHz

图 2.14　雷达数据平均振幅包络倒数值与土壤体积含水量拟合关系图

根据图 2.14 可以看出，地面波对应的时窗第一正半周期内雷达波平均振幅包络平均倒数值（AEA^{-1}）与实测土壤体积含水量呈现一种良好的线性关系，AEA^{-1}的值随着土壤体积含水量的增加而增大，得到 AEA^{-1} 与土壤体积含水量的拟合关系式，如表 2.6 所示。

表 2.6　第一正半周期振幅包络倒数与土壤体积含水量拟合结果

频率/MHz	拟合关系式	相关系数 R^2
200	$y=0.955\ 3x-1.769\ 5$	0.896
400	$y=0.297\ 2x-0.350\ 4$	0.930
900	$y=0.338\ 7x-0.357\ 16$	0.870

注：式中 y 为土壤体积含水量，cm^3/cm^3；x 为振幅包络倒数。

将(2)中所计算的土壤介电常数代入 Topp 公式得到该土壤的预测体积含水量。将实验室测得的物理模型土样含水量以及按照 Topp 公式计算所得土壤体积含水量与介电常数作图，见图 2.15。

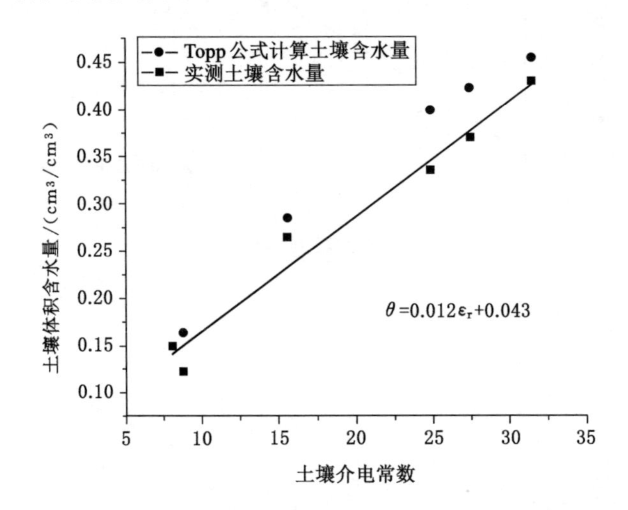

图 2.15　实测、预测土壤体积含水量与介电常数关系图

从图 2.15 中可以看出，Topp 公式总体上高估了土壤的体积含水量。对土壤的实测体积含水量和 Topp 公式计算得到的土壤体积含水量进行误差分析，平均相对标准差为 1.63%。这是由于 Topp 公式适用的土壤类型较广泛，针对具体的土壤类型计算时存在一定误差，且该方法需要计算介电常数来反演土壤含水量，这会造成误差的二次传递。

对物理模型中所计算的土壤的介电常数和实测土壤含水量进行拟合分析，

可以得出土壤含水量和介电常数之间的关系，即 θ-ε_r 关系式：

$$\theta = 0.012\varepsilon_r + 0.043 \tag{2.27}$$

2.3　探地雷达地面波有效探测深度研究

探地雷达地面波技术可以在大范围内快速、无损且经济高效地获取土壤含水量的测量值。但是，地面波的有效探测深度尚未很好定义，这种不确定性限制了地面波探测土壤含水量的应用。因此，可以通过了解不同频率天线在不同含水量土壤中的有效探测深度，提高探地雷达地面波技术在土壤含水量探测中的实用价值。

2.3.1　两层层状土壤地面波有效探测深度研究

本研究借鉴前人的思路，通过设置两层层状土壤模型确定地面波在干、湿土壤中的有效探测深度范围来研究地面波的有效探测深度。

当上层为干土层时地面波速度较大，但随着上层土壤厚度不断增大，地面波速度受到下层湿土层影响的程度逐渐减小。当上层土壤厚度增加到一定值时，再增加上层土壤厚度，地面波速度会稳定在某一个值附近，不会再受到下层湿土层的影响，此时对应的上层土壤厚度的临界值视为地面波在干土壤中的有效探测深度。同理，当上层为湿土层时地面波速度较小，但当上层土壤厚度较小时，地面波速度会受到下层干土层的影响而变大，随着上层土壤厚度的增加，地面波速度会逐渐减小。当上层土壤厚度增加到一定值时，地面波速度不再继续减小，此时对应的上层土壤厚度临界值视为地面波在湿土壤中的有效探测深度。

针对两种含水量的土壤分别建立上干下湿、上湿下干两种不同层状的土壤模型，采用 3 种频率雷达天线，对干湿土壤两层模型进行了探地雷达数值模拟。干土层土壤的体积含水量为 0.04 cm^3/cm^3，湿土层的土壤体积含水量为0.32 cm^3/cm^3，通过不断改变上层土壤厚度重复进行上述模拟来观察地面波速度变化情况，地面波穿透土壤层的最小厚度即地面波的有效探测深度，此时地面波对应的速度为该土壤层的层速度。当一种模式探测结束后再改变土壤模型中干、湿土层的上下顺序，重复上述步骤，以确定地面波的有效探测深度。

数值模拟采用的是 FDTD 法，模型参数同 2.2.1 小节模型给定的数值，模型中所有介质的磁导率设置为空气的磁导率。激励源仍选择 200 MHz、400 MHz、900 MHz Ricker 子波。收发天线从模型中间向模型两端同步移动，进行 CMP 法探测，模型示意图如图 2.16 所示。

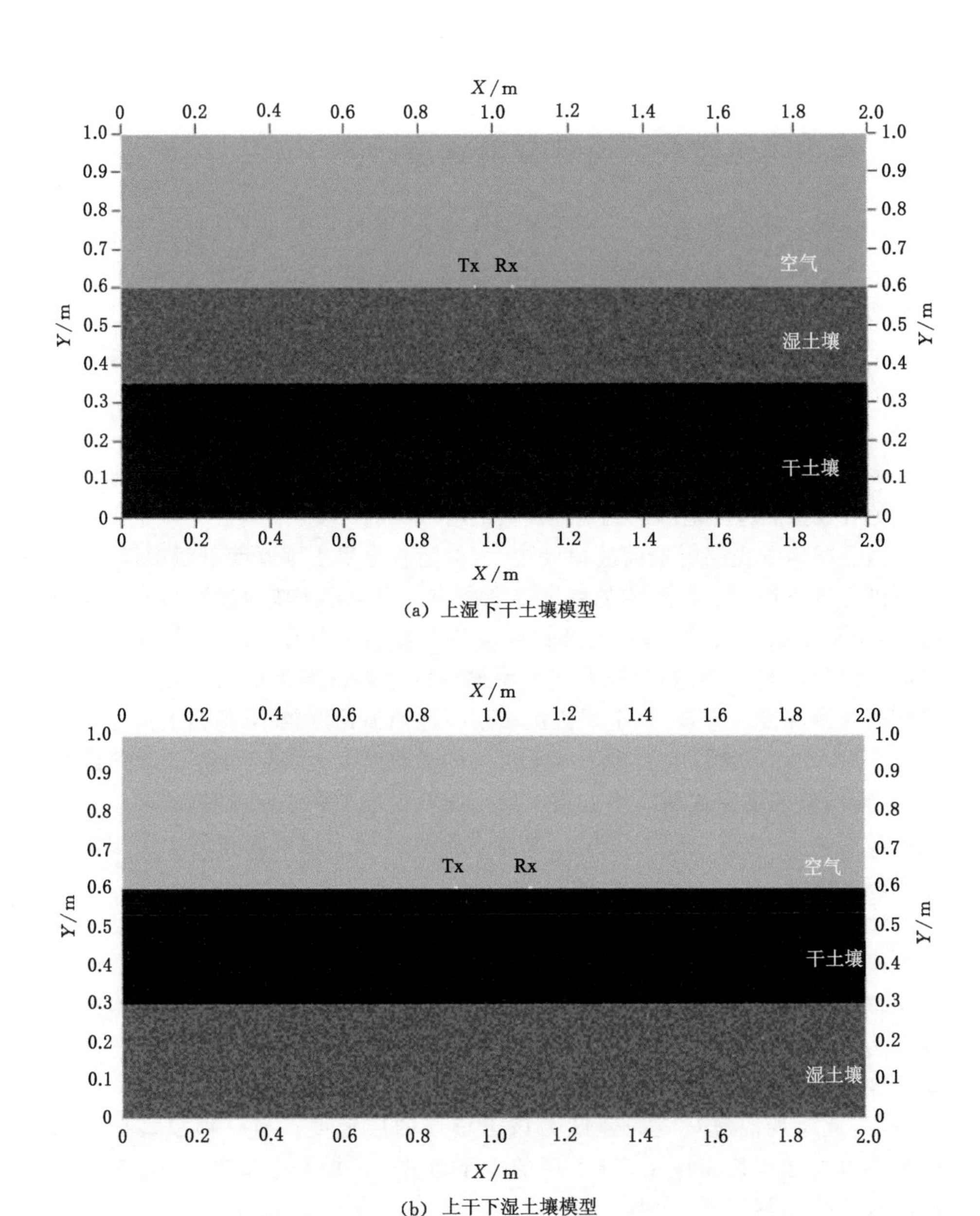

(a) 上湿下干土壤模型

(b) 上干下湿土壤模型

图 2.16　两层层状土壤模型示意图

(1) 两层层状土壤 CMP 法实验

分别采集了 3 种不同频率的 CMP 雷达剖面，图 2.17 和图 2.18 为 400 MHz 天线 CMP 法在土壤中采集到的波形图，采用速度分析法求取不同层厚土壤对应的地面波速度。

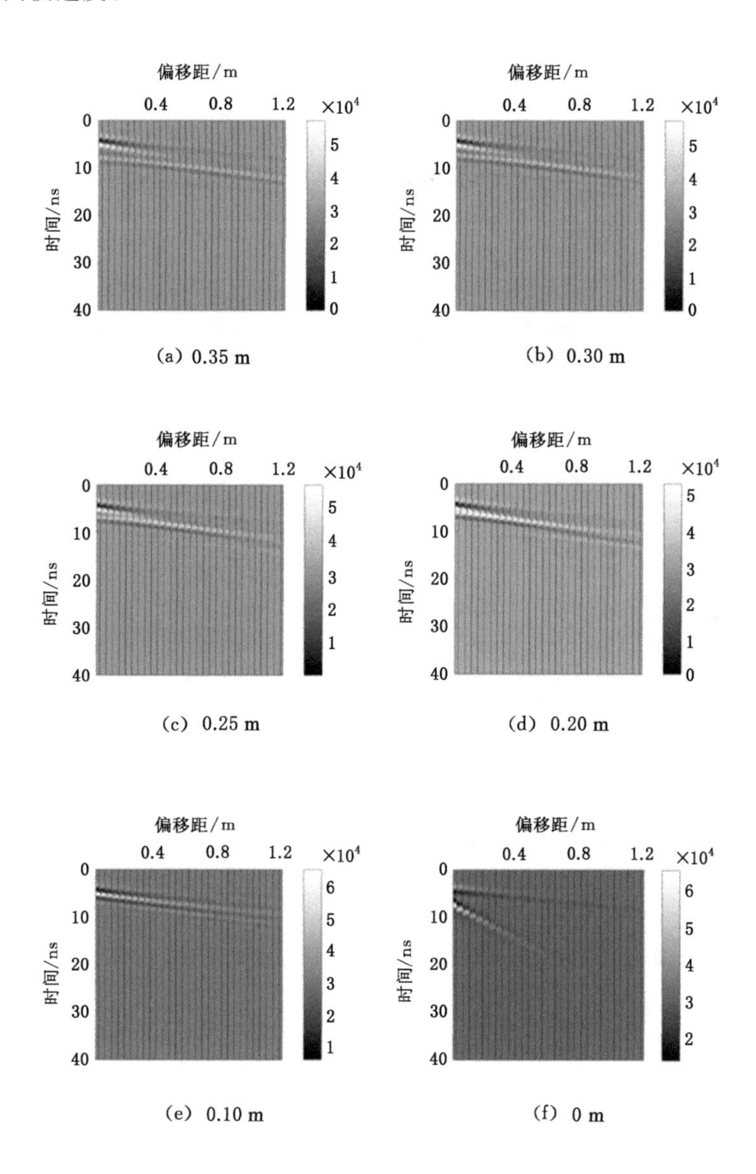

图 2.17　上干下湿两层土壤模型不同上层厚度雷达波形图

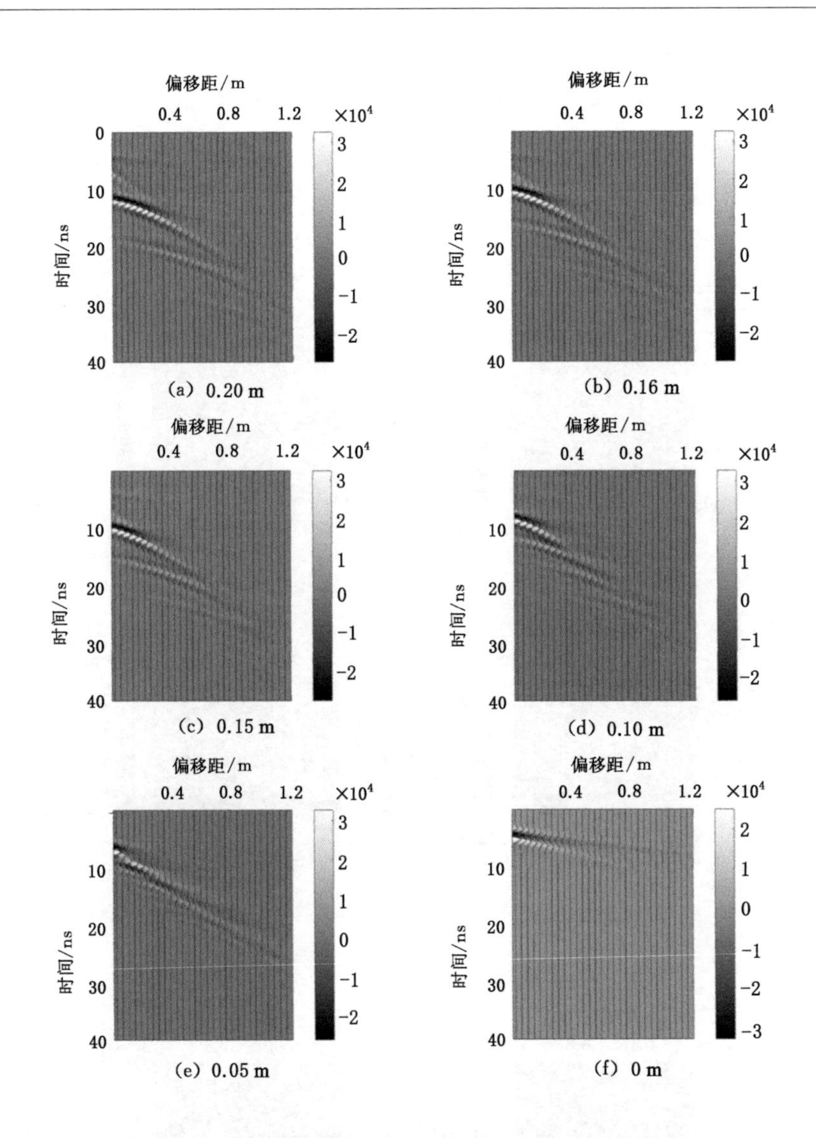

图 2.18 上湿下干双层土壤模型不同上层厚度雷达波形图

利用 MATLAB 软件依次对 3 种不同频率天线采集的雷达剖面进行速度分析，计算出地面波在不同上层土壤厚度中的传播速度如图 2.19 所示。

从图 2.19 中可以看出，当上层土壤增加到一定厚度时，地面波速度基本保持不变，说明此时地面波速度不会受下层土壤的影响，将速度变化到保持不变时的上层土壤厚度对应的临界值确定为地面波的有效探测深度。据此确定地面波在含水量分别为 0.04 cm^3/cm^3 和 0.32 cm^3/cm^3 的土壤中的有效探测深度，见表 2.7。

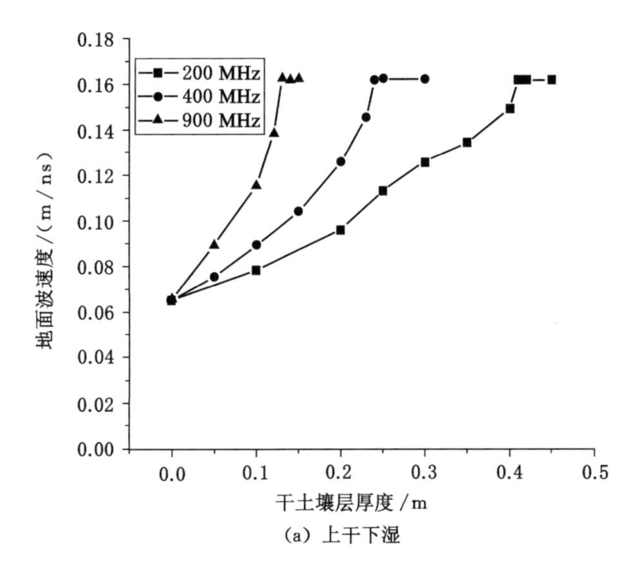

(a) 上干下湿

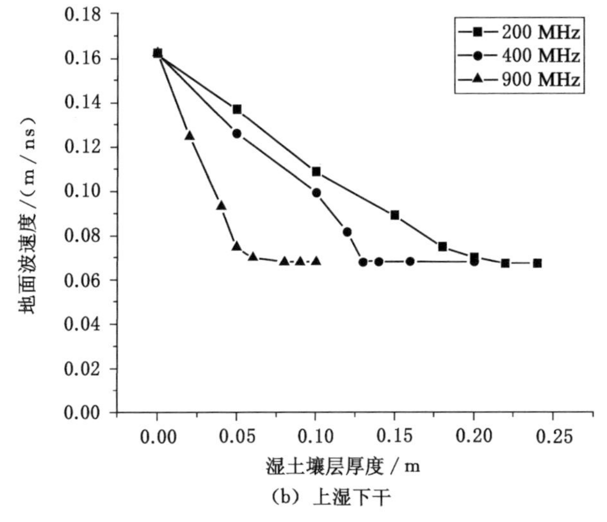

(b) 上湿下干

图 2.19 不同上层土壤厚度地面波速度图

表 2.7 共中心点法探测的地面波有效探测深度

土壤	地面波有效探测深度/m		
	200 MHz	400 MHz	900 MHz
干土壤	0.41	0.24	0.13
湿土壤	0.22	0.14	0.06

波长(λ)与天线频率(f)、土壤介电常数(ε_r)的关系如式(2.28)所示：

$$\lambda = \frac{c}{f\sqrt{\varepsilon_r}} \tag{2.28}$$

根据式(2.28)计算出 200 MHz、400 MHz、900 MHz 不同频率天线探测土壤时对应的地面波波长，其中 c 为电磁波在真空中的传播速度，取 0.3 m/ns。

地面波波长与有效探测深度之间的关系如图 2.20 所示，其中 D 为地面波在土壤中的探测深度，m；λ 为波长，m。

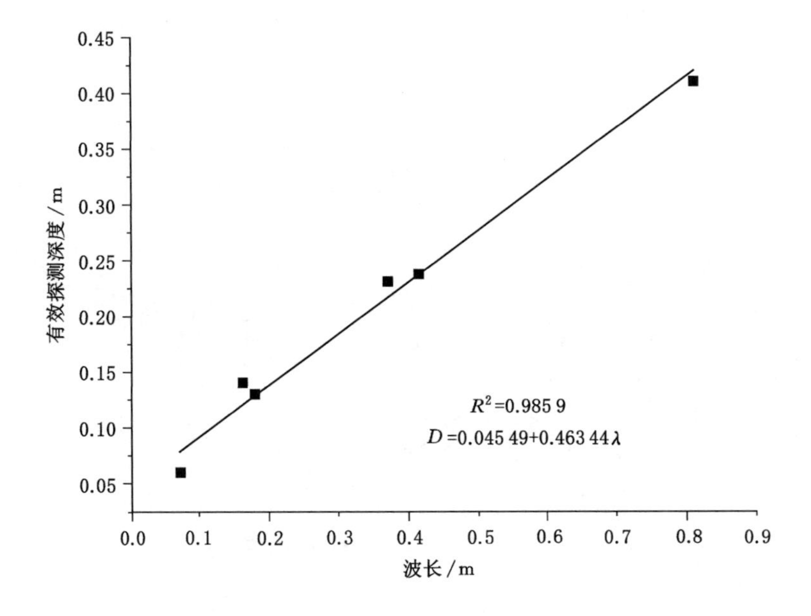

图 2.20　土壤中地面波波长与有效探测深度的关系

从图 2.20 中可以看出地面波波长与有效探测深度呈线性关系，且有很强的相关性。波长增大，地面波有效探测深度增加。结合式(2.27)、式(2.28)以及上述地面波波长与有效探测深度之间的拟合关系式，计算得到不同土壤含水量情况下地面波有效探测深度，将土壤含水量与不同天线对应的有效探测深度作图，见图 2.21。

从图 2.21 中可以看出，随着土壤含水量增大，地面波有效探测深度呈指数衰减，可见土壤含水量是影响地面波信号的主要因素之一。土壤含水量超过 0.4 cm^3/cm^3后，地面波有效探测深度基本稳定不变。将不同频率的地面波有效探测深度与土壤含水量进行拟合，可以得到利用土壤含水量估计地面波有效探测深度的公式，如表 2.8 所示。

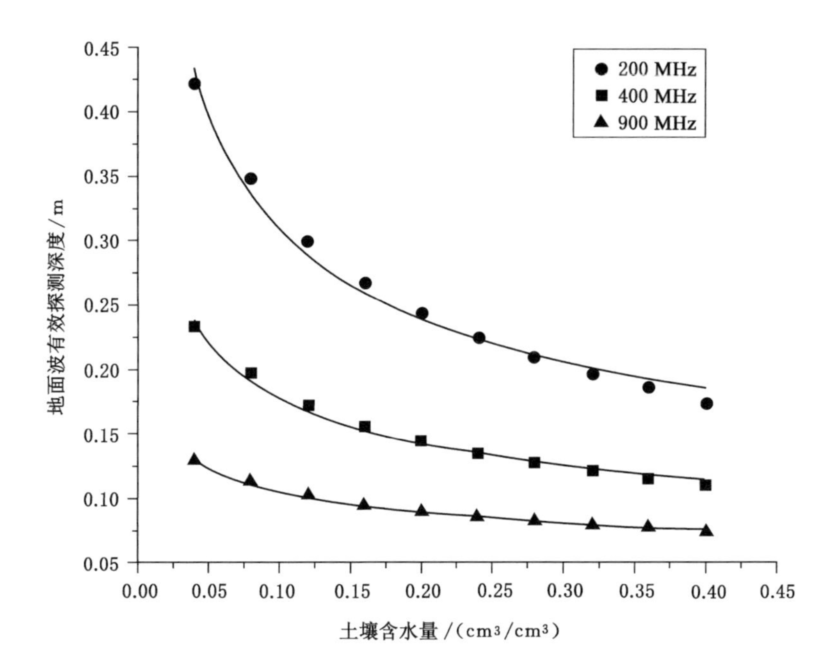

图 2.21 土壤含水量与地面波有效探测深度关系

表 2.8 土壤含水量和地面波有效探测深度拟合关系式

频率/MHz	拟合关系式	R^2
200	$D=0.132\ 1\times\theta^{-0.369}$	0.986
400	$D=0.085\ 3\times\theta^{-0.341}$	0.990
900	$D=0.060\ 5\times\theta^{-0.239\ 5}$	0.995

注:θ 表示土壤含水量,cm^3/cm^3;D 表示地面波有效探测深度,m。

(2) 两层层状土壤 FO 法实验

采用共偏移距测量方式探测时,有时地面直达波和空气直达波并不能完全分离开,因此,为了验证此种情况下地面波的有效探测深度,考虑双层和单层两种土壤模型,分别计算双层土壤模型中上层土壤地面波和单层土壤模型中地面波时窗范围内雷达信号振幅包络值,然后通过式(2.29)计算残差百分比(A_{Res}^{0})。

$$A_{\mathrm{Res}}^{0}=\left|\frac{A^{0}(\theta_1,\theta_2)-A^{0}(\theta)}{A^{0}(\theta)}\right| \tag{2.29}$$

式中,$A^{0}(\theta_1,\theta_2)$,$A^{0}(\theta)$分别表示两层不同含水量土壤模型和单层土壤模型雷达地面波平均振幅包络值。

图 2.22 为两层层状土壤模型中 400 MHz 天线探测的不同上层土壤厚度的雷达波单道波形图。从图中可以看出，随着上层土壤厚度逐渐增大，雷达波单道波形图差异减小，说明下层土壤含水量对上层地面波波形的影响逐渐减小。

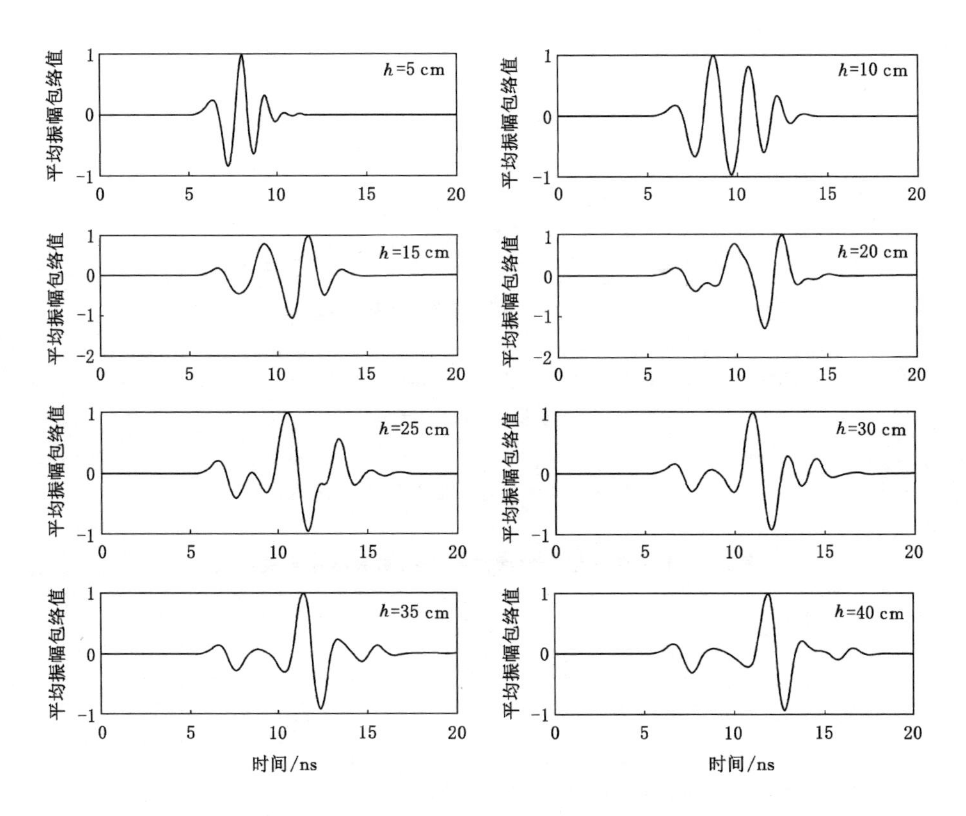

图 2.22　两层层状土壤模型中 400 MHz 天线探测的不同上层土壤厚度的雷达单道波形图

分别计算相同土壤含水量条件下，不同上层土壤厚度雷达数据地面波时窗范围平均振幅包络值与单层土壤情况下地面波时窗范围平均振幅包络值，根据式(2.29)计算 A_{Res}^{0}，借此估算共偏移距情况下地面波有效探测深度。图 2.23 为不同频率天线探测的上层土壤厚度变化下地面波振幅包络残差百分比柱状图，从图中可以看出对于较薄的上层土壤，A_{Res}^{0} 很大，随着上层土壤厚度增大，A_{Res}^{0} 迅速减小，当 A_{Res}^{0} 减小到一定值或者在该值周围微小波动时，将此时对应的上层土壤厚度作为地面波的有效探测深度。

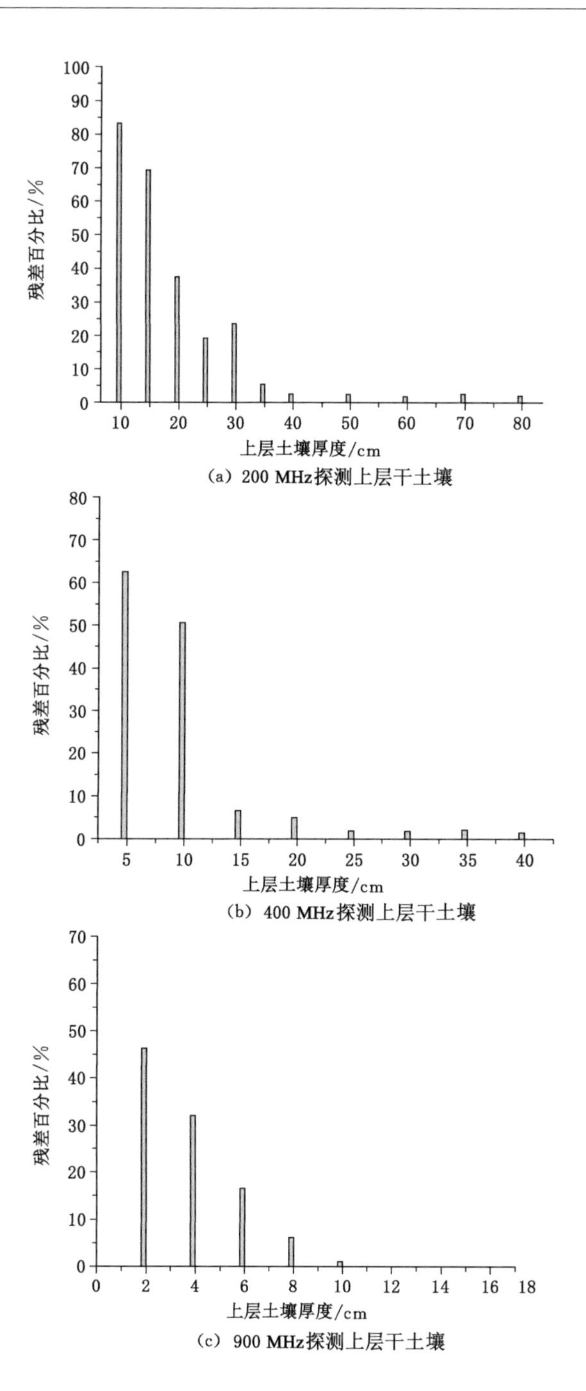

图 2.23　地面波平均振幅包络值残差百分比柱状图

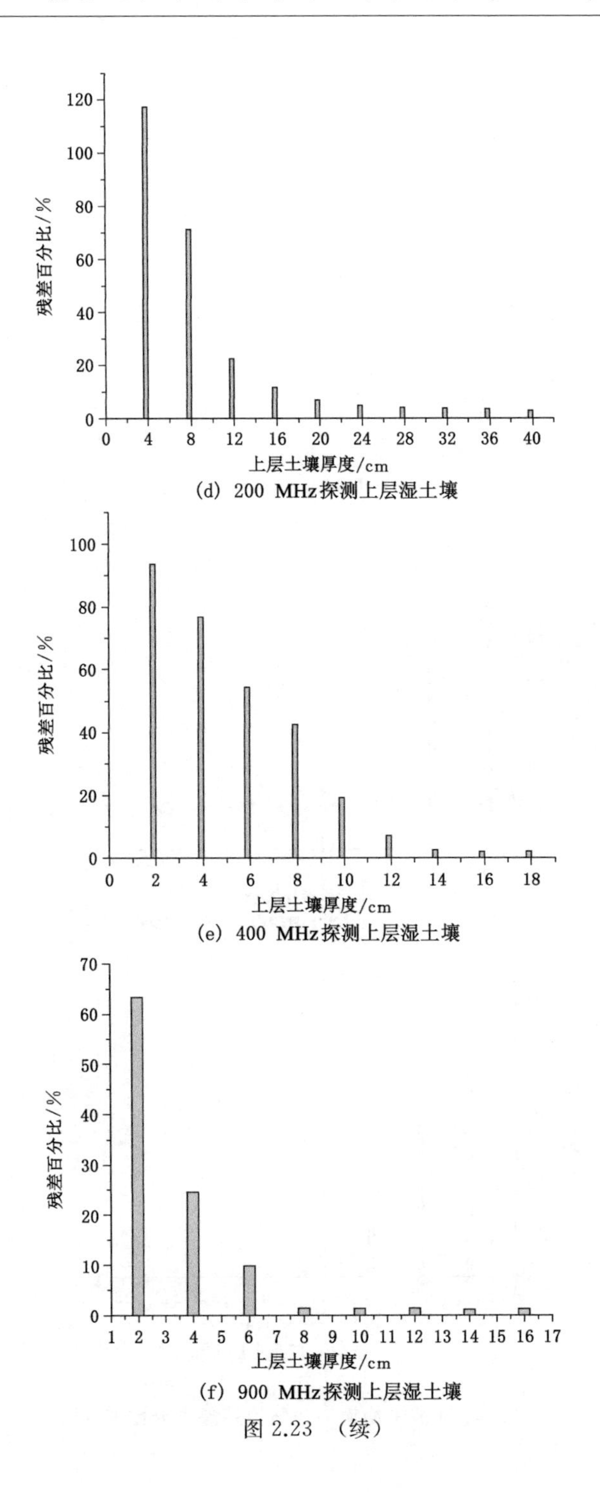

(d) 200 MHz探测上层湿土壤

(e) 400 MHz探测上层湿土壤

(f) 900 MHz探测上层湿土壤

图 2.23 （续）

土壤含水量较高时，雷达波衰减较大，因此当上层为干土层且厚度较薄时[图 2.23(a)～(c)]，受下层湿土层的影响较大，残差值较上层为湿土层的情况下要小。当上层为湿土层且厚度较薄时[图 2.23(d)～(f)]，振幅包络残差值会出现大于 100 的情况。当上层土壤厚度不断增大时，振幅包络残差值会迅速减小，直到稳定在某个范围内波动，理论上这个值非常小，几乎接近 0，但实际计算得到的值并非为 0，这是由于 2 种含水量土壤之间界面的反射和折射信号也会对地面波产生影响。从计算结果来看，这个值都小于 5，因此，可以根据该方法估算出这 3 种频率天线探测土壤时地面波有效探测深度(表 2.9)。

表 2.9 共偏移距法得到的地面波有效探测深度

土壤类型	地面波有效探测深度/m		
	200 MHz	400 MHz	900 MHz
干土壤	0.40	0.25	0.10
湿土壤	0.24	0.14	0.08

2.3.2 地面波有效探测深度物理模型实测验证

2.3.1 小节数值模拟部分着重讨论了确定地面波有效探测深度的方法，这里主要对 2.2.3 小节中的物理模型探测数据进行分析，分析实测数据中地面直达波有效探测深度。

从速度分析角度确定地面波有效探测深度时，可以看出地面波有效探测深度与电磁波波长密切相关，根据电磁波波长计算公式可知，波长与天线频率、土壤介电常数有关。在天线频率一定的情况下，电磁波波长与土壤介电常数有关，即不同含水量的土壤，穿透土壤的电磁波波长不同，含水量越高，同一频率发射的电磁波在土壤中传播的波长越小，地面波的有效探测深度也越小。

根据上述得到的不同体积含水量的土壤与地面波有效探测深度的关系，对 2.2.3 小节中所测的物理模型数据进行处理，预测了 200 MHz、400 MHz、900 MHz 天线实测得到的地面波有效探测深度范围，见图 2.24。

从图 2.24 中可以看出地面波有效探测深度随着土壤含水量的增大近似呈指数下降。900 MHz 天线探测土壤时地面波有效探测深度在 10 cm 以内，400 MHz 天线探测土壤时地面波有效探测深度在 18 cm 以内，200 MHz 天线探测土壤时地面波有效探测深度在 30 cm 以内。从图中看出当土壤含水量增大到

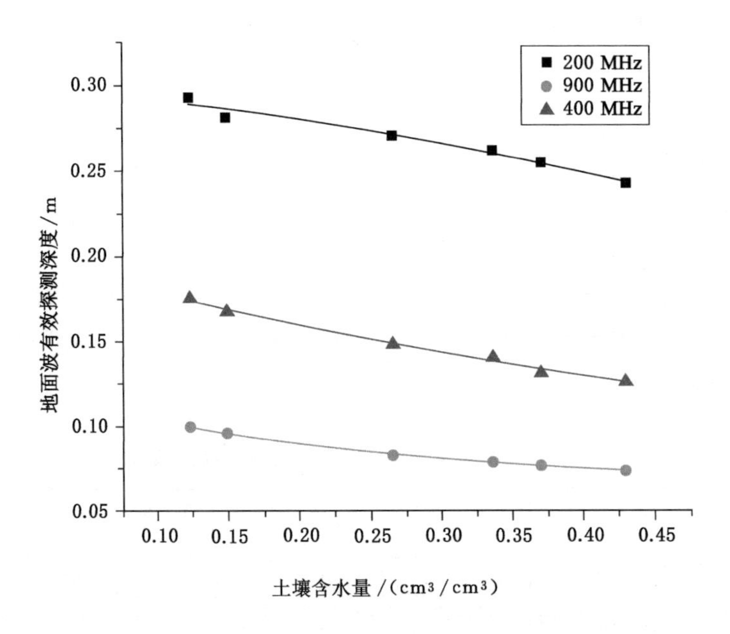

图 2.24　土壤含水量与地面波有效探测深度关系图

0.336 cm^3/cm^3 时,900 MHz 天线地面波有效探测深度为 7.9 cm,再增加土壤含水量,预测的地面波有效探测深度变化不明显,这可以说明当土壤含水量增加到 0.336 cm^3/cm^3 时,电磁波穿过土壤层时衰减严重,地面波能够穿透土壤层的深度变化较小。由此,可以看出当土壤含水量增大时,地面波的有效探测深度变小;天线频率增大,地面波的有效探测深度也变小。

2.4　野外应用实例

为了更好地计算整个研究区雷达测线上土壤的含水量,选择在大柳塔矿区典型土壤区开挖剖面(图 2.25),开挖剖面的雷达探测图像见图 2.26。利用中国矿业大学(北京)研发的 GR 系列雷达 200 MHz 天线进行探测,在雷达探测的同时沿剖面长度方向每隔 50 cm、在深度方向间隔 10 cm 取样,并在取样点用介电常数仪测量土壤介电常数。所取土样在室内采用烘干法测量其含水率,然后转换为体积含水量,再利用 Topp 公式(2.30)计算相应的介电常数,并与实测介电常数对比,检查测量值的准确性。

$$\theta = -5.3\times10^{-2} + 2.292\times10^{-2}\varepsilon - 5.5\times10^{-4}\varepsilon^2 + 4.3\times10^{-6}\varepsilon^3 \quad (2.30)$$

图 2.25　开挖剖面照片

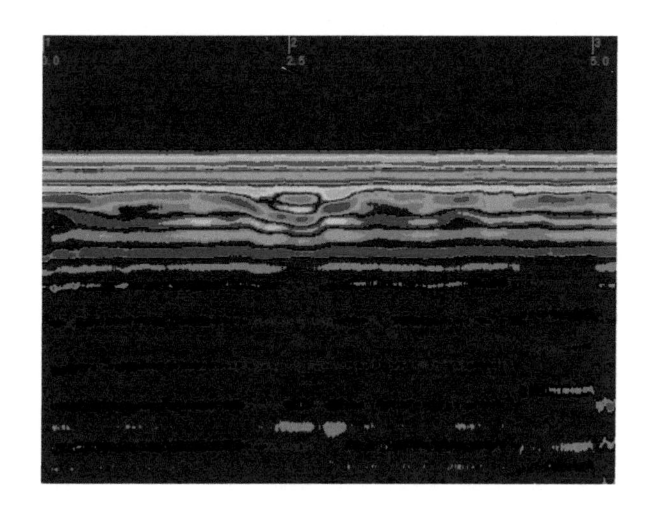

图 2.26　开挖剖面的雷达探测图像

2.4.1　AEA 方法对研究区土壤含水量计算

利用雷达处理软件将雷达数据转换为时间域振幅信息，在 MATLAB 软件中对单道数据的振幅信息进行希尔伯特变换，求出雷达信号振幅包络，然后取雷达信号第一正半周期对应的振幅包络值，见图 2.27，按照表 2.6 中的公式计算土壤含水量：

$$y = 0.955\,3x - 1.769\,5 \tag{2.31}$$

式中，y 表示土壤含水量，cm^3/cm^3；x 表示振幅包络倒数值。

具体计算方法为：取剖面上各采样点附近 10 道雷达数据，计算第一正半周期振幅包络值并取平均值，然后将其代入式(2.31)求出相应的土壤体积含水量。

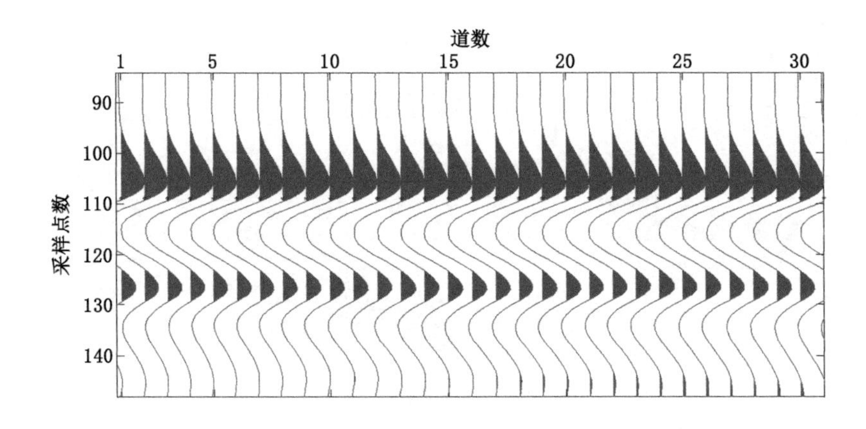

图 2.27　开挖剖面雷达波形图

实测土壤含水量与计算所得土壤含水量误差，见表 2.10，可知该方法计算所得误差均小于 0.01 cm^3/cm^3，平均误差约为 0.005 8 cm^3/cm^3。

表 2.10　实测与计算所得土壤含水量误差分析表

测点号	AEA 计算含水量 /(cm^3/cm^3)	实测含水量 /(cm^3/cm^3)	实测与计算含水量之差 /(cm^3/cm^3)
1	0.072	0.083	0.011
2	0.083	0.085	0.002
3	0.075	0.082	0.007
4	0.084	0.087	0.003
5	0.095	0.088	0.007
6	0.097	0.089	0.008
7	0.089	0.090	0.001
8	0.092	0.094	0.002
9	0.104	0.093	0.011

2.4.2　AEA 方法在研究区的有效探测深度

(1) 按照土壤含水量与地面波有效探测深度关系计算的有效探测深度

烘干后得出开挖剖面的 9 组含水量数据，且测得该处砂土容重为 1.25 g/cm^3，可根据式(2.23)得该 9 组数据的体积含水量的最大值、最小值、均值，如表 2.11 所示。

表 2.11 实测剖面土壤含水量

测点号	含水量/(cm^3/cm^3)		
	最大值	最小值	均值
1	0.08	0.04	0.07
2	0.05	0.02	0.03
3	0.07	0.04	0.07
4	0.05	0.03	0.04
5	0.06	0.02	0.03
6	0.07	0.05	0.06
7	0.08	0.02	0.05
8	0.06	0.03	0.05
9	0.06	0.03	0.04

根据表 2.8 得出的拟合公式 $D=0.132\,1\times\theta^{-0.369}$ 进行计算，其中 θ 为土壤含水量，D 为地面波有效探测深度，计算结果见表 2.12，由表可知，地面波平均有效探测深度可达0.45 m。

表 2.12 200 MHz 雷达 9 组不同含水量土壤有效探测深度

测点号	D/m			均值/m
1	0.37	0.49	0.38	0.45
2	0.42	0.60	0.52	
3	0.37	0.46	0.39	
4	0.43	0.49	0.45	
5	0.41	0.60	0.52	
6	0.38	0.43	0.40	
7	0.35	0.57	0.42	
8	0.40	0.52	0.44	
9	0.41	0.49	0.45	

(2) 按电磁波传播速度计算的有效探测深度

表 2.13 所列为开挖剖面各测点在野外直接利用介电常数仪实测的介电常数值。表 2.14 所列为各测点所取土样的在室内采用烘干法测量的重量含

水率先转换为体积含水量，再利用 Topp 公式(2.30)计算得出的介电常数。对比 2 个表不难看出，介电常数仪在野外实测的介电常数变化较大，其中最大值为 29.6，最小值为 1.4。通过实测土壤含水率反算的介电常数相对均匀，介电常数在3.0～14.1 的范围内。测点 1 在 10 cm 深度处土壤介电常数为 29.6，该测点由烘干法实测土壤含水率所计算的土壤含水量仅为 0.087 cm^3/cm^3；此外地表、地下 10 cm、地下 20 cm 处土壤样品由烘干法实测土壤含水率所计算的土壤含水量分别为0.1 cm^3/cm^3、0.087 cm^3/cm^3、0.075 cm^3/cm^3，土壤含水量接近，介质均为风积砂；且由剖面图的照片也可以看出，浅部砂土较干，并不属于含水量较大的情况。根据地质雷达探测的常识，干砂的介电常数通常为4～6，湿砂的介电常数为 30，所以认为介电常数仪所测数值存在异常。

表 2.13　实测土壤介电常数表

测点号	深度/m									
	0.1	0.2	0.3	0.4	0.5	0.5	0.7	0.8	0.9	1.0
1	29.6	2.0	5.4	5.5	6.2	5.4	5.8	5.0	5.4	8.0
2	4.9	3.8	6.8	6.4	5.9	14.4	13.0	10.1	11.6	15.4
3	6.2	5.9	5.5	7.2	7.2	5.8	14.1	6.7	10.1	8.0
4	7.0	8.0	13.5	7.8	10.0	7.0	9.6	8.8	10.1	6.6
5	1.4	2.5	9.6	8.2	4.7	5.5	7.4	7.4	3.0	6.2
6	1.5	2.2	1.5	2.1	5.7	9.0	7.5	7.4	10.4	9.3
7	2.2	1.8	2.1	4.2	6.9	10.2	7.2	6.9	12.5	8.6
8	2.4	4.2	3.9	3.9	3.4	11.2	7.1	3.1	10.0	9.1
9	3.8	5.0	5.8	5.2	5.7	4.3	7.0	7.3	11.4	9.3

表 2.14　通过 Topp 公式计算所得介电常数值

测点号	深度/m									
	0.1	0.2	0.3	0.4	0.5	0.5	0.7	0.8	0.9	1.0
1	6.1	5.2	4.4	4.2	4.0	4.7	4.3	6.2	9.6	7.2
2	4.6	4.7	6.1	9.1	11.7	13.2	14.1	9.2	12.8	8.1
3	5.2	5.0	4.9	4.3	4.5	10.5	12.9	7.5	8.6	6.0
4	3.0	4.8	5.0	4.4	4.0	4.0	4.5	7.7	8.4	6.1
5	4.8	5.1	9.6	8.2	4.7	7.6	4.5	7.4	6.8	6.2

表 2.14(续)

测点号	深度/m									
	0.1	0.2	0.3	0.4	0.5	0.5	0.7	0.8	0.9	1.0
6	6.5	7.1	4.8	7.3	10.3	9.0	7.4	7.4	6.2	5.4
7	5.4	4.6	4.2	4.5	3.7	10.2	7.5	6.9	6.0	5.1
8	5.4	4.6	4.3	4.0	4.9	4.8	7.2	4.5	7.8	7.0
9	5.1	4.8	4.7	4.2	4.0	4.0	4.3	8.4	12.3	7.8

因此在利用电磁波速度计算 AEA 方法的有效探测深度时,选择利用实测土壤含水率反算的介电常数。首先求取各测点不同深度的平均介电常数,再将每个测点的介电常数均值代入公式 $v=c\sqrt{\varepsilon_r}$,计算该点电磁波的传播速度;同时读取雷达信号第一正半周期对应的时窗,为 4 ns,从而计算可得各测点地面波的有效探测深度,如表 2.15 所示,可知该剖面的平均有效探测深度均值为 0.48 m。

表 2.15 各测点地面波有效探测深度

测点号	1	2	3	4	5	6	7	8	9
介电常数均值	5.6	9.4	6.9	5.2	6.8	7.1	5.8	5.7	6.0
波速/(m/ns)	0.13	0.10	0.11	0.13	0.12	0.11	0.12	0.13	0.12
有效探测深度/m	0.51	0.40	0.46	0.53	0.47	0.46	0.50	0.51	0.49
有效探测深度均值/m	0.48								

由表 2.12 和表 2.15 可以看出 200 MHz 天线在该研究区砂土中,2 种方法计算的地面波探测砂土的平均有效探测深度分别为 0.45 m、0.48 m。土壤有效探测深度和土壤含水量有关,土壤含水量大,有效探测深度较小;土壤含水量小,有效探测深度较大。总体来看,该开挖剖面的有效探测深度为 38～53 cm。

3 深部土壤含水量计算方法

对于地面波深度以下雷达探测范围土壤含水量的测量，除了地下有明确的反射层时利用反射法探测比较方便之外，利用功率谱求取土壤含水量是一种较好的方法，因此本研究中将其作为地面波深度以下土壤含水量的反演方法，在此称为深部土壤含水量计算方法。

电磁波在地下介质的传播过程中会受到介质吸收作用的影响，尤其在介质中水的作用下，会产生雷达信号能量衰减及频移现象。对于随机探地雷达信号，功率谱估计方法能够反映信号在不同频率上的能量分布情况，通过建立功率谱与土壤含水量之间的关系模型可实现反演土壤含水量的目的。该方法在探地雷达探测土壤含水量中具有直观性，避免了反射法要求地下存在反射界面和需要计算波速来计算介电常数的缺点，受探测条件的约束较少。

但当前使用探地雷达功率谱方法反演土壤含水量仍存在一些问题。如虽然对信号进行功率谱估计的方法很多，但关于哪种功率谱方法最适用于探地雷达信号的功率谱提取的研究尚不明确。在利用功率谱方法反演土壤含水量的研究中，主要通过建立功率谱能量分布属性与土壤含水量之间的关系模型进行含水量探测，仅考虑功率谱单一属性与土壤含水量的关系，并未对功率谱属性进行全面研究。且单一功率谱属性参数的探测结果受探测环境、土壤类型以及土壤盐分等因素的影响较大。因此，本章提出利用功率谱多种属性，并结合 BP 神经网络实现地面波时窗以下深度范围土壤含水量的反演方法。

3.1 探地雷达功率谱估计方法选择及属性参数提取

探地雷达功率谱通过获取雷达信号功率谱，并提取功率谱的属性参数，建立属性参数与土壤含水量的关系模型以实现反演土壤含水量的目的。其中最重要的就是合适的功率谱估计方法的选择以及功率谱中属性参数的提取。

首先，利用经典功率谱和现代功率谱的各个方法对同一探地雷达信号的功率谱进行性能对比分析，选择适用于提取雷达功率谱的估计方法；其次，基于雷达功率谱的属性特征提出提取功率谱属性参数的方法；最后，运用属性优化方法选择与土壤含水量相关性高且相对独立的功率谱属性参数，为利用探地雷达功率谱反演土壤含水量奠定基础。

3.1.1 功率谱估计方法概述

功率谱可以将频率和功率可视化展示出来，让人更直观地理解信号的频率特性和频率成分的贡献。目前按照功率谱估计方法可将功率谱分为经典功率谱估计和现代功率谱估计。经典功率谱估计方法以傅里叶变换（FFT）为基础，通过直接对信号进行傅里叶变换或先对信号求解其自相关函数再进行傅里叶变换，最后求其傅里叶变换幅值的平方得到信号功率谱。现代功率谱估计方法则是基于采样信号估计信号参数模型，再按照模型参数计算信号的功率谱。

经典功率谱和现代功率谱估计方法各有优缺点。经典功率谱估计方法的数学基础稳固，分析方法简单直接，易于理解和实现；精度高，对于周期性信号分析效果好，可以准确地分析信号的频域特性；适用范围广，可用于线性和稳定的信号分析。但经典功率谱也存在对于非平稳信号分析效果不佳、抗干扰能力相对较差、对于非线性系统的信号分析效果较差等缺点。现代功率谱估计方法适用于非平稳和非线性信号的分析，可以更好地刻画信号在时间和频率上的变化特征，分析结果更加精细；抗干扰能力较强，分析结果更加准确和可靠；可以自适应地估计信号的功率谱，一定程度上可以解决信号长度不足或采样率不足的问题。但现代功率谱估计方法复杂，需要深入理解不同分析方法的原理和特点，对于不同的信号和分析问题需要选择合适的方法，一些现代功率谱方法对于信号长度、采样率等要求较高，需要进行预处理和参数优化。

为选择适合探地雷达信号的功率谱估计方法，本研究基于数值模拟得出的 0.2 cm^3/cm^3 含水量土壤的探地雷达信号（图 3.1），通过采用经典功率谱估计方法（直接法、间接法、改进直接法）和现代功率谱估计方法（自相关法、Burg 法、改进协方差法）计算雷达信号的功率谱，对各功率谱方法计算的雷达信号功率谱性能进行比较，选择适合计算探地雷达信号的功率谱估计方法。

3.1.1.1 经典功率谱估计及性能分析

（1）直接法

直接法又称周期图法，由亚瑟于 1898 年提出。直接法是广义平稳变换随机过程功率谱密度（PSD）的一种非参数估计，将随机信号 $x(n)$ 的 N 个观测数据看作一个能量有限的序列，直接对信号 $x(n)$ 进行傅里叶变换，得到 $x(e^{jw})$，通过

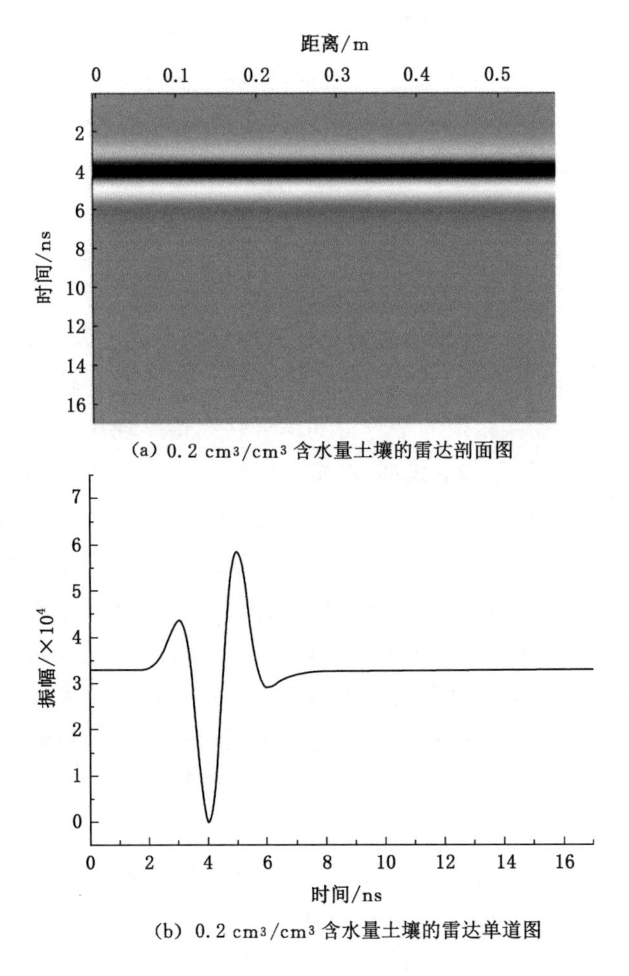

(a) 0.2 cm³/cm³ 含水量土壤的雷达剖面图

(b) 0.2 cm³/cm³ 含水量土壤的雷达单道图

图 3.1　0.2 cm³/cm³ 含水量土壤的探地雷达信号

对 $x(e^{jw})$求幅值的平方再除以 N 得到的 S_{Nx} 作为随机信号 $x(n)$的功率谱，其表达式如下：

$$S_{Nx}=\frac{1}{N}\left|\sum_{n=0}^{N-1}x_N(n)e^{-j\omega n}\right|^2 \tag{3.1}$$

通过式(3.1)计算的 0.2 cm³/cm³ 含水量土壤的直接法功率谱结果如图 3.2 所示。

由图 3.2 可以看出频率分辨率较高，但谱线起伏剧烈，方差性能较低，如果增加采样点数会造成谱线起伏加剧，对时域信号截断处理会造成频谱泄漏，影响功率谱分辨率。

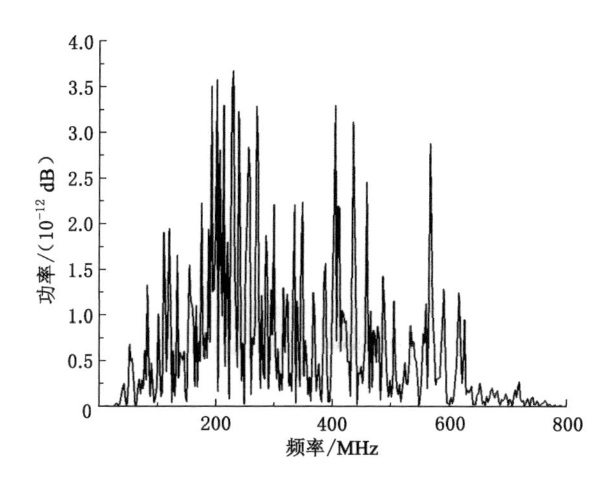

图 3.2 直接法计算的 0.2 cm^3/cm^3 含水量土壤雷达信号功率谱图

(2) 间接法

间接法又称自相关法，由图基和布拉克曼于 1958 年提出，通过利用有限长数据 $x(n)$ 估计其自相关函数 $R_{x(n)}$，再对 $R_{x(n)}$ 进行傅里叶变换，从而得到 $x(n)$ 的谱估计 $S_x(e^{j\omega})$，其计算公式如下：

$$R_{x(n)}(m)=\frac{1}{N}\left|\sum_{n=0}^{N-1}x_N(n)x_N(n+m)\right| \tag{3.2}$$

式中，$m=-(M-1),-(M-2),\cdots,-1,0,1,\cdots,M-2,M-1$，且 $M\leqslant N$。

$$S_x(e^{jw})=\sum_{m=-(M-1)}^{M-1}R_x(m)e^{-j\omega m} \tag{3.3}$$

通过间接法计算的功率谱结果如图 3.3 所示。

如图 3.3 所示，通过间接法获得的功率谱与直接法的相似，谱图粗糙，功率谱离散程度大，难以分辨。

(3) 改进直接法

针对直接法功率谱估计数据长度大造成谱线起伏加剧、数据点少谱分辨率不佳等问题，陈后金等[112] 于 2004 年提出了改进直接法，即 Welch 法。改进直接法针对单段信号长、谱线粗糙的问题将信号进行分段处理，同时对于分段时间序列又进行加窗处理，缓解了周期图中的频谱泄漏问题。

改进直接法的基本思想是将长度为 N 的序列信号 $x_N(n)$ 平均分为 k 段，每段长度为 M，段与段之间有重叠，第 i 段的功率谱表示为：

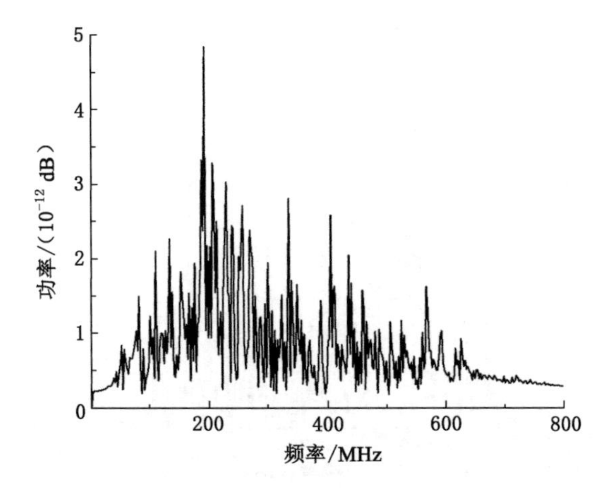

图 3.3 0.2 cm^3/cm^3 含水量土壤雷达信号间接法功率谱图

$$P_{PRE}^{i}(\omega)=\frac{1}{MU}\left|\sum_{n=0}^{M-1}x_{N}^{i}d_{2}(n)e^{-j\omega n}\right|^{2}\quad i=1,2,\cdots,k \tag{3.4}$$

式中，$U=\frac{1}{M}\sum_{n=0}^{M-1}d_{2}^{2}(n)$，为窗口序列能量；$d_2(n)$ 为窗口函数。

L 段信号 $x_N(n)$ 功率谱的均值表示为：

$$P_{PRE}(\omega)=\frac{1}{L}\sum_{i=1}^{L}P_{PRE}^{i}(\omega)=\frac{1}{MUL}\sum_{i=1}^{L}\left|\sum_{n=0}^{M-1}x_{N}^{i}d_{2}(n)e^{-j\omega n}\right|^{2}\quad i=1,2,\cdots,k \tag{3.5}$$

根据改进直接法计算的雷达功率谱如图 3.4 所示。

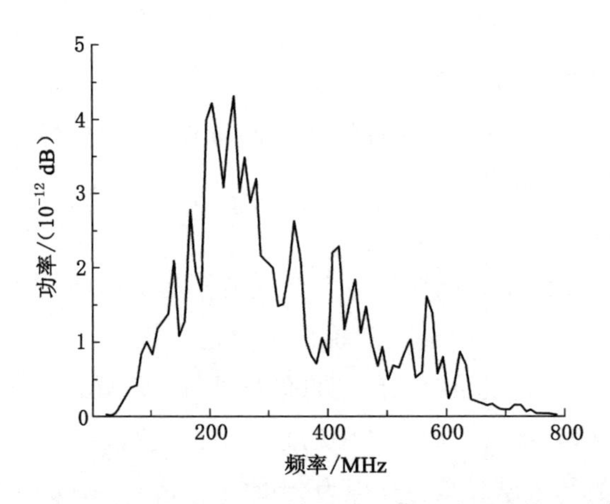

图 3.4 0.2 cm^3/cm^3 含水量土壤的雷达信号改进直接法功率谱图

由图 3.4 可以看出,Welch 法功率谱相比上述两种经典功率谱估计方法的方差性能改善明显,但由于每段数据点较少,加之非矩形窗的主瓣较宽,故分辨率有所下降。

3.1.1.2 现代功率谱估计及性能分析

根据前面的分析结果可知,直接法、间接法及改进直接法(Welch 法)以快速傅里叶变换(FFT)为基础,对于长数据记录较适用,但无法根本解决频率分辨率低和功率谱估计稳定性的问题,特别是在数据记录很短的情况下,这一问题尤其突出。为此,陈海英[113]提出现代功率谱参数谱估计的方法,不是简单地将观测区外数据假设为零,而是根据对过程的先验知识,建立一个近似实际过程的模型,而后利用观测数据或相关函数来估计假设的模型参数,最后进行识别或功率谱估计,回避了数据观测区以外的数据假设问题,从而避免频谱泄漏,提高了频率分辨率。常用的功率谱参数谱估计模型有 ARMA 模型、AR 模型、MA 模型。闫庆华等[114]认为,根据 Wold 分解定理,3 种模型可以互相表示,而利用 AR 模型参数的估计得到的是线性方程,计算比较简便,而且实际的物理系统往往是全极点系统,所以基于 AR 模型的功率谱估计是现代谱估计中最常用的一种方法。在利用 AR 模型进行功率谱估计时,必须计算出 AR 模型的参数,目前这些参数的提取算法主要有自相关法、Burg 法和改进协方差法 3 种。这里分别利用这 3 种算法提取 AR 模型参数,进而进行功率谱估计,对得出的结果进行分析比较,从而选择适合探地雷达信号功率谱估计的方法。

(1) AR 功率谱模型概述

AR 功率谱方法假定离散信号 $x(n)$ 是由一个随机噪声 $u(n)$ 通过一个线性时不变系统 $H(z)$ 输出所得,通过已知 $x(n)$ 及其自相关函数 $r_x(m)$ 来估计线性时不变系统 $H(z)$ 的参数,最后利用 $H(z)$ 的参数求解信号 $x(n)$ 的功率谱。

离散随机信号 $x(n)$ 与白噪声方差为 σ^2 的随机噪声 $u(n)$ 总有如下关系:

$$x(n)=-\sum_{k=1}^{p}a_k x(n-k)+\sum_{k=0}^{q}b_k u(n-k) \tag{3.6}$$

其中,若 $b_1,b_2,\cdots,b_q$ 全为零,则式(3.6)称为自回归(auto-regressive,AR)模型,该模型表示当前输出信号是由前 p 个延迟信号和现在的输入加权而成;若 $a_1,a_2,\cdots,a_p$ 全为零,则式(3.6)称为滑动平均(moving-average,MA)模型;若 $b_1,b_2,\cdots,b_q$ 和 $a_1,a_2,\cdots,a_p$ 不全为零时则称式(3.6)为自回归滑动平均(auto-regressive moving average model,ARMA)模型。

当 $b_1,b_2,\cdots,b_q$ 全为零时,式(3.6)可看作信号 $x(n)$ 是由 k 个随机噪声 $u(n)$ 和线性时不变系统 $H(z)$ 的关系式:

$$x(n) = -\sum_{k=1}^{p} a_k x(n-k) + u(n) \tag{3.7}$$

$$x(n) = H(z)u(n) \tag{3.8}$$

$$H(z) = \frac{1}{A(z)} = \frac{1}{1 + \sum_{k=1}^{p} a_k z^{-k}} \tag{3.9}$$

信号 $x(n)$ 与通过线性时不变系统 $H(z)$ 后输出的信号 $y(n)$ 总有如下关系：

$$P_y(e^{j\omega}) = P_x(e^{j\omega}) \mid H(e^{j\omega}) \mid^2 \tag{3.10}$$

由式(3.9)～式(3.10)得 $x(n)$ 的 p 阶 AR 模型功率谱密度为：

$$P_x(e^{j\omega}) = \frac{\sigma^2}{\left| 1 + \sum_{k=1}^{p} a_k e^{-j\omega k} \right|^2} \tag{3.11}$$

由式(3.11)可看出当确定 AR 模型的参数 $a_1, a_2, \cdots, a_p$，白噪声方差 σ^2 和 AR 模型阶数 p 时，便可得到 $x(n)$ 的功率谱。

(2) 自相关算法

姚文俊[115]总结前人的研究成果，认为自相关算法的基本思想是先求得观测信号 $x(n)$ 的自相关函数，然后利用 Yule-Walker 方程求取 AR 模型参数，最后根据式(3.11)求取信号功率谱。

假定 $x(n)$ 和 $u(n)$ 为实平稳随机信号，$u(n)$ 是方差为 σ^2 的白噪声，$r_x(m)$ 为信号 $x(n)$ 的自相关函数，其表达式为：

$$\begin{aligned} r_x(m) &= E\{x(n)x(n+m)\} \\ &= E\{[-\sum_{k=1}^{p} a_k x(n+m-k) + u(n+m)]\} \\ &= -\sum_{k=1}^{p} a_k E\{x(n+m-k)x(n)\} + E\{u(n+m)x(n)\} \\ &= -\sum_{k=1}^{p} a_k r_x(m-k) + r_{xu}(m) \end{aligned} \tag{3.12}$$

又因为 $u(n)$ 是方差为 σ^2 的白噪声，根据式(3.12)有：

$$\begin{aligned} r_{xu}(m) &= E\{u(n+m)\sum_{k=0}^{\infty} h(k)u(n-k)\} \\ &= \sigma^2 h(-m) \end{aligned} \tag{3.13}$$

式中，$h(k)$ 为确定系数。

由式(3.12)、式(3.13)可得出自相关函数与模型参数的关系：

$$r_x(m)=\begin{cases}-\sum_{k=1}^{p}a_k r_k(m-k) & m=1,2,\cdots,p\\ -\sum_{k=1}^{p}a_k r_k(m-k)+\sigma^2 & m=0\end{cases} \tag{3.14}$$

式(3.14)推导过程中应用了自相关函数的偶对称性，将上式写为矩阵形式，即：

$$\begin{bmatrix} r_x(0) & r_x(1) & \cdots & r_x(p)\\ r_x(1) & r_x(0) & \cdots & r_x(p-1)\\ \vdots & \vdots & \ddots & \vdots\\ r_x(p) & r_x(p-1) & \cdots & r_x(0)\end{bmatrix}\begin{bmatrix}1\\ a_1\\ \vdots\\ a_p\end{bmatrix}=\begin{bmatrix}\sigma^2\\ 0\\ \vdots\\ 0\end{bmatrix} \tag{3.15}$$

式(3.14)和式(3.15)称为 Yule-Walker 方程，又称为 AR 模型的正定方程，系数矩阵称为 Toeplitz 矩阵。因此，只要求出 $x(n)$的 $p+1$ 个自相关函数，通过 Yule-Walker 方程求解出 p 阶 AR 模型的 $p+1$ 个参数，代入式中，即可求出 $x(n)$的功率谱。

利用 AR 自相关法计算的雷达功率谱如图 3.5 和图 3.6 所示。

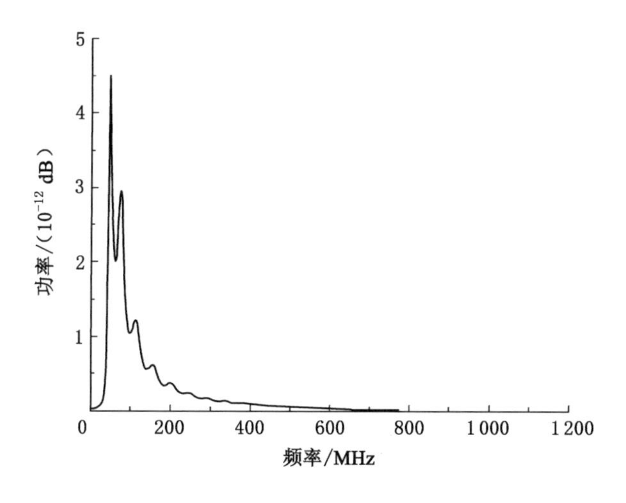

图 3.5　模型阶数为 50 时的 0.2 cm^3/cm^3 含水量土壤雷达信号 AR 自相关法功率谱图

由图 3.5 和图 3.6 可看出利用 AR 自相关法估计的功率谱平滑，谱峰不尖锐，分辨率较差。模型阶数对谱质量影响较大，当阶数过小时，识别谱峰能力不足，而且当数据长度过小时，谱估计误差增大，容易出现虚假谱峰。

(3) Burg 算法

张柏林等[116]提出，Burg 算法的主要思路是以前、后向预测误差功率的总均

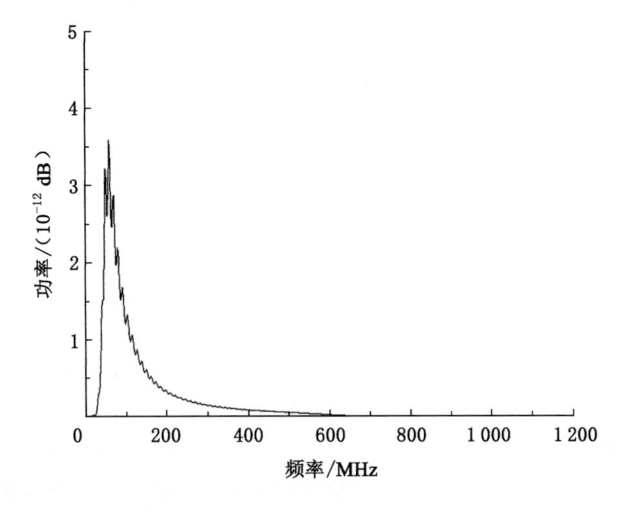

图 3.6　模型阶数为 200 时的 0.2 cm^3/cm^3 含水量土壤雷达信号 AR 自相关法功率谱图

方误差之和最小为标准来估计反射系数，然后通过 Levinson-Durbin 算法递推公式求解 AR 模型的参数，推导的具体步骤如下。

① 定义初始预测误差的系数 $e_0^f(n)$ 及功率 δ_0：

$$e_0^f(n) = e_0^b = x(n) \quad n = 0, 1, \cdots, N-1 \tag{3.16}$$

$$\delta_0 = r_x(0) = \frac{1}{N}\sum_{n=0}^{N-1} x^2(n) \tag{3.17}$$

② 令阶数 p 为 1 时，计算反射系数 ρ_m：

$$\rho_m = \frac{-2\sum_{n=m}^{N-1} e_{m-1}^f(n) e_{m-1}^b(n-1)}{\sum_{n=m}^{N-1} | e_{m-1}^f(n) |^2 + \sum_{n=m}^{N-1} | e_{m-1}^b(n) |^2} \tag{3.18}$$

$$\hat{a}_1 = \rho_1, \hat{\delta}_1 = (1 - | \rho_1 |^2)\delta_0 \tag{3.19}$$

③ 递推高阶前、后向预测误差 e_m^f 和 e_m^b：

$$e_m^f = e_{m-1}^f(n) + \rho_m e_{m-1}^f(n-1) \tag{3.20}$$

$$e_m^b = e_{m-1}^b(n-1) + \rho_m e_{m-1}^b(n) \tag{3.21}$$

④ 递推高阶 AR 模型参数 $a_m(m)$、$a_m(k)$ 和预测误差功率 δ_m：

$$\begin{cases} a_m(m) = \rho_m \\ a_m(k) = a_{m-1}(k) + \rho_m a_{m-1}(m-k) \quad k = 1, 2, \cdots, m-1 \\ \delta_m = (1 - | \rho_m |^2)\delta_{m-1} \end{cases} \tag{3.22}$$

⑤ 重复步骤②～④，直至 m 达到 AR 模型阶数 p 时，得出模型参数 $a_m(k)$，

代入式(3.11)中得出 AR 模型功率谱：

$$P_{\text{Burg}}=\frac{\delta_m}{\left|1+\sum_{k=1}^{p}a_p(k)\mathrm{e}^{-\mathrm{j}k\omega}\right|^2}\tag{3.23}$$

利用 Burg 法计算的雷达功率谱如图 3.7 和图 3.8 所示。

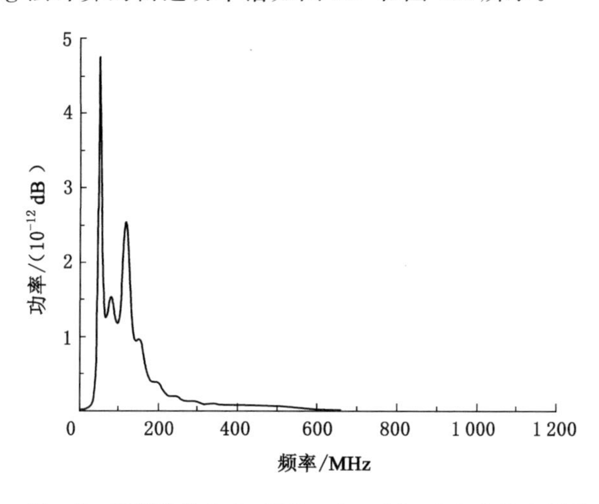

图 3.7　模型阶数为 50 时的 0.2 cm^3/cm^3 含水量土壤的雷达信号 Burg 算法功率谱图

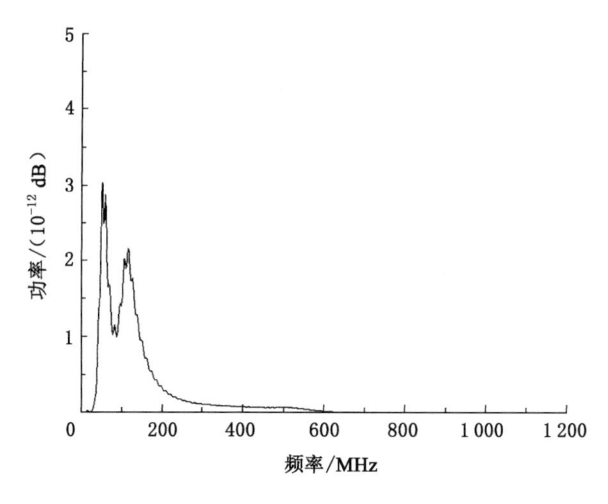

图 3.8　模型阶数为 200 时的 0.2 cm^3/cm^3 含水量土壤的雷达信号 Burg 算法功率谱图

由图 3.7 和图 3.8 可知，Burg 算法得出的功率谱主瓣宽度小，波峰尖锐，分辨率较高。但随着模型阶数增高，会出现虚假谱峰和谱线分裂的情况。

(4) 改进协方差算法

为避免功率谱出现谱线分裂与谱峰偏移，刘明晓等[117]提出了利用改进协方差算法进行信号功率谱估计，其基本思想为：根据观测数据直接估计 AR 模型参数，并将模型参数直接与前、后向预测总平方最小误差联系起来，其中总平方最小误差为模型参数的函数，把最小平方误差对各阶模型参数进行求导并令其为 0，解得到的求导线性方程，得到的模型参数就是在最小平方误差准则下的最优模型阶数。

① 前、后向预测误差功率如下：

$$\begin{cases}\rho^{f}=\dfrac{1}{N-p}\displaystyle\sum_{n=p}^{N-1}\left|x(n)+\sum_{k=1}^{p}a^{f}(k)x(n-k)\right|^{2}\\ \rho^{b}=\dfrac{1}{N-p}\displaystyle\sum_{n=p}^{N-1}\left|x(n)+\sum_{k=1}^{p}a^{b}(k)x(n-k)\right|^{2}\end{cases}\tag{3.24}$$

② 令前、后误差功率和最小：

$$\rho^{fb}=\frac{1}{2}(\rho^{f}+\rho^{b})=\min\tag{3.25}$$

③ 对误差和与模型参数求导并令其为 0 得到方程组：

$$\frac{\partial\rho^{fb}}{\partial a^{f}}=\frac{1}{N-p}\left\{\sum_{n=p}^{N-1}\left[x(n)+\sum_{k=1}^{p}a_{pk}x(n-k)\right]x(n-l)\right\}+$$

$$\sum_{n=0}^{N-1-p}\left[x(n)+\sum_{k=1}^{p}a_{pk}(n+k)x(n+l)\right]=0\tag{3.26}$$

令：

$$c_{x}(l,k)=\frac{1}{2(N-p)}\left[\sum_{n=p}^{N-1}x(n-l)x(n-k)+\sum_{n=0}^{N-1-p}x(n+l)x(n+k)\right]\tag{3.27}$$

则式(3.27)用协方差矩阵表示：

$$\begin{bmatrix}c_{x}(1,1)&c_{x}(2,1)&\cdots&c_{x}(p,1)\\c_{x}(1,2)&c_{x}(2,2)&\cdots&c_{x}(p,2)\\\vdots&\vdots&\ddots&\vdots\\c_{x}(1,p)&c_{x}(2,p)&\cdots&c_{x}(p,p)\end{bmatrix}\begin{bmatrix}1\\a_{1}\\\vdots\\a_{p}\end{bmatrix}=\begin{bmatrix}c_{x}(0,1)\\c_{x}(0,2)\\\vdots\\c_{x}(0,p)\end{bmatrix}\tag{3.28}$$

④ 最小预测误差功率可表示为：

$$\sigma^{2}=c_{x}(0,0)+\sum_{k=1}^{p}a_{k}c_{x}(0,k)\tag{3.29}$$

⑤ 利用 AR 模型参数，便可计算信号功率谱：

$$P_{acov}=\frac{\sigma^2}{\left|1+\sum_{k=1}^{p}a_k e^{-jk\omega}\right|} \tag{3.30}$$

利用改进协方差算法计算雷达信号功率谱如图 3.9 和图 3.10 所示。从图中可以看出利用改进协方差算法得到的功率谱图谱峰尖锐，主瓣较窄，能较好地分辨出间隔较小的频率点，且在和 Burg 算法阶数相同的情况下，并未出现虚假谱峰。

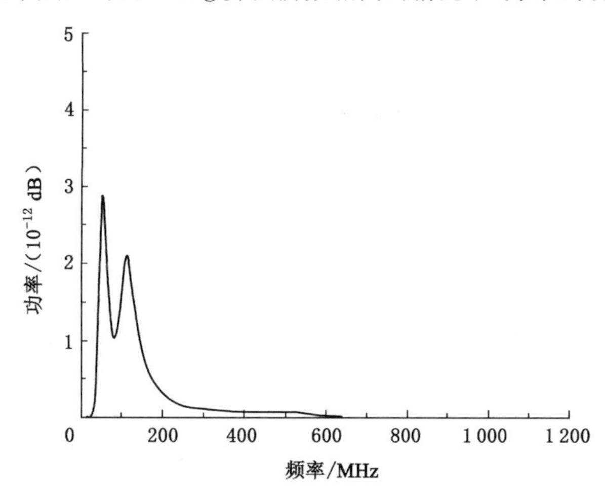

图 3.9 模型阶数为 50 时的 0.2 cm^3/cm^3 含水量土壤的雷达信号改进协方差算法功率谱图

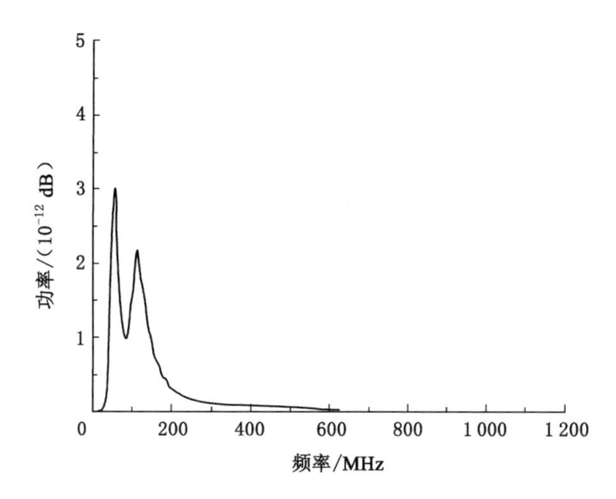

图 3.10 模型阶数为 200 时的 0.2 cm^3/cm^3 含水量土壤的雷达信号改进协方差算法功率谱图

3.1.1.3 功率谱估计方法比较

通过前面经典功率谱与现代功率谱各方法计算 0.2 cm^3/cm^3 含水量土壤的探地雷达信号功率谱图性能分析可知，利用经典功率谱图法得到的谱图比较粗糙，不够精确。AR 模型中自相关法虽然算法简单，对处理工具要求不高，但是分辨率较差。与自相关算法相比，Burg 算法有较好的分辨率，但是容易出现谱线分裂的情况。改进协方差算法虽然运算量大、运算周期长、对处理设备要求较高，但是计算结果最好。因此，结合所用数据样本的长度和类型，本研究选用改进协方差算法来估计探地雷达信号的功率谱。

3.1.1.4 AR 模型定阶

张敏[118]提出，在 AR 参数模型法功率谱估计中，模型的阶数会对功率谱的估计产生显著影响。如果模型中设置的阶数过低，会导致谱线变得过于平滑或近似一条曲线，从而无法分辨真实图谱中的两个谱峰。而如果设置的阶数过高，则谱线会呈现急剧的变化和上下浮动，出现虚假的谱峰现象，同时方差值也会增加。因此，在选择模型阶数时，需要根据数据的实际情况进行调整，以获得最佳的功率谱估计结果。

目前 AR 模型定阶主要有最终预测误差(FPE)准则、赤池信息量(AIC)准则和贝叶斯信息(BIC)准则，本研究根据这 3 种模型定阶准则确定雷达 AR 模型功率谱阶数。

(1) 最终预测误差(FPE)准则

1969 年赤池弘次提出一种 AR 模型阶数判定准则，其基本思想是以模型预测误差达到最小时的阶数为最佳的 AR 模型阶数，称之为最终预测误差(final prediction error，FPE)准则，表达式如下：

$$F_{\mathrm{FPE}}(k)=\sigma_k^2\,\frac{N+k+1}{N-k-1} \tag{3.31}$$

式中，k 为模型阶数；N 为数据点数；σ_k^2 为 k 阶 AR 模型的预测误差功率。从式(3.31)中可看出随着 k 的增大，$(N+k+1)/(N-k-1)$ 的值增大，当 k 达到合适的值时，σ_k^2 不会随着 k 的增大而减小，即令 $F_{\mathrm{FPE}}(k)$ 取得最小值的阶次 k_0 为最佳阶次：

$$F_{\mathrm{FPE}}(k_0)=\min_{0\leqslant k\leqslant h}F_{\mathrm{FPE}}(k) \tag{3.32}$$

式中，h 为阶次上限。通常 h 按经验设置，为了提高计算效率，一般不超过采样点数量的 1/3～2/3。

(2) 赤池信息量(AIC)准则

1974 年赤池弘次将 FPE 准则推广到 MA 模型和 ARMA 模型中，王志刚[119]提出基于极大似然估计应用于辨识功率谱模型阶数的方法。该准则指出从一组可供选择的模型选出使得 $A_{\mathrm{AIC}}(k)$ 达到最小值的阶次 k_0 即模型最优阶次：

$$A_{\mathrm{AIC}}(k)=N\ln\delta_k^2+2k \tag{3.33}$$

$$A_{\mathrm{AIC}}(k_0)=\min_{0\leqslant k\leqslant h}A_{\mathrm{AIC}}(k) \tag{3.34}$$

式中，δ_k 为 AR 模型残差。AIC 准则是一种客观的定阶准则，它使用信息论来避免主观因素对模型选择的影响。在使用 AIC 准则时，需要事先设定模型的最大阶数。经验表明，最大阶数可以取 $N/2$，$N/10$，$\log N$ 等值。

(3) 贝叶斯信息(BIC)准则

AIC 准则虽然为定阶问题带来诸多便利，但不能给出相容估计。朱茂桃等[120]于 2010 年提出当样本量 N 趋于∞时，根据 AIC 准则确定的模型阶数并不能收敛至真值。对此，G. E. Shwarz 提出 BIC 信息准则弥补了该不足：

$$B_{\mathrm{BIC}}(k)=N\log\delta_k^2+k\log N \tag{3.35}$$

$$B_{\mathrm{BIC}}(k_0)=\min_{0\leqslant k\leqslant h}B_{\mathrm{BIC}}(k) \tag{3.36}$$

根据式(3.36)找到该式取最小值的模型参数，就是贝叶斯信息的最优阶数 k_0。

在确定时间序列的最佳阶数时，可以使用不同的定阶方法，根据序列的类型和长度使用不同的准则进行定阶处理。研究表明，在 AR 模型的阶次 k 在 $1/(2N)\sim1/(3N)$（N 为数据长度，k 为阶次）时，可以获得更高的谱估计分辨率，同时可减少虚假的谱峰。

3.1.2 探地雷达功率谱属性分析

3.1.2.1 探地雷达功率谱属性提取

功率谱是频谱幅值的平方，比频谱更能突出信号频率，通过时域到频域的变换，使复杂的时域波形转换成较为简单的频域分量，根据信号能量在不同频率的分布实现属性参数的提取和识别。在前人的研究[28,31-33,38,40]基础上，从功率谱在频域、能量、聚合程度和能量分布等 4 个特征属性角度对雷达信号功率谱进行分析，以下给出关于功率谱属性的提取方法：

(1) 频域属性

① 主频(MHz)：功率谱曲线取得最大值时的频率，记为 $f_{\max}$。

$$f_{\max}=f_{P\max} \tag{3.37}$$

② 中心频率(MHz)：功率谱能量占总能量一半时的频率，记为 f_{m}。

$$f_{\mathrm{m}}=f_{\frac{1}{2}E} \tag{3.38}$$

③ 重心频率(MHz):以功率谱的幅值为权值的加权平均,记为 f_c。

$$f_c = \frac{\int_0^{+\infty} fP(f)\mathrm{d}f}{\int_0^{+\infty} P(f)\mathrm{d}f} \tag{3.39}$$

④ 加权功率谱频率(MHz):达到全频带频率加权功率谱的 1/2 处的频率,记为 f_h。

$$f_h = \frac{1}{2}\int_0^{+\infty} f\,|P(f)|^2\mathrm{d}f \tag{3.40}$$

⑤ 均方根频率(MHz):将信号频率的平方作为加权平均,以功率谱幅值为权并求算术平方根,记为 R_{msf}。

$$R_{msf} = \sqrt{\frac{\int_0^{+\infty} f^2P(f)\mathrm{d}f}{\int_0^{+\infty} P(f)\mathrm{d}f}} \tag{3.41}$$

⑥ 边缘频率(MHz):分布在 0 Hz 到该频率时的信号功率谱占信号总功率谱的 95%的频率,记为 f_e。

$$0.95E = \int_0^{f_e} |P(f)|\,\mathrm{d}f \tag{3.42}$$

(2) 能量属性

① 频带能量(dB):在频带范围内功率谱的总面积,记为 E。

$$E = \int_0^{+\infty} |P(f)|\,\mathrm{d}f \tag{3.43}$$

② 主频能量(dB):功率谱曲线取得最大值的频率所对应的功率谱幅值,记为 E_{pf}。

$$E_{pf} = |\max(P(f))| \tag{3.44}$$

(3) 聚合程度属性

① 功率谱熵。功率谱熵能够描述功率谱的不规则程度,功率谱熵可表示谱分布的相对峰度或平坦度,功率谱越平坦,其信息熵(功率谱熵)越大,表示为功率谱值乘以其负对数的乘积求和,记为 H_f。

$$H_f = -\sum_{n=0}^{N} P(n)\log_2 P(n) \tag{3.45}$$

② 频率标准差(MHz):将功率谱频率和重心频率差值的平方为加权平均,以功率谱幅值为权值并求算术平方根,记为 R_{vf}。

$$R_{vf}=\sqrt{\frac{\int_{0}^{+\infty}(f-f_{c})^{2}P(f)\mathrm{d}f}{\int_{0}^{+\infty}P(f)\mathrm{d}f}} \tag{3.46}$$

(4) 能量分布属性

带宽能量百分比为单一频段与总频段功率谱的比值,该值最大为1,最小为0。带宽能量百分比表示了该频段对于总功率谱频带的相对功率,弥补了绝对功率的随机影响,反映了频段之间能量变化的相对关系。令频带最低频率为 f_{WL},频带最高频率为 f_{WH},则带宽能量百分比 B_{ep} 为:

$$B_{ep}=\frac{\sum_{f_i=f_{WL}}^{f_{WH}}|P(f_i)|}{\int_{0}^{+\infty}|P(f)|\mathrm{d}f} \tag{3.47}$$

3.1.2.2 探地雷达功率谱属性优化

从以上内容可看出基于探地雷达功率谱中可提取的属性参数很多,但提取出来的探地雷达属性之间并不一定互相独立,使得属性空间中的冗余量增大,为了寻找与土壤含水量关系最密切的频谱属性,合理选择属性参数十分必要。

本研究采用自相关法和互相关法对功率谱属性进行优选,首先采用自相关法选择与土壤含水量相关性较高的功率谱属性参数,形成与土壤含水量相关性较高的功率谱属性集;其次对预测属性集中的各功率谱属性参数进行互相关分析,将相关性较大的属性合并,得到各属性之间相互独立的属性子集;最后将经过自相关及互相关方法优化得到的与土壤含水量相关性高且相互独立的功率谱属性集作为预测土壤含水量的属性参数。

(1) 自相关法分析

土壤含水量与探地雷达属性之间的相关系数计算式如下:

$$R^{2}=\frac{\sum i(x_{i}-x_{0})(y_{i}-y_{0})}{\sqrt{\sum(x_{i}-x_{0})^{2}\sum(y_{i}-y_{0})^{2}}} \tag{3.48}$$

式中,R^2 为探地雷达功率谱属性与土壤含水量的相关系数;x_i 为第 i 个探地雷达功率谱属性值;x_0 为探地雷达功率谱属性的加权平均值;y_i 为第 i 个采样点的土壤含水量;y_0 为土壤含水量的平均值。

通过计算探地雷达功率谱属性参数与土壤含水量之间的相关系数 R^2,选出与土壤含水量相关性较高的功率谱属性,以达到减少属性个数、压缩属性空间维数、突出差异性的目的。

(2) 互相关法分析

对预测属性集中各属性进行互相关分析，把相关性较大的属性合并，这样可以形成 L 个新的属性子集，子集与子集间不相关或者相关性很小。再从每个子集中优先选取与土壤含水量相关性最大的属性作为预测属性，形成一个含有 L 个样本的预测属性集，可以保证用于预测的探地雷达属性具有相对独立的互相关系数，同样采用式(3.48)计算。

3.2 探地雷达功率谱属性与土壤含水量响应关系研究

本节基于物理模型实验中获取的不同含水量土壤探地雷达信号，通过改进协方差算法提取雷达信号功率谱，并提取功率谱属性参数，探究探地雷达功率谱与土壤含水量的响应关系，为实现利用探地雷达功率谱进行土壤含水量预测奠定基础。

3.2.1 探地雷达功率谱属性与土壤含水量关系拟合研究

在实际探测中，探地雷达工作环境比较复杂。因此，建立物理模型探讨土壤含水量变化对探地雷达功率谱的影响，对于利用功率谱属性参数求取土壤含水量的应用十分重要。本节首先通过含水量均匀土壤模型研究土壤不同含水量对功率谱及其属性参数的响应关系，并建立功率谱属性参数与土壤含水量的关系模型。

3.2.1.1 含水量均匀的土壤模型建立及探地雷达数据采集

(1) 土壤物理模型建立

实验模型所采用的尺寸为长 180 cm、宽 100 cm、高 70 cm，模型箱四周采用加气砖作为模型边界。经实践经验可知，加气砖和土壤介电常数相差不大，可避免模型边界对探测的影响，大大提高实验结果的准确性。模型实验具体流程如下。

① 模型土壤处理：为了使模型内土壤压实较为均匀，对取样土壤使用5 mm筛网进行筛分处理。

② 模型制作过程：使用搅拌机搅拌 0.5 h，每次搅拌时在搅拌机内使用花洒加入相同体积的水；将搅拌好的土壤放置于模型中，每层夯实保证每组容重相近；模型静置 12 h 后使用探地雷达对模型进行 4 次点测，并沿模型的长边和短边方向进行时间测量，时间测量测线通过 4 个点测位置；在点测的 4 个位置深度

方向上使用环刀每隔 10 cm 取样，每个模型共计取 28 个土壤样本，物理模型实验探测照片见图 3.11。

图 3.11　物理模型实验探测照片

物理模型土壤样品采用烘干法所得到的重量含水率以及按照式(2.23)将其转换的体积含水量，见表 3.1。可知均匀模型的平均土壤含水率为 5.50%～23.57%，体积含水量为 0.063 2～0.264 8 cm^3/cm^3。

表 3.1　均匀模型实测土壤含水率及计算体积含水量

模型组号	含水率/%	容重/(g/cm^3)	含水量/(cm^3/cm^3)
1	5.50	1.149 1	0.063 2
2	7.07	1.120 6	0.079 2
3	8.83	1.120 3	0.098 9
4	18.38	1.080 8	0.198 6
5	17.23	1.180 8	0.203 5
6	21.9	1.062 0	0.232 6
7	24.96	0.980 3	0.244 7
8	23.57	1.123 7	0.264 8

(2) 探地雷达数据采集参数

物理实验采集数据的仪器为美国劳雷工业公司生产的 SIR-20 型探地雷达，考虑物理模型探测深度的需要，使用 400 MHz、900 MHz 两种频率天线(图 3.12)，表 3.2 所列为两种天线数据采集参数，图 3.13 为实测物理模型雷达剖面图。

(a) 400 MHz

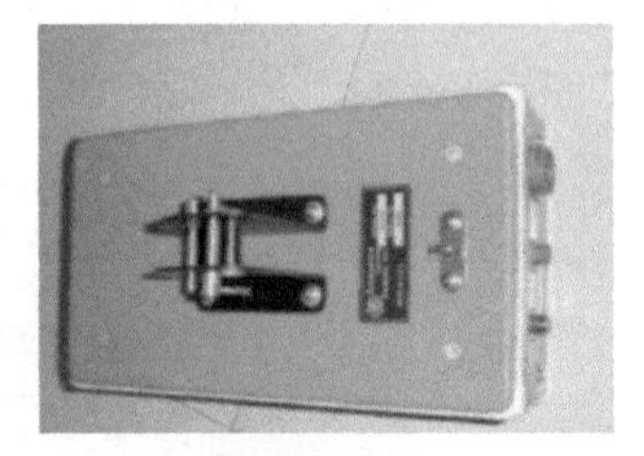

(b) 900 MHz

图 3.12　SIR-20 型探地雷达天线

表 3.2　400 MHz 和 900 MHz 天线数据采集参数

天线频率 /MHz	发射率 / kHz	采样点数	时窗 /ns	低通滤波 /MHz	高通滤波 /MHz
400	100	512	30	800	100
900	100	512	15	2 500	225

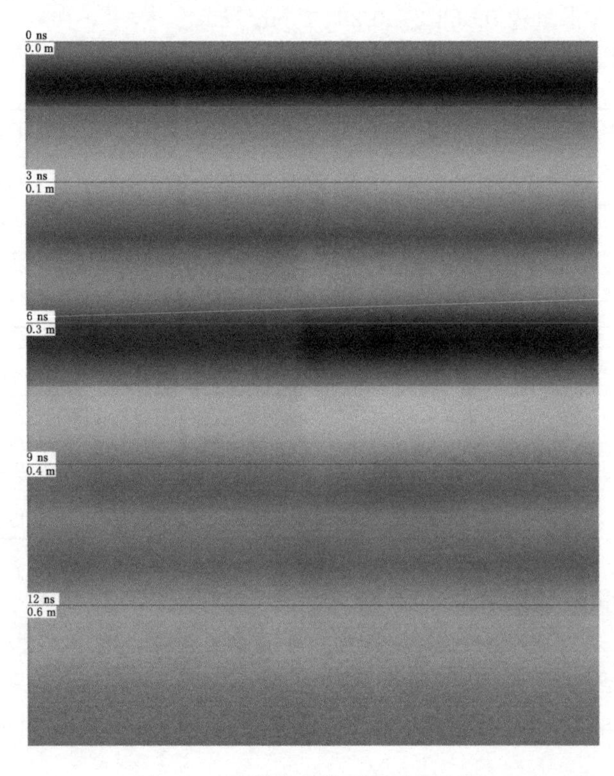

图 3.13　实测物理模型雷达剖面图

3.2.1.2 功率谱属性参数的土壤含水量反演研究

(1) 探地雷达功率谱提取及结果分析

对于物理模型采集的雷达数据,使用 MATLAB 软件编写的预处理程序先对数据进行简单的处理,包括零点校正、背景去噪以及滤波等数据处理步骤。选取单道数据代表整个剖面数据可能具有偶然性,因此采取剖面中间位置 20 条单道信号进行分析,求取平均值以减小实验误差。经过研究对比发现 FPE 准则最优阶数为 100～120 阶、AIC 准则最优阶数为 60～80 阶、BIC 准则最优阶数为 15～30 阶。由于 BIC 准则确定的阶数过低,功率谱旁瓣过大,功率谱分辨率较低,而使用 FPE 准则和 AIC 准则求取的最优阶数所计算的功率谱相似,为了提高计算功率谱的效率,选用 AIC 准则所计算出来的最优阶数作为功率谱阶数。在求出功率谱阶数后,使用协方差算法估计实测信号功率谱,图 3.14、图 3.15 为 400 MHz、900 MHz 探地雷达功率谱图。

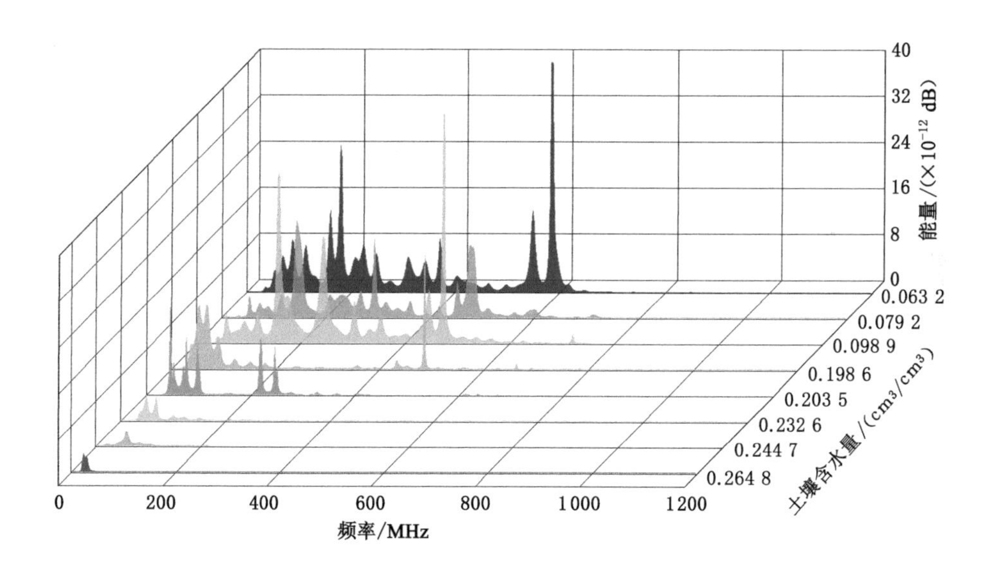

图 3.14 400 MHz 探地雷达功率谱图

从总体上看,随着土壤含水量的增加功率谱能量频带向低频偏移,低频带能量占比增加,高频带能量占比减少,能量分布聚合程度加深。

(2) 功率谱属性参数反演土壤含水量分析

基于 3.1.2 小节的功率谱属性计算公式,计算均匀含水量土壤模型的探地

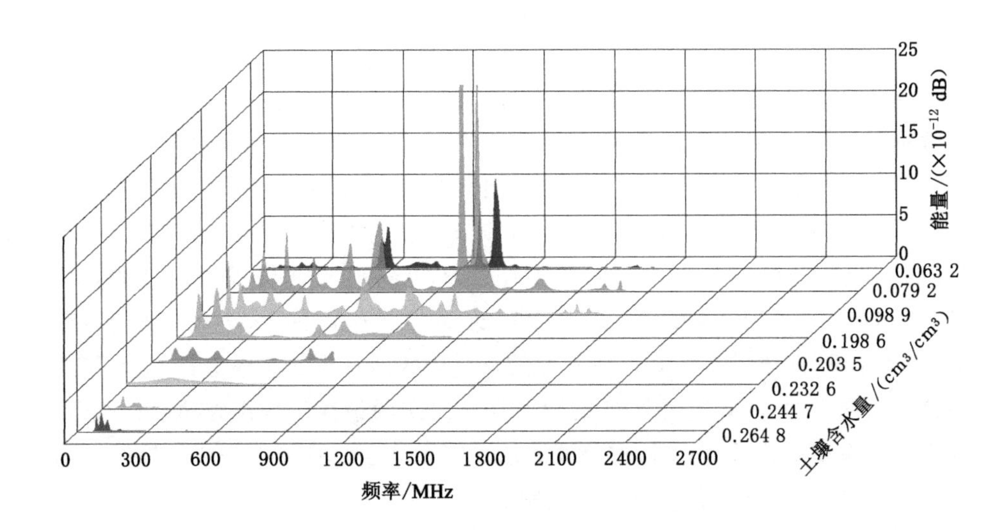

图 3.15 900 MHz 探地雷达功率谱图

雷达功率谱属性参数,得出 400 MHz 和 900 MHz 天线雷达信号各属性参数与土壤含水量的相关关系,如图 3.16~图 3.23 所示。

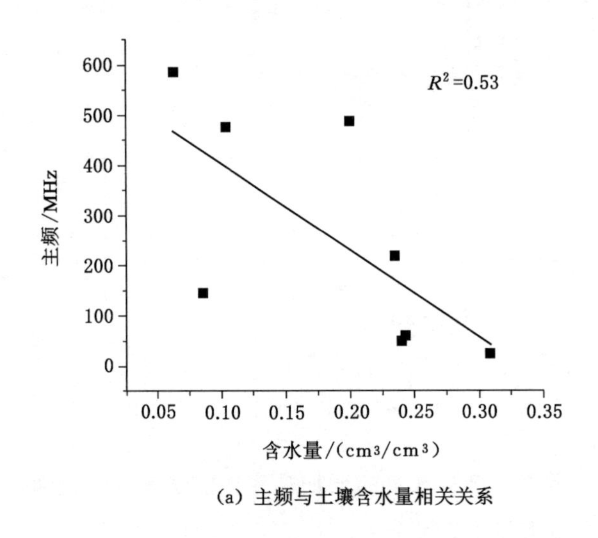

(a) 主频与土壤含水量相关关系

图 3.16 400 MHz 功率谱频域属性参数与土壤含水量相关关系

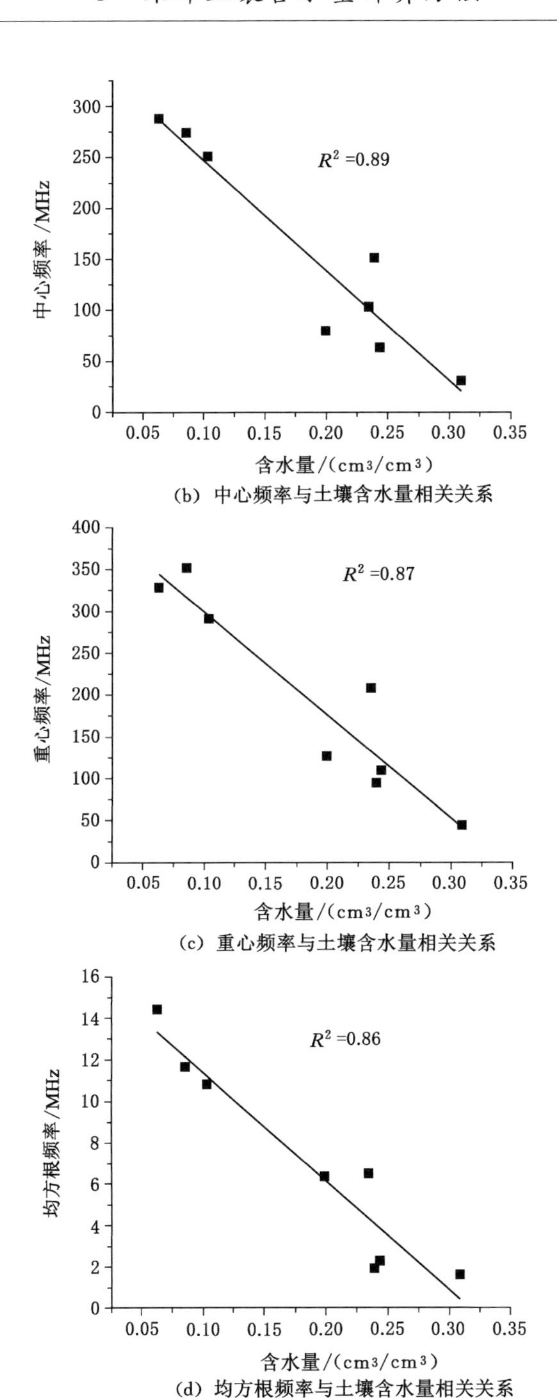

(b) 中心频率与土壤含水量相关关系

(c) 重心频率与土壤含水量相关关系

(d) 均方根频率与土壤含水量相关关系

图 3.16 (续)

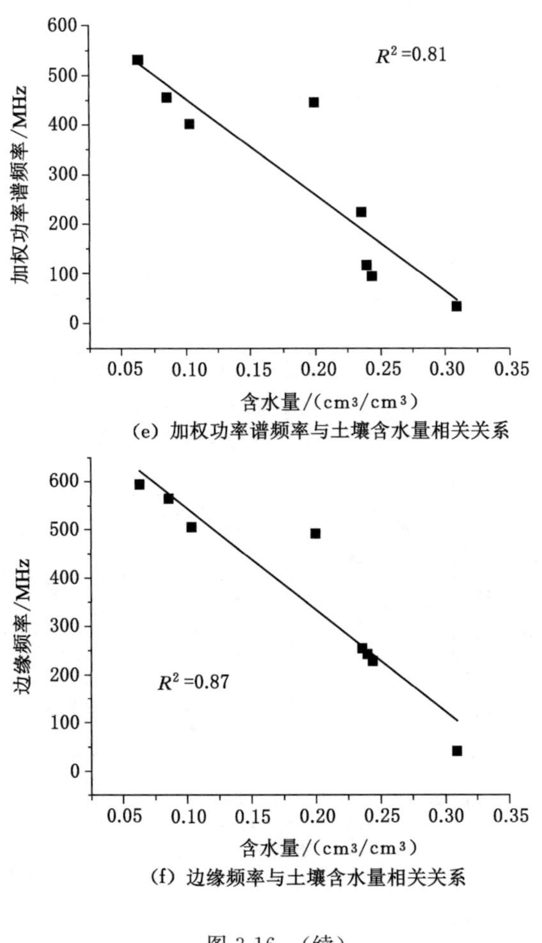

(e) 加权功率谱频率与土壤含水量相关关系

(f) 边缘频率与土壤含水量相关关系

图 3.16 (续)

图 3.16 为 400 MHz 功率谱频域属性参数与土壤含水量相关关系图。由图可知,随着土壤含水量增加,400 MHz 雷达功率谱能量逐渐向低频集中,并且功率谱总体分布也向低频偏移,功率谱频域属性参数与土壤含水量呈线性负相关关系,其中频率标准差与土壤含水量相关系数最高,为 0.89;主频与土壤含水量相关系数最低,为 0.53。

图 3.17 为 400 MHz 功率谱能量属性参数与土壤含水量相关关系图。从图中可以看出,功率谱频带能量和主频能量与土壤含水量呈对数相关,即随着土壤含水量的增加,电磁波损耗增高,雷达天线接收到的电磁波能量呈对数方式降低,其中功率谱频带能量和主频能量拟合方程分别为:

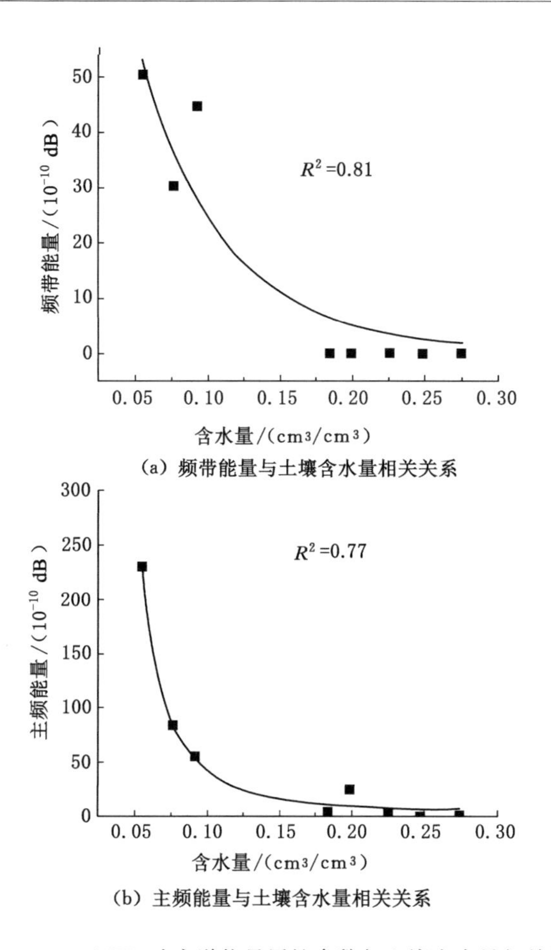

(a) 频带能量与土壤含水量相关关系

(b) 主频能量与土壤含水量相关关系

图 3.17　400 MHz 功率谱能量属性参数与土壤含水量相关关系

$$y=0.25-0.044\ln(x+0.109)\quad (R^2=0.81) \tag{3.49}$$

$$y=0.304-0.042\ln(x+3.84)\quad (R^2=0.77) \tag{3.50}$$

式中,x 表示土壤含水量,cm^3/cm^3;y 表示功率谱属性参数。

图 3.18 为 400 MHz 功率谱聚合程度属性参数与土壤含水量相关关系图。从图中可以看出,功率谱曲线离散程度参数(功率谱频率标准差)和复杂程度指标(功率谱熵)与土壤含水量相关性不高,相关系数分别为 0.51 与 0.48,400 MHz 的功率谱频率标准差与土壤含水量的拟合公式为:

$$y=0.463-0.002x\quad (R^2=0.51) \tag{3.51}$$

为了研究频带能量与土壤含水量的相互关系,按照天线频率进行等分,但要将所有的频带都划分一遍不现实,因此选取整数倍百兆频带进行划分,并将其与

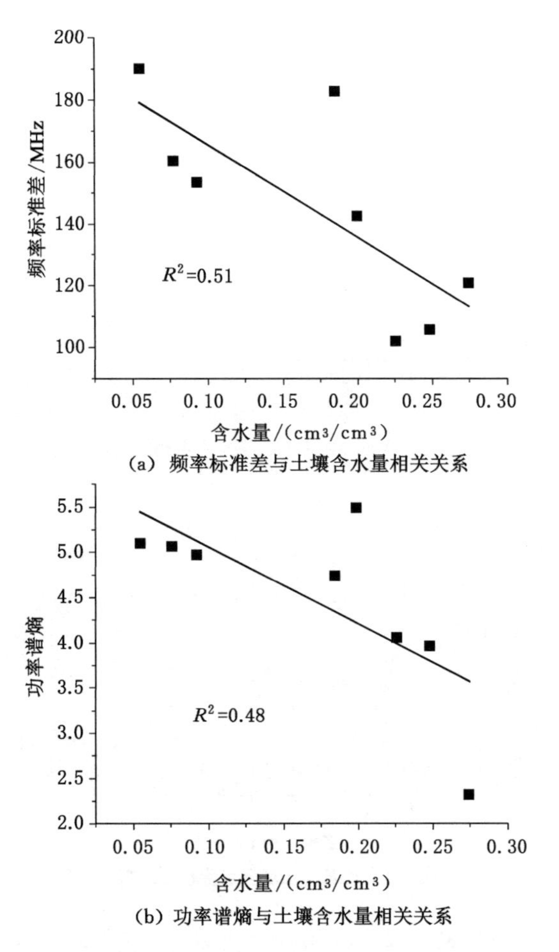

(a) 频率标准差与土壤含水量相关关系

(b) 功率谱熵与土壤含水量相关关系

图 3.18 400 MHz 功率谱聚合程度属性参数与土壤含水量相关关系

土壤含水量进行拟合，如图 3.19 所示。

从图 3.19 中可以看出雷达波能量随模型土壤含水量变化存在以下规律：

① 0～100 MHz 范围内，频带能量的占比随着模型的土壤含水量增加呈线性增加；其余 100 MHz 带宽范围内频带能量占比随着土壤含水量的增加呈降低的趋势。

② 0～200 MHz、0～400 MHz、0～600 MHz 范围内，频带能量占比随土壤含水量的增加呈线性增加。

③ 200～400 MHz、400～600 MHz、200～600 MHz、100～600 MHz、200～500 MHz 范围内，频带能量占比与土壤含水量呈负相关关系。

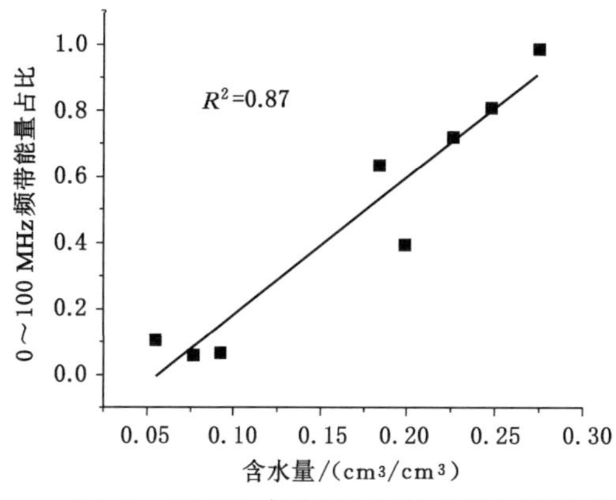

(a) 0～100 MHz频带能量占比与土壤含水量关系

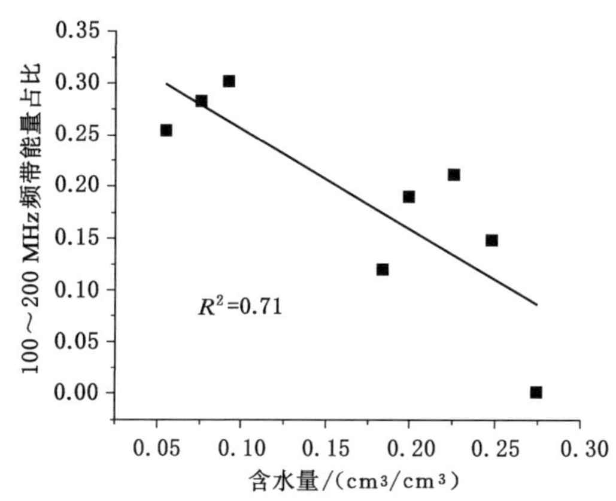

(b) 100～200 MHz频带能量占比与土壤含水量关系

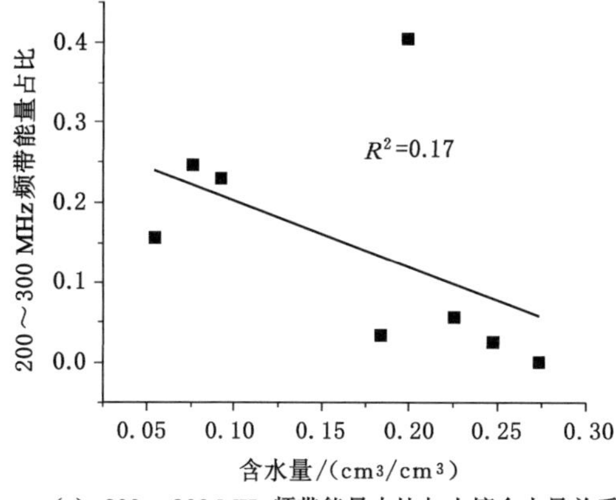

(c) 200～300 MHz频带能量占比与土壤含水量关系

图 3.19 400 MHz功率谱能量分布属性参数与土壤含水量相关关系

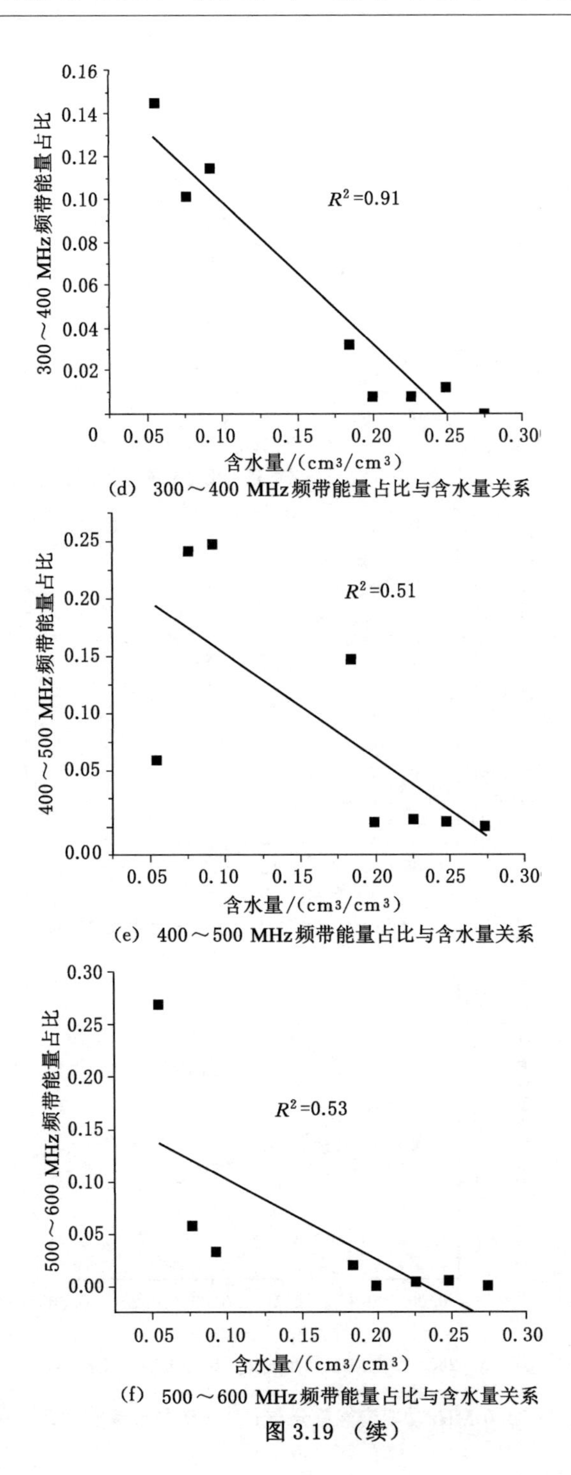

(d) 300～400 MHz频带能量占比与含水量关系

(e) 400～500 MHz频带能量占比与含水量关系

(f) 500～600 MHz频带能量占比与含水量关系

图 3.19 (续)

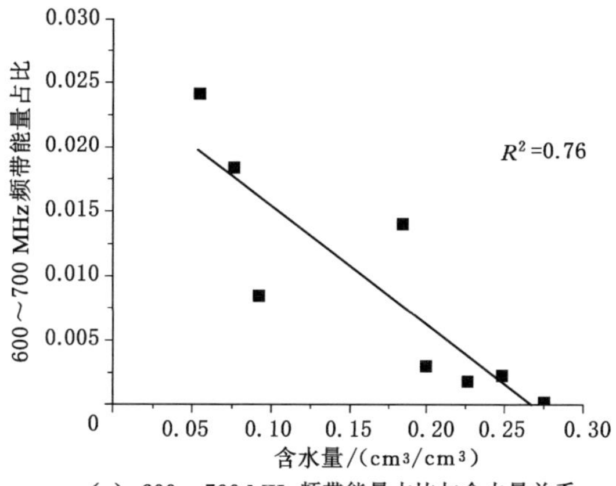

(g) 600～700 MHz频带能量占比与含水量关系

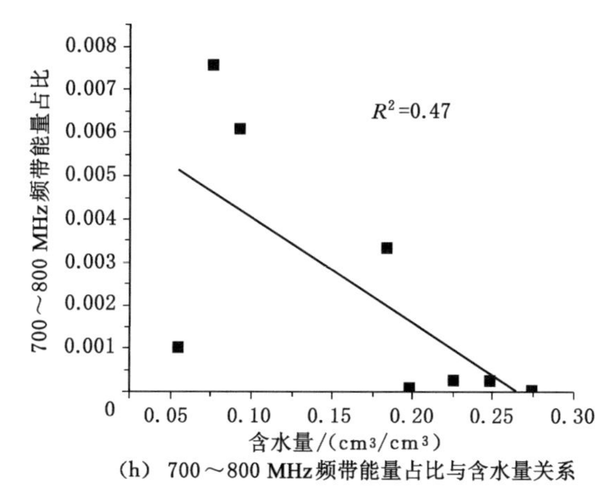

(h) 700～800 MHz频带能量占比与含水量关系

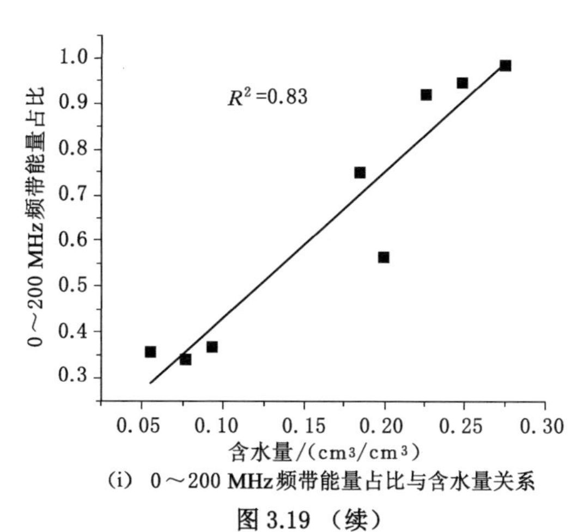

(i) 0～200 MHz频带能量占比与含水量关系

图 3.19 (续)

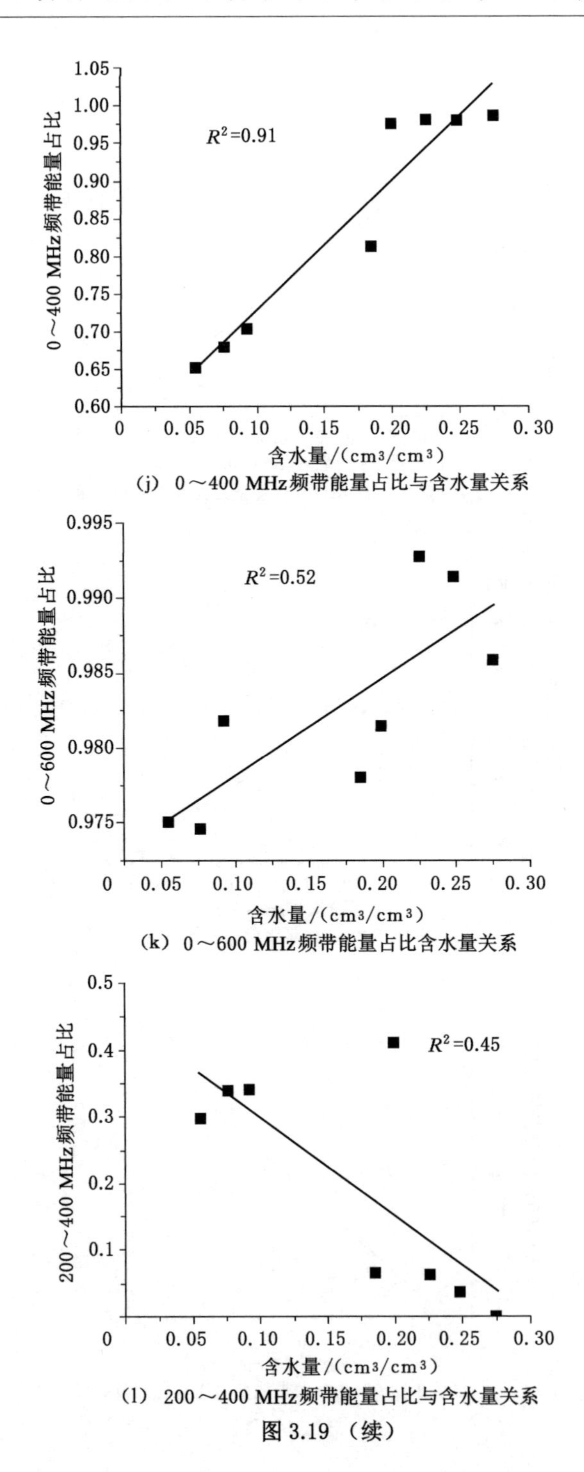

(j) 0~400 MHz频带能量占比与含水量关系

(k) 0~600 MHz频带能量占比含水量关系

(l) 200~400 MHz频带能量占比与含水量关系

图 3.19 (续)

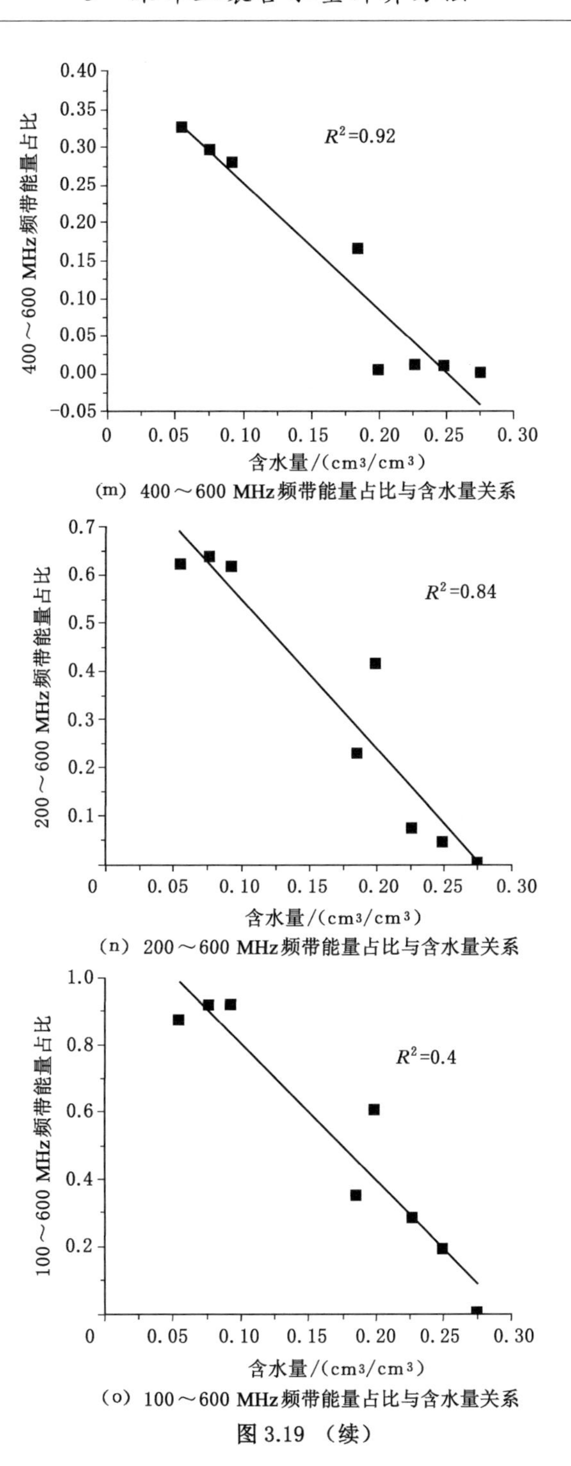

(m) 400～600 MHz频带能量占比与含水量关系

(n) 200～600 MHz频带能量占比与含水量关系

(o) 100～600 MHz频带能量占比与含水量关系

图 3.19 (续)

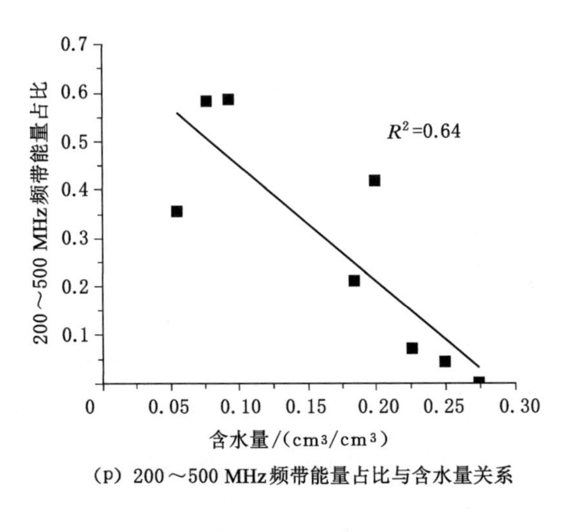

(p) 200～500 MHz频带能量占比与含水量关系

图 3.19 （续）

④ 在功率谱能量占比与土壤含水量正相关的频带中，0～400 MHz 频带能量占比与土壤含水量相关系数最高，相关系数 R^2 约为 0.91；在功率谱能量占比与土壤含水量负相关的频带中，400～600 MHz 频带能量占比与土壤含水量相关系数最佳，二者的相关系数 R^2 约为 0.92。

将 900 MHz 雷达数据频域属性与土壤含水量关系进行拟合，见图 3.20～图 3.23。

由图 3.20 可知，随着土壤含水量增加，900 MHz 雷达功率谱能量逐渐向低频集中，并且功率谱总体分布也向低频偏移，所有属性参数都随土壤含水量的增加呈线性降低的规律，其中中心频率与土壤含水量相关系数最高，为 0.91；主频与土壤含水量相关系数最低，为 0.58。

图 3.21 为 900 MHz 功率谱能量属性参数与土壤含水量相关关系图。

由图 3.21 可以看出，900 MHz 功率谱频带能量、主频能量与土壤含水量呈对数相关，即随着土壤含水量的增加，电磁波损耗增高，接收到的雷达电磁波能量逐渐降低。

900 MHz 功率谱频带能量和主频能量与土壤含水量的拟合方程分别为：

$$y = 0.157\,7 - 0.032\ln(x) \quad (R^2 = 0.64) \tag{3.52}$$

$$y = 0.077\,6 - 0.028\ln(x) \quad (R^2 = 0.55) \tag{3.53}$$

式中，y 表示功率谱属性参数；x 表示土壤含水量，cm^3/cm^3。

图 3.22 为 900 MHz 功率谱聚合程度属性参数与土壤含水量相关关系图。

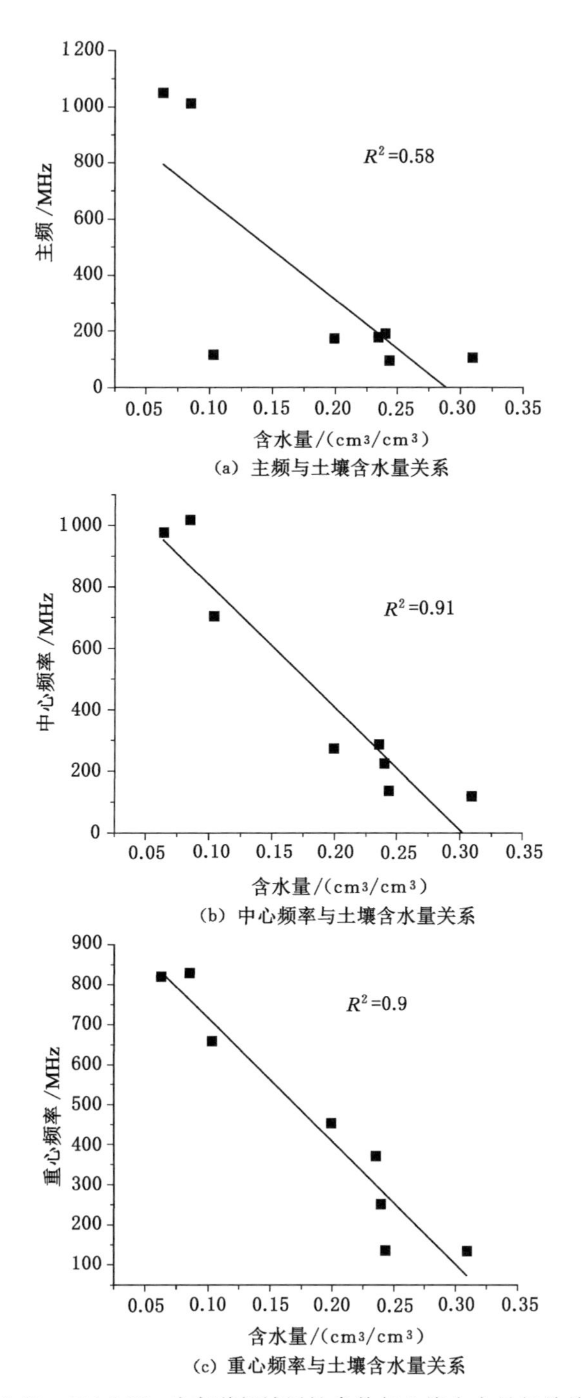

(a) 主频与土壤含水量关系

(b) 中心频率与土壤含水量关系

(c) 重心频率与土壤含水量关系

图 3.20 900 MHz 功率谱频域属性参数与土壤含水量相关关系

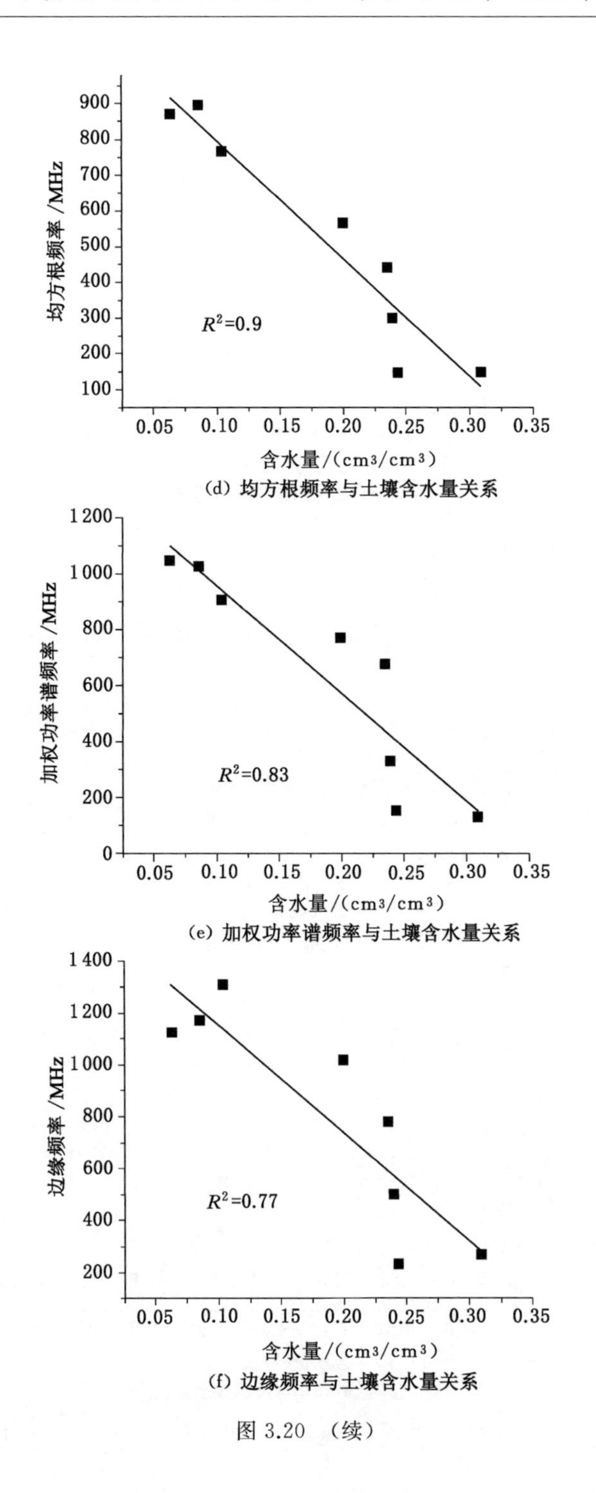

(d) 均方根频率与土壤含水量关系

(e) 加权功率谱频率与土壤含水量关系

(f) 边缘频率与土壤含水量关系

图 3.20 (续)

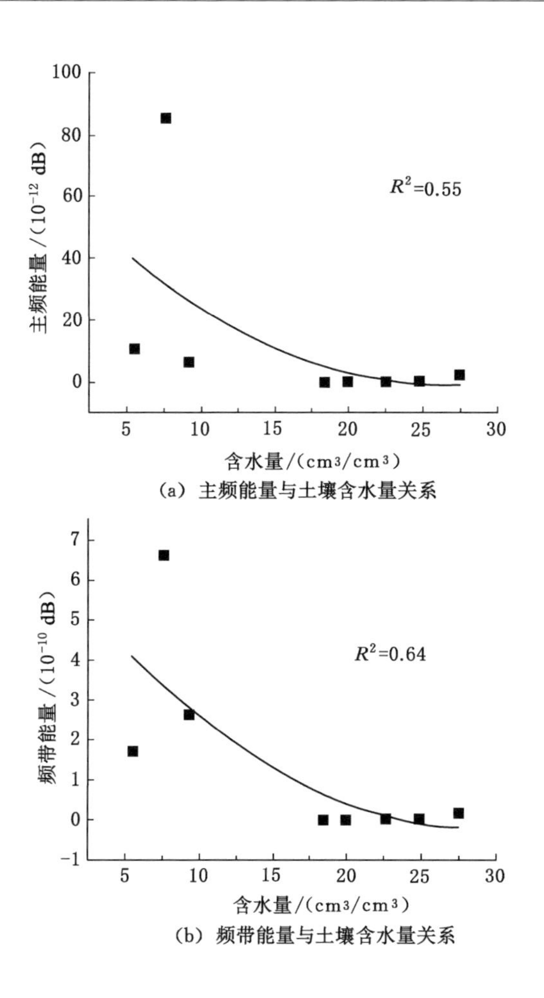

(a) 主频能量与土壤含水量关系

(b) 频带能量与土壤含水量关系

图 3.21 900 MHz 功率谱能量属性参数与土壤含水量相关关系

由图 3.22 可知,900 MHz 雷达数据功率谱聚合程度参数均与土壤含水量相关性较差,即功率谱频率标准差和复杂程度指标功率谱熵与土壤含水量相关性不高,尤其是功率谱熵与土壤含水量的相关系数仅为 0.019。

900 MHz 的功率谱频率标准差与土壤含水量的拟合公式为:

$$y=0.317\ 8-0.055\ 9x \quad (R^2=0.63) \tag{3.54}$$

像 400 MHz 雷达数据分析一样,也对 900 MHz 雷达数据的频带能量分布属性参数与土壤含水量的关系进行分析,如图 3.23 所示。

由图 3.23 可以看出雷达波能量随模型土壤含水量变化存在以下规律:

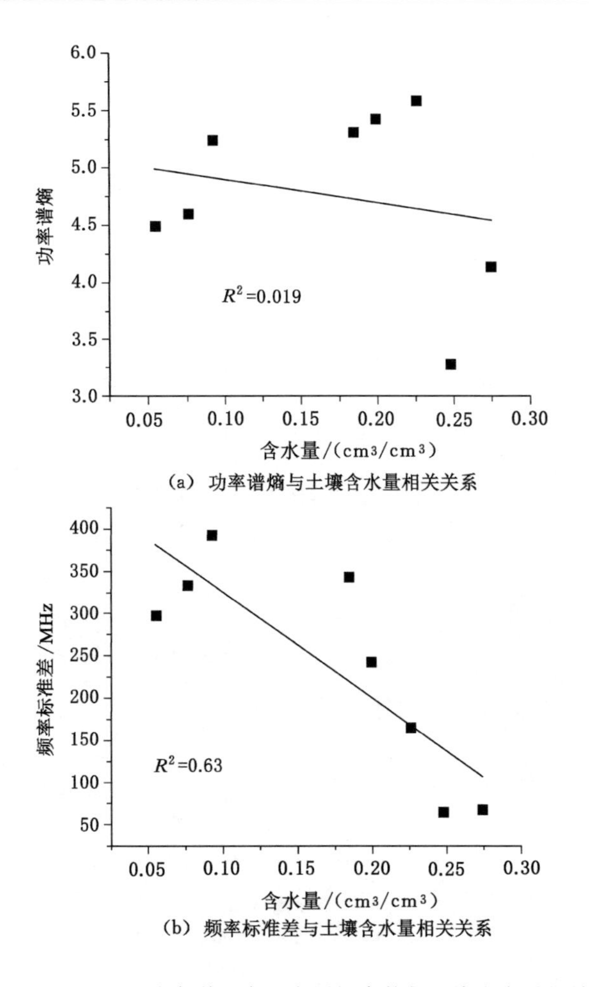

(a) 功率谱熵与土壤含水量相关关系

(b) 频率标准差与土壤含水量相关关系

图 3.22 900 MHz 功率谱聚合程度属性参数与土壤含水量相关关系

① 在 0～300 MHz、0～600 MHz、0～900 MHz、0～1 800 MHz 范围内随着土壤含水量增加，功率谱频带能量占比呈线性增加；在 300～600 MHz 范围内频带能量占比与土壤含水量变化关系不明显，线性拟合系数较低，为 0.039；在其他频带范围内，频带能量占比随土壤含水量的增加而降低。

② 300～600 MHz 和 900～1200 MHz 频带能量占比与土壤含水量呈弱相关，相关系数均在 0.5 以下。

③ 在功率谱频带能量占比与土壤含水量呈正相关的频带中，0～600 MHz 频带能量占比与土壤含水量的相关性最好，二者相关系数为 0.91；在功率谱频带能量占比与土壤含水量呈负相关的频带中，600～1 800 MHz 频带能量占比与土

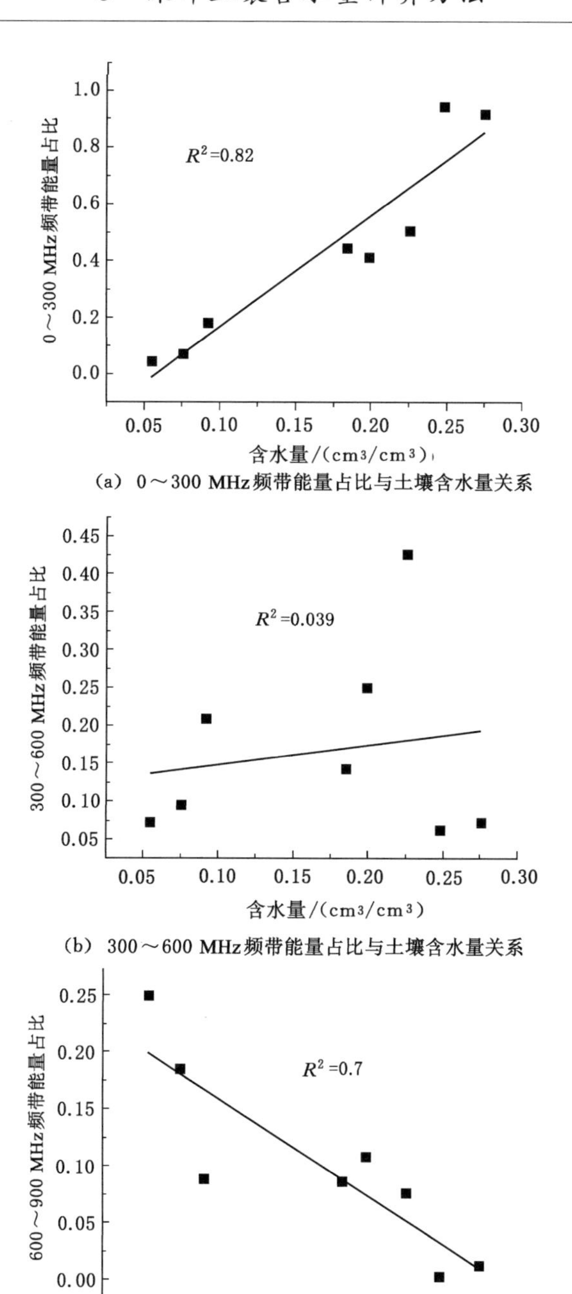

(a) 0～300 MHz频带能量占比与土壤含水量关系

(b) 300～600 MHz频带能量占比与土壤含水量关系

(c) 600～900 MHz频带能量占比与土壤含水量关系

图 3.23 900 MHz 功率谱能量分布属性参数与土壤含水量相关关系

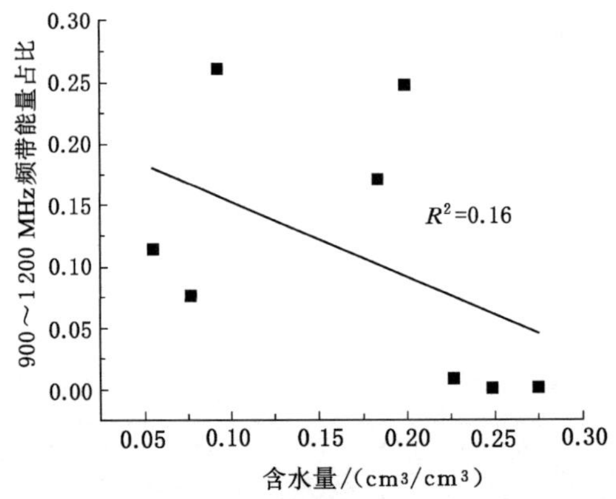

(d) 900～1 200 MHz频带能量占比与土壤含水量关系

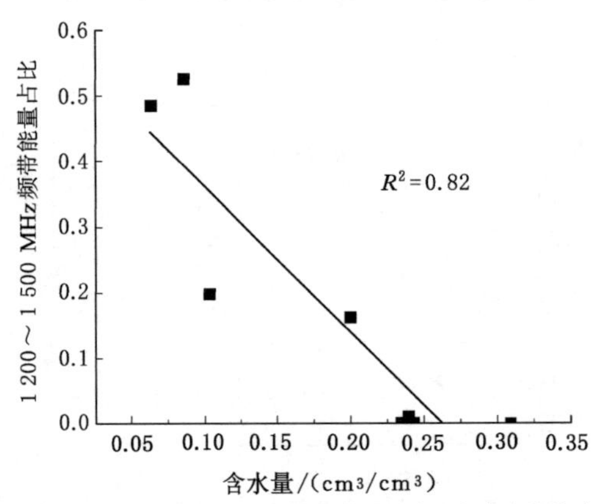

(e) 1 200～1 500 MHz频带能量占比与含水量关系

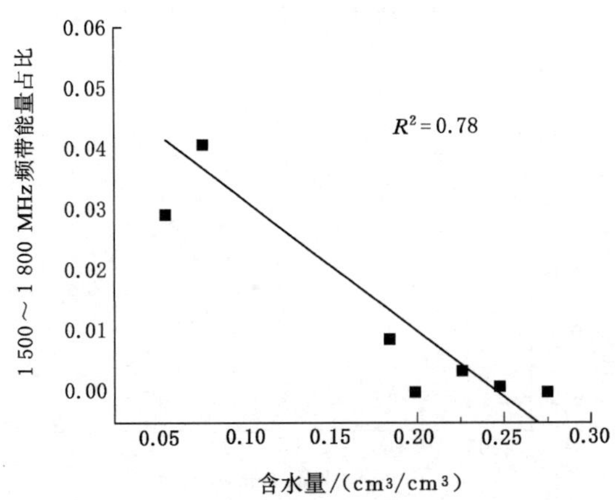

(f) 1 500～1 800 MHz频带能量占比与含水量关系

图 3.23 （续）

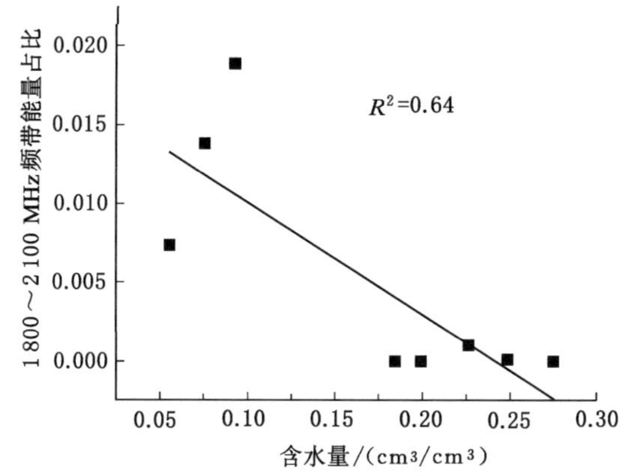

(g) 1 800～2 100 MHz频带能量占比与土壤含水量关系

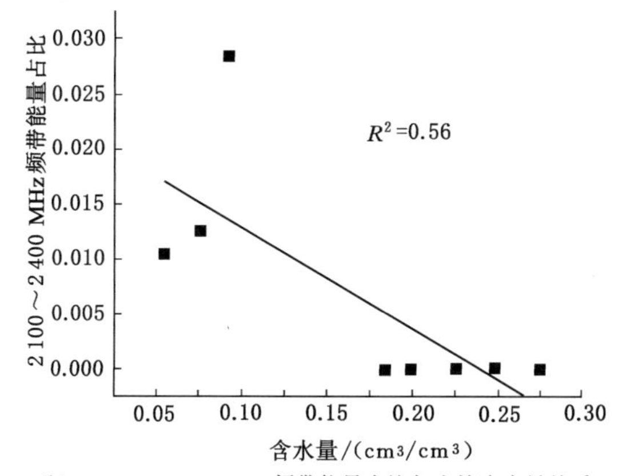

(h) 2 100～2 400 MHz频带能量占比与土壤含水量关系

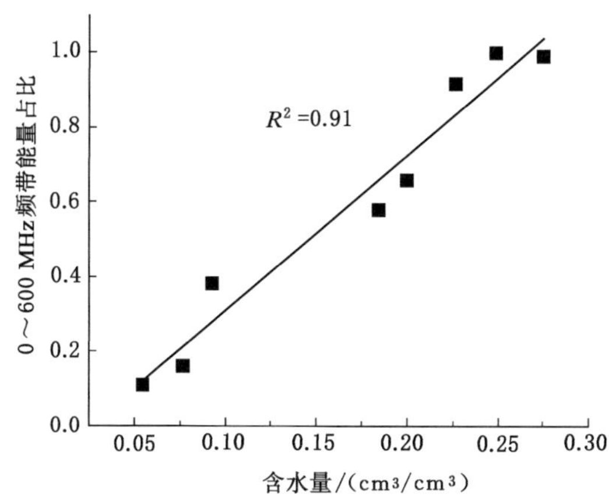

(i) 0～600 MHz频带能量占比与土壤含水量关系

图 3.23 (续)

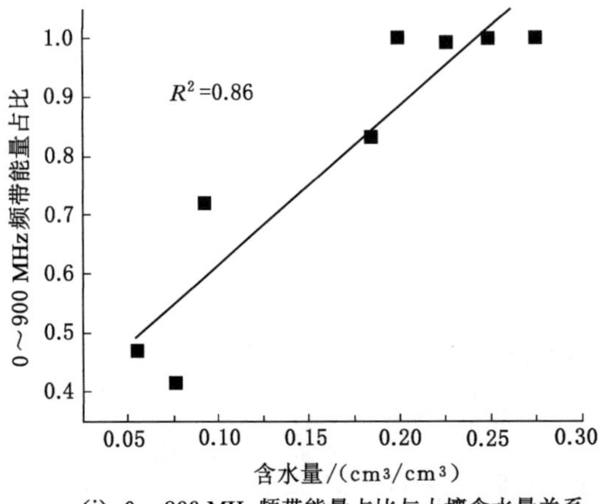

(j) 0～900 MHz频带能量占比与土壤含水量关系

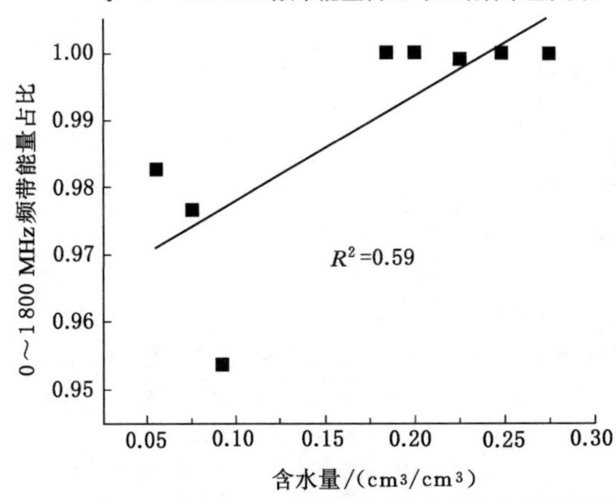

(k) 0～1 800 MHz频带能量占比与土壤含水量关系

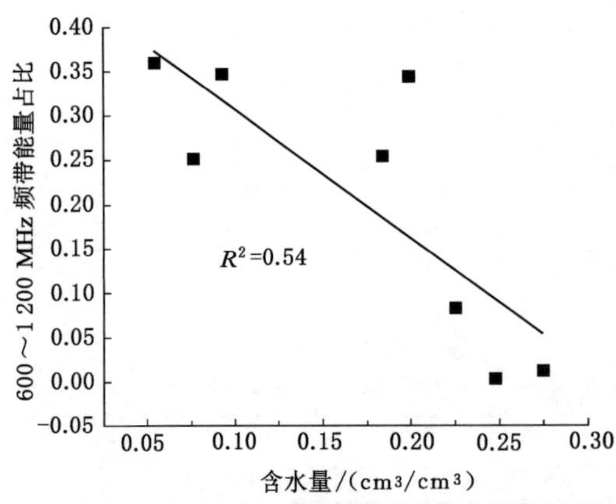

(l) 600～1 200 MHz频带能量占比与土壤含水量关系

图 3.23 （续）

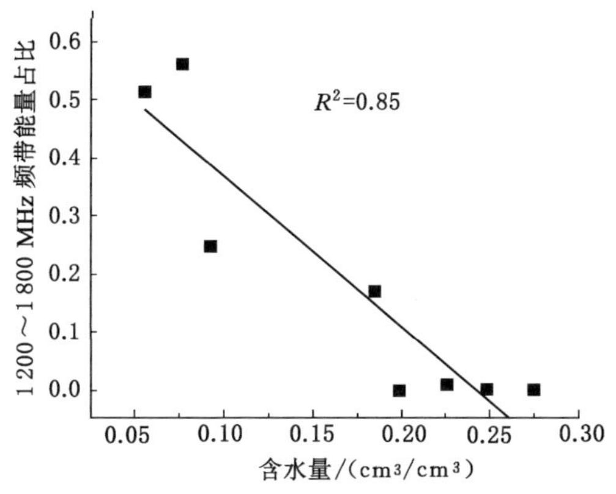

(m) 1 200～1 800 MHz 频带能量占比与土壤含水量关系

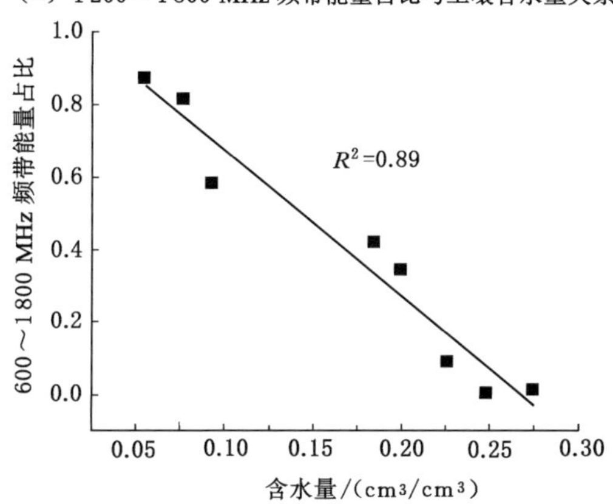

(n) 600～1 800 MHz 频带能量占比与土壤含水量关系

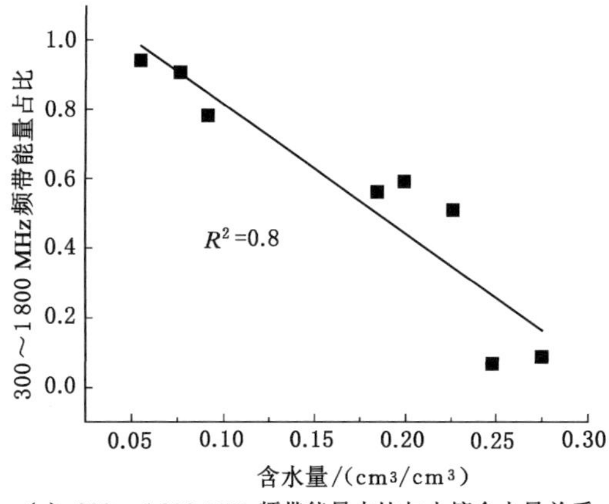

(o) 300～1 800 MHz频带能量占比与土壤含水量关系

图 3.23 （续）

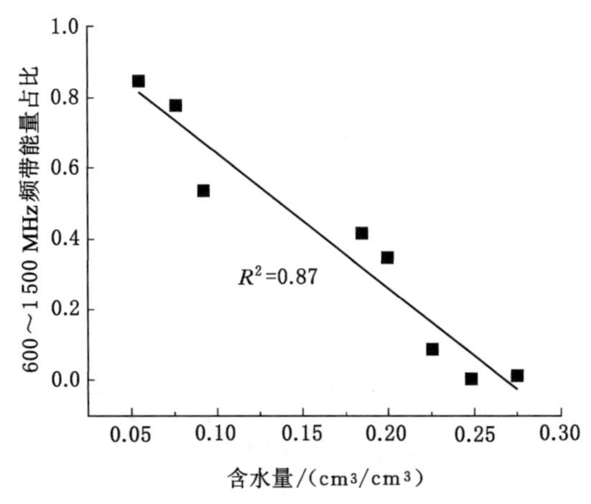

(p) 600～1 500 MHz频带能量占比与土壤含水量关系

图 3.23 （续）

壤含水量的相关性最高，两者相关系数为 0.89。

(3) 实测探地雷达功率谱属性参数优选

按照统计学中的定义，相关系数 R^2 介于 0.75～1.00，两者呈强相关性；介于 0.30～0.75，两者呈中等相关。考虑到计算精度、属性类别及空间冗余程度的影响，选择与土壤含水量相关系数大于 0.5 的功率谱属性进行互相关分析，优先选择与土壤含水量相关性大且属性之间相关性较小的功率谱属性参数，互相关分析结果见图 3.24 和图 3.25。

由图 3.24 可以看出，表示雷达功率谱频率的属性参数中心频率、重心频率、加权功率谱频率和均方根频率的互相关系数均大于 0.8，且呈现出显著正相关关系；表示雷达功率谱能量的属性参数频带能量和主频能量的互相关系数为 0.963，呈 0.01 水平的显著正相关关系；表示雷达功率谱能量各频带占比属性参数 0～100 MHz、0～200 MHz、0～400 MHz 和 0～600 MHz 频带能量占比相关系数均大于 0.7，呈显著正相关关系，300～400 MHz 和 200～600 MHz频带能量占比相关系数大于 0.7，呈显著正相关关系，600～700 MHz 和 400～600 MHz 频带能量占比相关系数为 0.897，呈 0.01 水平的显著正相关关系。对呈显著正相关关系的属性参数结合与土壤含水量的相关关系选出主频、重心频率、边缘频率、频带能量、频率标准差、0～400 MHz 频带能量占比、400～600 MHz 频带能量占比 7 项探地雷达功率谱特征属性参数作为 400 MHz 天线雷达功率谱属性参数计算土壤含水量。

	1	2	3	4	5	6	7	8	9	10	11	12	13	14	15	16	17
主频(1)	1																
中心频率(2)	0.595	1															
重心频率(3)	0.727*	0.974**	1														
频带能量(4)	0.652	0.950**	0.908**	1													
主频能量(5)	0.701	0.856**	0.826*	0.963**	1												
加权功率谱频率(6)	0.843**	0.825*	0.924**	0.746*	0.663	1											
均方根频率(7)	0.777*	0.948**	0.989**	0.891**	0.808*	0.953**	1										
频率标准差(8)	0.873**	0.651	0.778*	0.604	0.537	0.928**	0.854**	1									
边缘频率(9)	0.774*	0.853**	0.934**	0.764*	0.679	0.972**	0.933**	0.821*	1								
0～100 MHz频带能量占比(10)	-0.619	-0.953**	-0.966**	-0.857**	-0.786*	-0.833	-0.931**	-0.657	-0.854**	1							
100～200 MHz频带能量占比(11)	0.427	0.824*	0.813*	0.726*	0.683	0.64	0.724*	0.341	0.756*	-0.886**	1						
300～400 MHz(12)	0.705	0.967**	0.953**	0.981**	0.915**	0.846**	0.946**	0.706	0.863**	-0.877**	0.733*	1					
600～700 MHz频带能量占比(13)	0.713*	0.806*	0.862**	0.733*	0.587	0.929**	0.897**	0.875**	0.905**	-0.727*	0.527	0.843**	1				
0～200 MHz频带能量占比(14)	-0.652	-0.943**	-0.964**	-0.849**	-0.774*	-0.852**	-0.950**	-0.728*	-0.840**	0.988**	-0.804*	-0.873**	-0.750*	1			
0～400 MHz频带能量占比(15)	-0.733*	-0.929**	-0.955**	-0.899**	-0.812*	-0.931**	-0.969**	-0.812*	-0.931**	0.859**	-0.675	-0.959**	-0.903**	0.867**	1		
0～600 MHz频带能量占比(16)	-0.671	-0.719*	-0.800*	-0.61	-0.483	-0.874**	-0.866**	-0.930**	-0.764*	0.727*	-0.367	-0.701	-0.849**	0.809*	0.809*	1	
400～600 MHz频带能量占比(17)	0.730*	0.930**	0.954**	0.905**	0.821*	0.924**	0.965**	0.798*	0.930**	-0.857**	0.684	0.963**	0.897**	-0.862**	-1.000**	-0.792*	1
200～600 MHz频带能量占比(18)	0.649	0.944**	0.964**	0.852**	0.779*	0.848**	0.948**	0.720*	0.838**	-0.990**	0.811*	0.874**	0.745*	-1.000**	-0.866**	-0.800*	0.861**

注：* 表示 $P<0.05$，** 表示 $P<0.01$。

图 3.24 400 MHz功率谱属性参数互相关关系

	1	2	3	4	5	6	7	8	9	10	11	12	13	14	15	16	17	18	19	20	21	22
主频(1)	1																					
中心频率(2)	0.868**	1																				
重心频率(3)	0.807*	0.970**	1																			
加权功率谱频率(4)	0.685	0.876**	0.964**	1																		
均方根频率(5)	0.750*	0.942**	0.994**	0.982**	1																	
边缘频率(6)	0.527	0.814*	0.920**	0.970**	0.955**	1																
频带能量(7)	0.704	0.830*	0.765*	0.642	0.735*	0.615	1															
主频能量(8)	0.710*	0.689	0.619	0.499	0.582	0.427	0.945**	1														
频率标准差(9)	0.402	0.704	0.843**	0.929**	0.895**	0.983**	0.534	0.358	1													
0～300 MHz频带能量占比(10)	-0.707*	-0.891**	-0.951**	-0.959**	-0.962**	-0.931**	-0.652	-0.504	-0.883**	1												
0～600 MHz频带能量占比(11)	-0.809*	-0.955**	-0.994**	-0.973**	-0.989**	-0.916**	-0.723*	-0.584	-0.838**	0.940**	1											
0～900 MHz频带能量占比(12)	-0.900**	-0.972**	-0.951**	-0.850**	-0.922**	-0.780*	-0.829*	-0.728*	-0.677	0.831*	0.940**	1										
0～1 800 MHz频带能量占比(13)	-0.314	-0.732	-0.714*	-0.648	-0.721*	-0.748*	-0.664	-0.384	-0.686	0.665	0.672	0.64	1									
300～1 800 MHz频带能量占比(14)	0.712*	0.880**	0.943**	0.955**	0.954**	0.921**	0.635	0.496	0.876**	-0.999**	-0.933**	-0.822*	-0.634	1								
600～900 MHz频带能量占比(15)	0.901**	0.878**	0.895**	0.863**	0.871**	0.737*	0.564	0.5	0.646	-0.895**	-0.909**	-0.857**	-0.399	0.903**	1							
600～1 200 MHz频带能量占比(16)	0.437	0.672	0.798*	0.911**	0.834*	0.896**	0.357	0.188	0.880**	-0.868**	-0.829*	-0.588	-0.556	0.866**	0.745	1						
600～1 500 MHz频带能量占比(17)	0.825*	0.944**	0.988**	0.972**	0.982**	0.904**	0.701	0.577	0.827	-0.937**	-0.998**	-0.934**	-0.522	0.933**	0.927**	0.832	1					
600～1 800 MHz频带能量占比(18)	0.817*	0.951**	0.992**	0.973**	0.987**	0.912**	0.714*	0.582	0.834**	-0.940**	-1.000**	-0.938**	-0.65	0.934**	0.917**	0.830*	0.999**	1				
1 200～1 500 MHz频带能量占比(19)	0.928**	0.954**	0.934**	0.834*	0.902**	0.745*	0.806*	0.732*	0.643	-0.811*	-0.928**	-0.995**	-0.563	0.805*	0.873**	0.565	0.928**	0.929**	1			
1 200～1 800 MHz频带能量占比(20)	0.911**	0.965**	0.945**	0.845**	0.916**	0.769*	0.820*	0.729*	0.667	-0.824*	-0.935**	-0.999**	-0.609	0.817*	0.854**	0.58	0.933**	0.936**	0.998**	1		
1 500～1 800 MHz频带能量占比(21)	0.524	0.867**	0.854**	0.776*	0.855**	0.836**	0.794*	0.557	0.766	-0.781*	-0.815*	-0.815*	-0.962**	0.755*	0.571	0.605	0.775*	0.798*	0.756*	0.792*	1	
1 800～2 100 MHz频带能量占比(22)	0.418	0.795*	0.764*	0.68	0.765*	0.759*	0.787*	0.544	0.692	-0.704	-0.717*	-0.716*	-0.983**	0.675	0.456	0.535	0.669	0.696	0.647	0.689	0.982**	1
2 100～2 400 MHz频带能量占比(23)	0.275	0.705	0.691	0.633	0.701	0.739*	0.616	0.325	0.679	-0.645	-0.652	-0.608	-0.998**	0.613	0.375	0.561	0.601	0.63	0.53	0.577	0.948**	0.969**

注：* 表示 $P<0.05$，** 表示 $P<0.01$。

图 3.25　900 MHz功率谱属性参数互相关关系

由图 3.25 可以看出，表示雷达功率谱频率的属性参数主频、中心频率、重心频率之间的互相关系数均大于 0.807，且呈现显著的正相关关系；表示雷达功率谱各频带能量占比属性参数 0～600 MHz 频带能量占比、600～1 800 MHz 频带能量占比分别与表示雷达功率谱能量的属性参数频带能量、频率标准差之间的互相关系数大于 0.714，且分别呈现显著的相关关系。因此，提取主频、中心频率、重心频率、频带能量、频率标准差、0～600 MHz 频带能量占比、600～1 800 MHz 频带能量占比作为 900 MHz 天线雷达功率谱属性参数计算土壤含水量。

（4）功率谱属性参数反演土壤含水量验证分析

为了提升该方法的实用性，设置了一个非均匀含水量土壤模型验证该方法，非均匀含水量土壤模型大小同上述模型一致，见图 3.26。

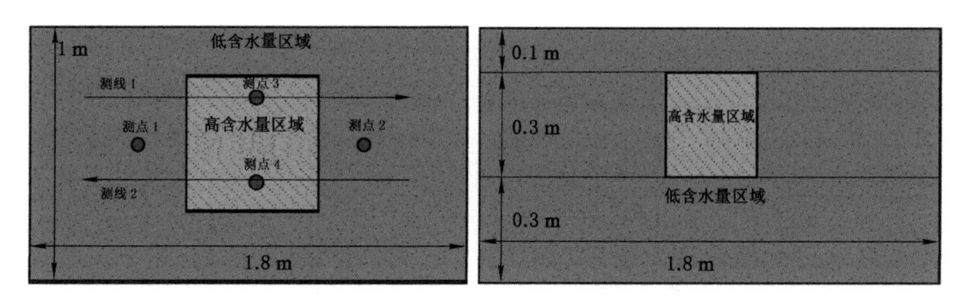

(a) 模型俯视图　　(b) 模型侧视图

图 3.26　实测非均匀含水量土壤模型示意图

在模型内部使用木质预制板制作一个高含水量区域，含水量为 35.76～38.21 cm^3/cm^3，高含水量土壤顶部埋深 10 cm，该区域尺寸为 30 cm×30 cm×30 cm，模型其他区域含水量大约为 4.92～6.30 cm^3/cm^3。

整个模型由下至上分三层制作，第一层填筑低含水量土壤，第二层填筑高含水量土壤（位于模型中部），该区域外围填低含水量土壤，第一层、第二层厚度为 30 cm，第三层填筑低含水量土壤，厚度为 10 cm，依次填筑完成。使用 GR 探地雷达 400 MHz 和 900 MHz 天线对高含水量区域上方及其外侧分别进行 2 次点测，并沿模型长边方向进行 2 次时间测量；使用环刀对 4 个点测位置的土壤沿深度方向每隔 10 cm 取样。

探地雷达探测结束后，首先对雷达数据进行预处理，其次提取出 4 个采样点的 20 道单道雷达信号，同样对 4 个采样位置的雷达信号求取平均值得到平均雷达单道信号，如图 3.27 所示，最后利用改进协方差算法计算雷达信号功率谱，见图 3.28。

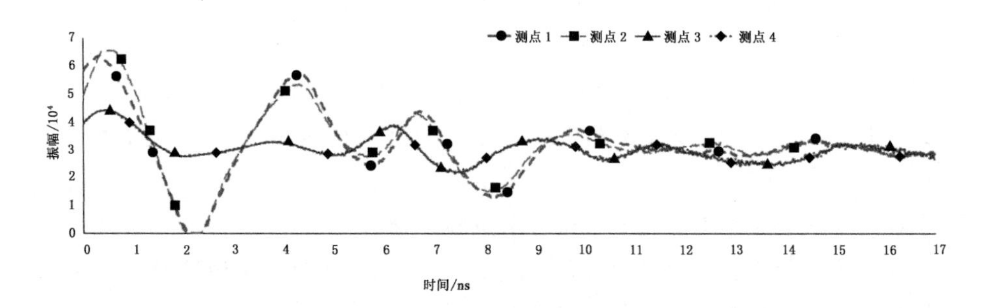

图 3.27　非均匀含水量土壤模型单道信号图

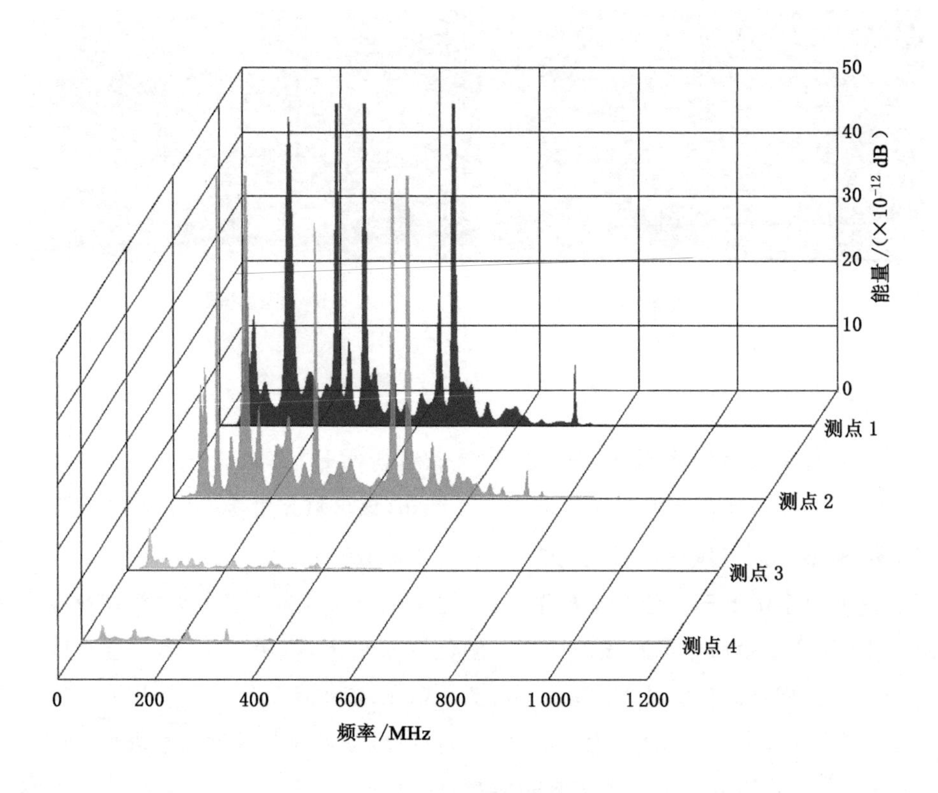

图 3.28　非均匀含水量土壤模型功率谱图

图 3.27 中，测点 1 和测点 2 为低土壤含水量区域雷达信号；测点 3 和测点 4 为高含水量区域雷达信号。图 3.28 中，测点 1 和测点 2 为低土壤含水量区域雷达功率谱图；测点 3 和测点 4 为高土壤含水量区域雷达功率谱图。由图 3.27 和图 3.28 可以看出，雷达波在高含水量土壤中传播会造成雷达波的振幅减小，同时高含水量土壤会吸收更多的雷达波能量，导致雷达波反射波的功率谱能量降低，能量频带向低频偏移。

为验证利用探地雷达功率谱探测不同深度土壤含水量的有效性，本研究基于滚动谱剖面技术，对时域信号分段，分别求取不同深度探地雷达信号的功率谱属性参数，并在此基础上对功率谱属性与土壤含水量的关系进行分析，其中 400 MHz 和 900 MHz 功率谱各参数与土壤含水量的相关关系如表 3.3 和表 3.4 所示。

表 3.3 400 MHz 各深度功率谱属性参数与土壤含水量相关系数

深度/cm	主频/MHz	重心频率/MHz	频带能量/(10^{-12} dB)	频率标准差/MHz	边缘频率/MHz	0～400 MHz频带能量占比	400～600 MHz频带能量占比
0～10	0.488	0.661	0.607	0.496	0.456	0.599	0.594
10～20	0.838	0.862	0.586	0.575	0.859	0.825	0.824
20～30	0.865	0.927	0.781	0.669	0.901	0.867	0.861
30～40	0.863	0.918	0.768	0.721	0.911	0.898	0.900
40～50	0.448	0.940	0.515	0.679	0.893	0.878	0.867
50～60	0.598	0.911	0.798	0.557	0.840	0.901	0.909
60～70	0.889	0.898	0.714	0.835	0.881	0.830	0.822

表 3.4 900 MHz 各深度功率谱属性参数与土壤含水量相关系数

深度/cm	主频/MHz	中心频率/MHz	重心频率/MHz	频带能量/(10^{-12} dB)	频率标准差/MHz	0～600 MHz频带能量占比	600～1 800 MHz频带能量占比
0～10	0.552	0.698	0.696	0.694	0.669	0.676	0.674
10～20	0.888	0.886	0.903	0.814	0.891	0.900	0.898
20～30	0.622	0.800	0.912	0.853	0.810	0.900	0.887
30～40	0.572	0.893	0.922	0.454	0.703	0.923	0.917
40～50	0.640	0.900	0.916	0.864	0.837	0.896	0.891
50～60	0.856	0.923	0.962	0.785	0.858	0.950	0.950
60～70	0.796	0.825	0.855	0.733	0.776	0.846	0.846

如表 3.3 和表 3.4 所示，400 MHz 和 900 MHz 天线的功率谱属性参数在 10～70 cm 深度范围内与土壤含水量相关性较高。但在 60～70 cm 深度范围内，除了 400 MHz 天线的主频、频率标准差和边缘频率，其他功率谱属性参数与土壤含水量的相关性均有不同程度的下降，900 MHz 天线的相关性下降得较快，但整体功率谱属性参数与土壤含水量仍高度相关。在 0～10 cm 深度范围内各功率谱属性参数与土壤含水量较其他深度的相关性低，这是由于短时窗从开始向下滚动截取时域雷达信号时在第一个半时窗数据不具有重叠性，第一段时窗范围的功率谱属性参数与土壤含水量的相关性不高。

图 3.29～图 3.36 所示为 4 个测点 400 MHz 与 900 MHz 功率谱属性参数与实测土壤含水量对比的结果，其中测点 3 和测点 4 为高含水量土壤区域雷达信号，测点 1 和测点 2 为同模型内低含水量土壤区域的雷达信号。通过对比 2 种不同频率天线的 4 个测点的 0～10 cm 深度方向的平均相对误差，可以看出在 0～10 cm 深度范围内的功率谱属性参数所拟合出的土壤含水量与实际含水量误差较大，平均相对误差为 32.99%～74.54%。

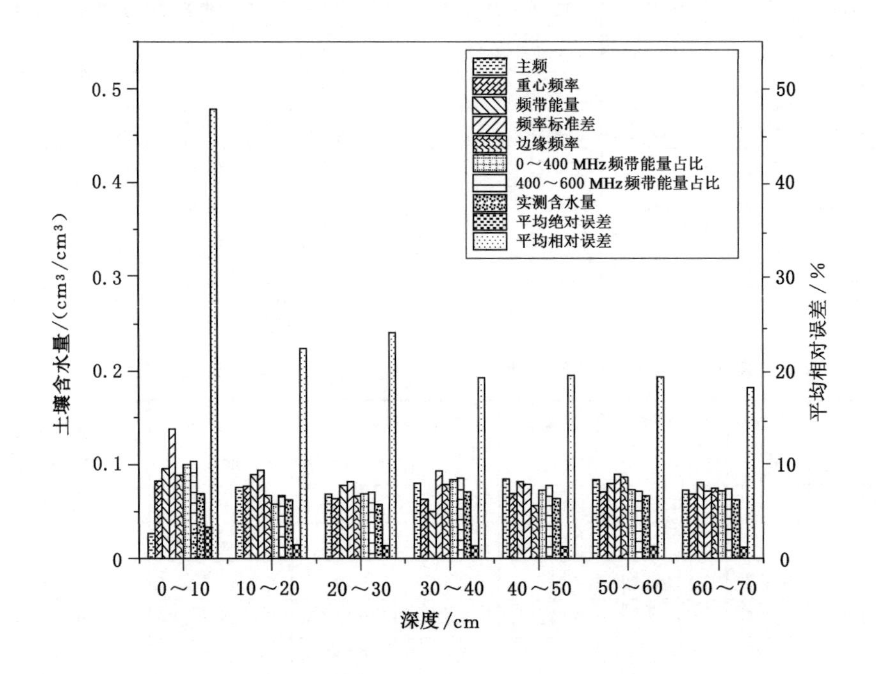

图 3.29　功率谱属性参数拟合测点 1 不同深度土壤含水量结果图(400 MHz)

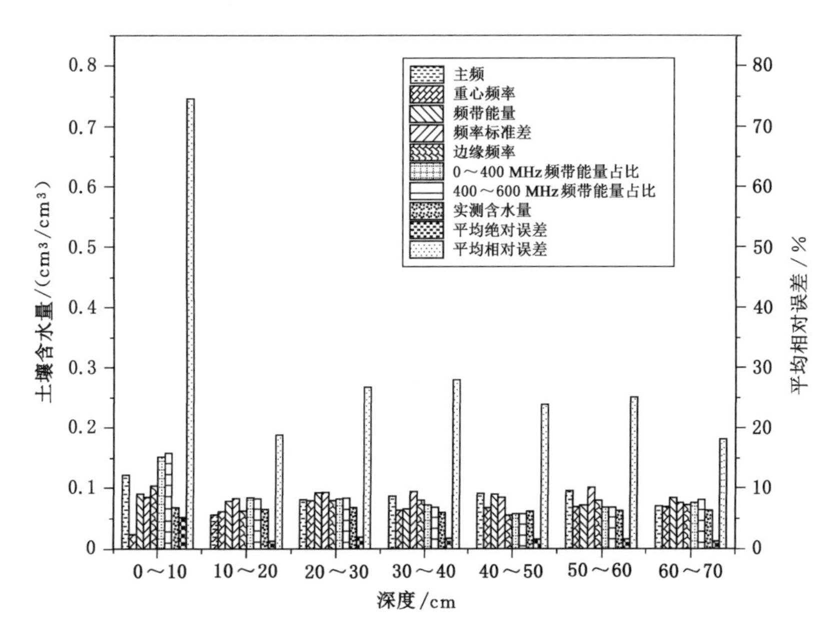

图 3.30　功率谱属性参数拟合测点 2 不同深度土壤含水量结果图(400 MHz)

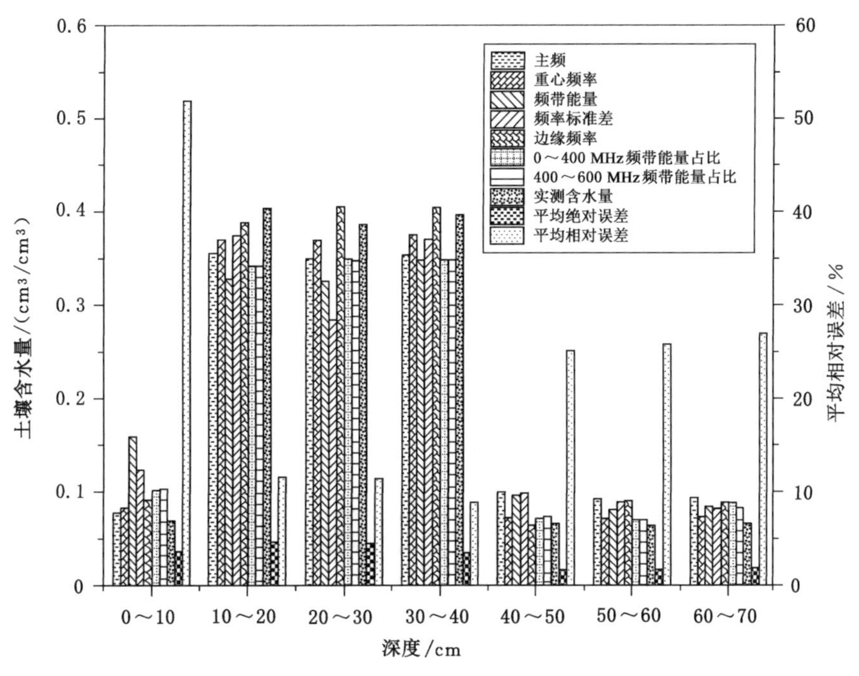

图 3.31　功率谱属性参数拟合测点 3 不同深度土壤含水量结果图(400 MHz)

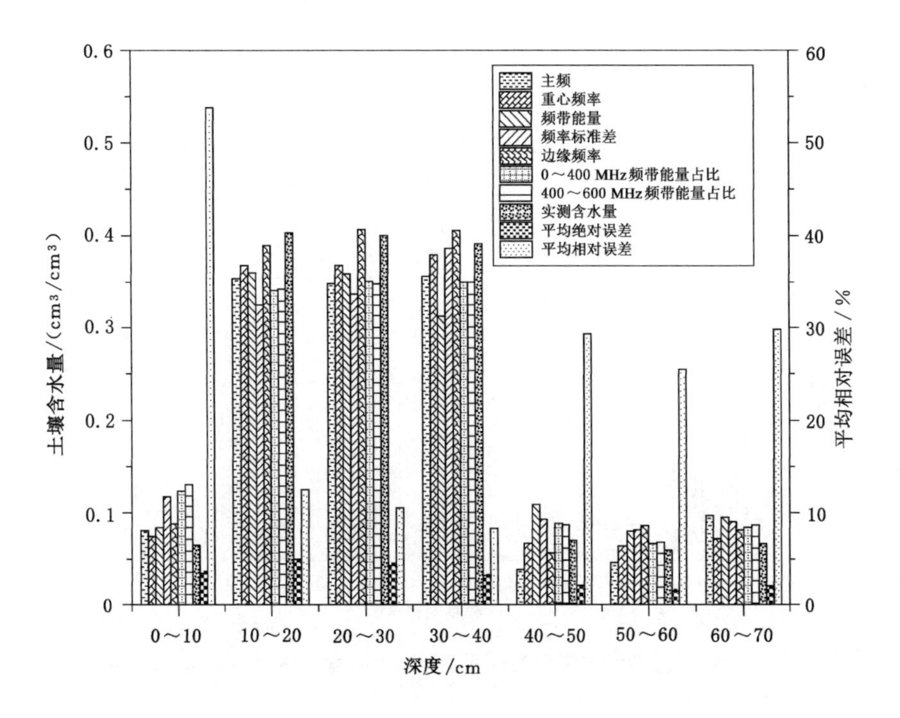

图 3.32　功率谱属性参数拟合测点 4 不同深度土壤含水量结果图(400 MHz)

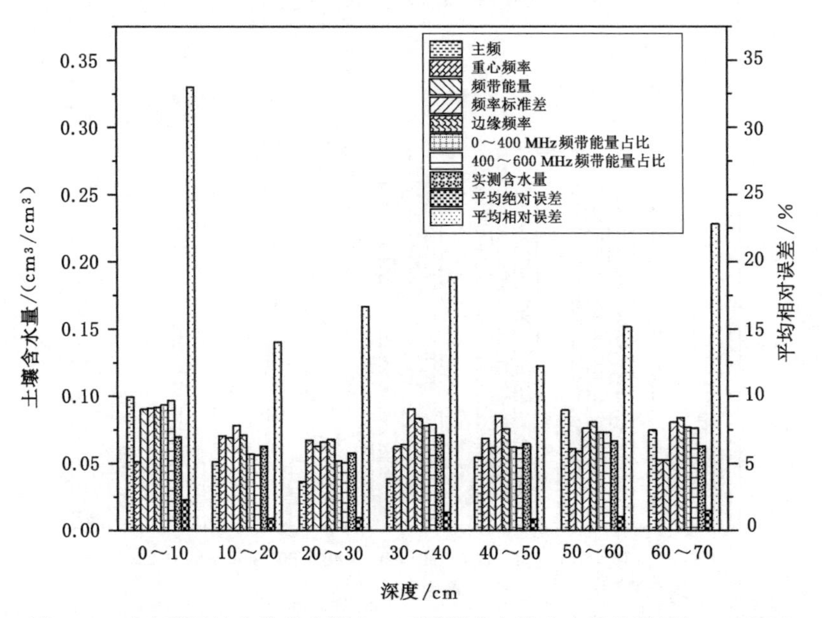

图 3.33　功率谱属性参数拟合测点 1 不同深度土壤含水量结果图(900 MHz)

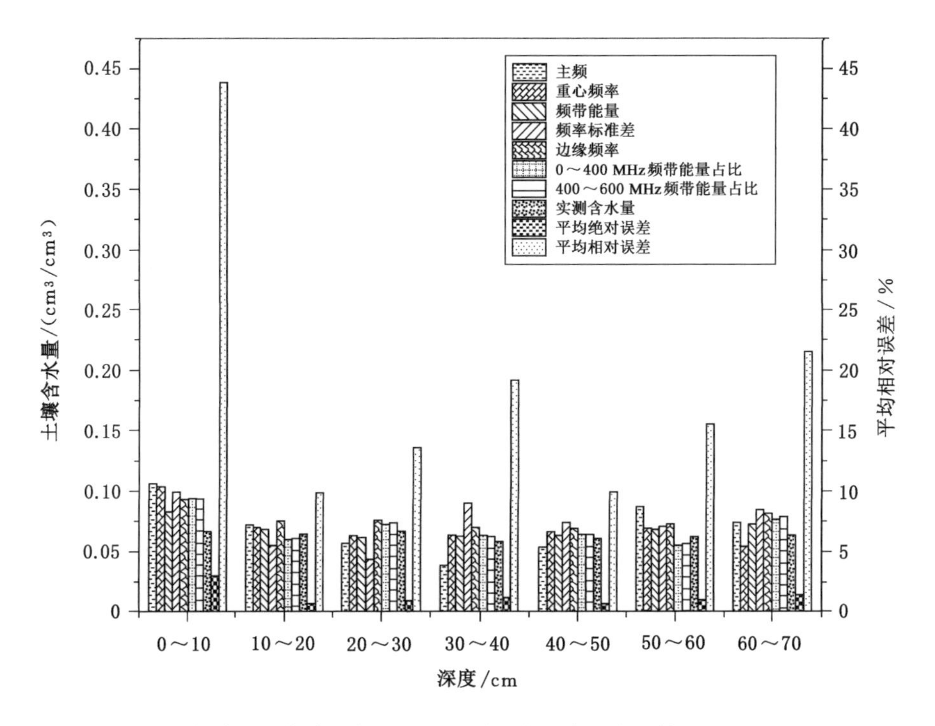

图 3.34 功率谱属性参数拟合测点 2 不同深度土壤含水量结果图(900 MHz)

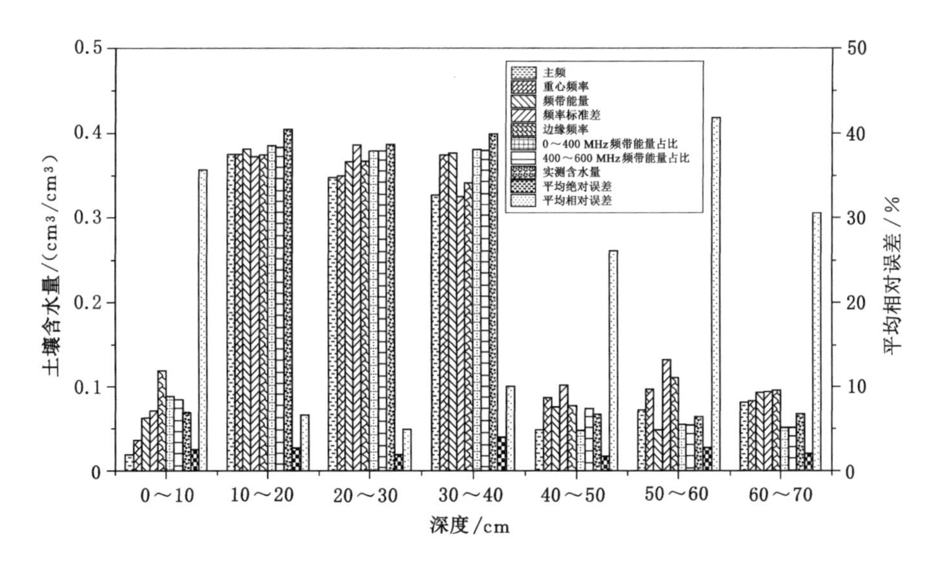

图 3.35 功率谱属性参数拟合测点 3 不同深度土壤含水量结果图(900 MHz)

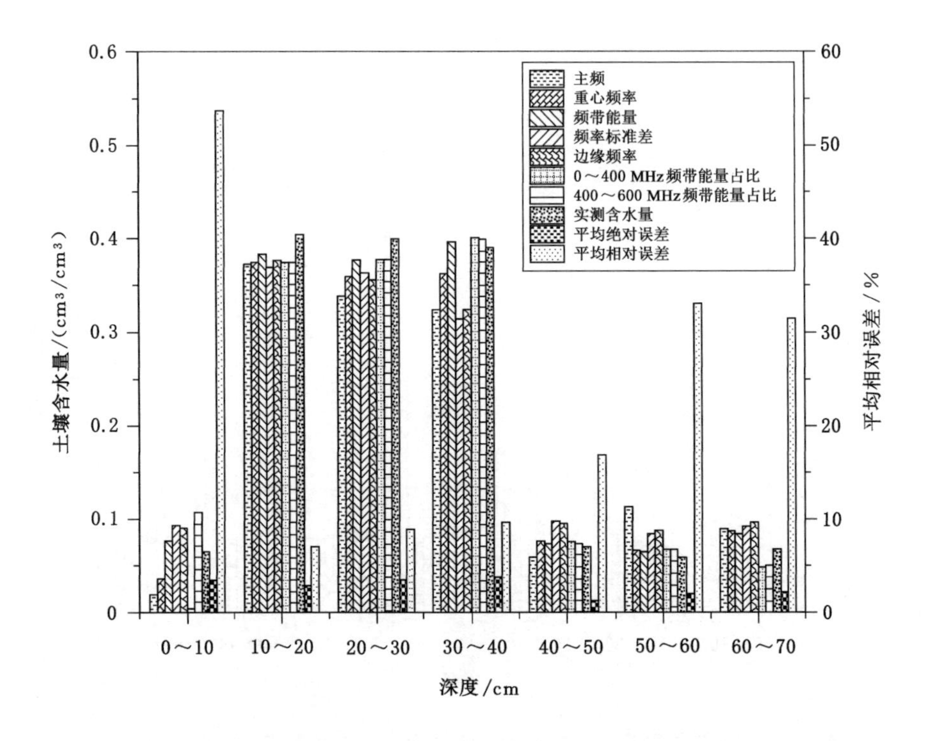

图 3.36　功率谱属性参数拟合测点 4 不同深度土壤含水量结果图(900 MHz)

其中,图 3.29、图 3.30、图 3.33、图 3.34 所示为不含高含水量土壤区的雷达功率谱属性参数拟合结果,可以看出在 10～70 cm 深度范围内 400 MHz 天线所拟合的土壤含水量误差较均匀,平均绝对误差和平均相对误差分别在 0.018 cm^3/cm^3 和 27.92%以内;900 MHz 天线所拟合的土壤含水量在 10～60 cm 范围内较低,平均绝对误差和平均相对误差在 0.014 cm^3/cm^3 和 19.19%以内,但在 60～70 cm 深度范围内 900 MHz 雷达信号所拟合的土壤含水量误差较 400 MHz 雷达信号所拟合的高,其中测线 1、测点 2 的 400 MHz 和 900 MHz 天线拟合的土壤含水量平均绝对误差分别为 0.011 4 cm^3/cm^3、0.011 5 cm^3/cm^3 和 0.014 2 cm^3/cm^3、0.013 7 cm^3/cm^3,平均相对误差分别为 18.1%、18.02%、22.78%和 21.53%。

图 3.31、图 3.32、图 3.35、图 3.36 所示为包含高含水量土壤区域的雷达信号功率谱属性参数拟合结果,土壤模型中 10～40 cm 深度范围为高含水量区域,0～10 cm 和 40～70 cm 深度范围为低含水量土壤区域。通过对比发现,10～40 cm深度范围内 900 MHz 天线拟合的土壤含水量误差较 400 MHz 天线的低,平均绝对误差和平均相对误差在 0.039 cm^3/cm^3 和 9.96%以内;40～70 cm 深

度范围内 400 MHz 天线拟合的土壤含水量误差较低，平均绝对误差和平均相对误差在 0.021 cm^3/cm^3 和 29.74%以内，推测这是 900 MHz 天线有效探测深度有限所引起的。同时对比低含水量土壤区域的雷达信号拟合误差可以发现，当地下含水量存在异常时，400 MHz 和 900 MHz 天线反演高含水量区域下方的土壤含水量精度均有下降。

综上所述，在同等探测条件下，天线的频率越高，探地雷达功率谱属性参数拟合土壤含水量的精度越高，但受到土壤水分对电磁波造成的能量衰减影响，随着探测深度的不断增加，雷达波的高频有效信号成分越来越少，导致探地雷达反演土壤含水量的精度降低，并且高频天线比低频天线精度下降得更快。

3.2.2 基于 BP 神经网络的土壤含水分析

前文首先通过物理模型实验揭示了土壤含水量对探地雷达功率谱及其属性参数的相关关系；然后，使用互相关法优选了功率谱参数，并利用滚动谱剖面技术结合功率谱属性参数获取不同深度的土壤含水量；最后，通过设置非均匀含水量土壤物理模型验证了利用功率谱属性参数反演土壤含水量的有效性。但由于属性参数较多，并且滚动谱剖面生成的每一段信号都需要计算功率谱属性参数并与土壤含水量拟合生成新的关系模型，计算量庞大且复杂。因此在验证土壤含水量与功率谱属性参数高度相关的基础上，寻找一种简单高效利用功率谱属性参数反演土壤含水量的方法显得十分必要。神经网络具有很强的学习能力、自适应能力、联想记忆能力、容错能力、分类识别能力以及很好的鲁棒性，因此，本研究采用 BP 神经网络的方法来进行土壤含水状态的识别与土壤含水量预测，把优选的功率谱属性参数作为 BP 神经网络的输入，通过神经网络输出土壤含水状态及含水量值。

3.2.2.1 BP 神经网络

人工神经网络（artificial neural networks，ANN）是以现代神经科学为基础，通过对人脑的模拟实现学习、识别和预测等功能。王庆蒙[121]提出，ANN 是一种生物神经网络的模拟，通过简化和抽象模拟了人脑的若干功能。近年来，众多学者[122-124]已经将神经网络方法成功地应用于岩土工程、结构状态检测和状态评估等方面。张蓓等[125]、A. M. Zador[126]提出，神经网络具有很强的学习能力、记忆能力、容错能力、非线性能力和自适应能力，通过对大量数据的反复学习，神经网络可以得到最优的网络结构，从而大大提高了识别的精度和可靠性。I. Veza 等[127]、李光辉等[128]等提出神经网络的主要特征包括：① 神经网络适用于非线性、复杂系统的建模和预测；② 神经网络具有高度平行的结构和高容错能力;③ 神经网络系统功能可以通过硬件实现;④ 神经网络具有强大的学习能力和自适应能力,且能够产生泛化能力和辨识能力;⑤ 神经网络可进行定性和定量数据分析,并可以作为传统工程和人工智能之间的桥梁;⑥ 神经网络适用于多变量系统,可以同时处理多种信号。

李沁璘[129]总结,现有多种类型的神经网络,包括前向神经网络、递归神经网络、局部连接神经网络、自组织竞争神经网络、随机神经网络、深度学习中的卷积神经网络及其他变形模型。其中,前向神经网络包括感知器、自适应线性元件及反向传播网络。杨光照[130]指出,BP 神经网络具有容错性强、算法成熟、运行时间短等优点,其功能可通过硬件实现。因此,本研究采用 BP 神经网络结合功率谱属性参数,进行土壤含水状态的识别和土壤含水量预测。

(1) BP 神经网络基本原理

BP 神经网络主要分为输入层、隐含层和输出层,其中隐含层中每层的节点又称为神经元,通过输入层样本在神经网络中正向传播得到输出类别,并与预期类别进行对比,将预期误差不断反向传播改变隐含层神经元之间的连接权值,使得神经网络的预测结果与事实结果一致。

图 3.37 中 $x_1,x_2,\cdots,x_i$ 分别为神经元的输入信息;$\omega_1,\omega_2,\cdots,\omega_i$ 分别为神经元之间的突触连接强度,即权重;$f(x)$为传递函数;b_1,b_2 为阈值;y 表示神经网络的过程输出值;Y 表示神经网络的最终输出值。

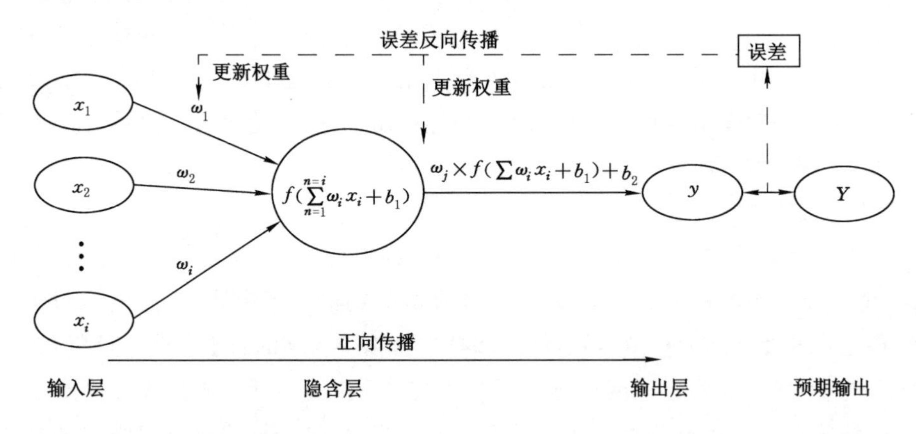

图 3.37　BP 神经网络计算过程流程图

(2) BP 神经网络算法流程

BP 神经网络属于前向神经网络,算法流程主要分为输入数据预处理、网络设计、正向传播和误差反向调整。

① 确认输入样本数据 $R(x_1,x_2,\cdots,x_i)$ 及预期样本输出数据 $P(Y_1,Y_2,\cdots,Y_m)$，并对输入样本数据做归一化等预处理。

② 设计神经网络层数、神经元个数，并初始化各层各神经元的权重 ω_i 和阈值 b_1,b_2。

③ 根据输入层样本数据 $R(x_1,x_2,\cdots,x_i)$ 确认隐含层输入数据 θ_i，并根据隐含层激活函数 $f(x)$ 计算隐含层输出数据 f_i。

$$\theta_i=\sum_{i=1}^{n}\omega_i x_i+b_1 \tag{3.55}$$

$$f_i=f(\theta_i) \tag{3.56}$$

④ 根据隐含层输出数据 f_i 计算输出层输入数据 δ_j，并根据输出层激活函数 $f(x)$ 计算神经网络实际输出数据 $Net(y_j)$。

$$\delta_j=\sum_{j=1}^{m}\omega_j f_j+b_2 \tag{3.57}$$

$$Net(y_j)=f(\delta_j) \tag{3.58}$$

⑤ 计算实际输出数据与期望输出数据两者之间的总误差。

$$\varepsilon=\frac{1}{2}\sum_{j=1}^{m}[P(Y_j)-Net(y_j)]^2 \tag{3.59}$$

⑥ 将总误差通过隐含层与输出层之间的权重值传递，并更新连接权重。

$$\omega_{j1}=\omega_j+\mu\cdot\Delta\omega_j \tag{3.60}$$

$$\Delta\omega_j=\frac{\partial\varepsilon}{\partial\omega_j}=\frac{\partial\varepsilon}{\partial Net(y_j)}\cdot\frac{\partial Net(y_j)}{\partial\delta_j}\cdot\frac{\partial\delta_j}{\partial\omega_j} \tag{3.61}$$

$$\begin{aligned}\frac{\partial\varepsilon}{\partial Net(y_j)}&=-2\times\frac{1}{2}\times[P(Y_j)-Net(y_j)]\\&=Net(y_j)-P(Y_j)\end{aligned} \tag{3.62}$$

$$\frac{\partial Net(y_j)}{\partial\delta_j}=f'(\delta_j) \tag{3.63}$$

$$\frac{\partial\delta_j}{\partial\omega_j}=\frac{\partial(\sum_{j=1}^{m}\omega_j f_i+b_2)}{\partial\omega_j}=f_i \tag{3.64}$$

$$\Delta\omega_j=[Net(y_i)-P(Y_j)]\cdot f'(\delta_j)\cdot f_i \tag{3.65}$$

式中，μ 为学习速率；f' 指该层的输出。

⑦ 将隐含层之间的误差传递至输入层与隐含层，并更新连接权重。

$$\omega'=\omega+\mu\cdot\Delta\omega \tag{3.66}$$

$$\Delta\omega_i=\frac{\partial\varepsilon}{\partial\omega_i}=\frac{\partial\varepsilon}{\partial f_i}\cdot\frac{\partial f_i}{\partial\theta_i}\cdot\frac{\partial\theta_i}{\partial\omega_i} \tag{3.67}$$

$$\begin{aligned}\frac{\partial\varepsilon}{\partial f_i}&=2\times\frac{1}{2}\times\sum_{j=1}^{m}\frac{\partial[P(Y_j)-Net(y_j)]}{\partial f_i}\\&=\sum_{j=1}^{m}\left[\frac{\partial\varepsilon}{\partial Net(y_j)}\cdot\frac{\partial Net(y_j)_i}{\partial\delta_j}\cdot\frac{\partial\delta_j}{\partial f_i}\right]\end{aligned} \tag{3.68}$$

$$\frac{\partial\delta_i}{\partial f_i}=\frac{\partial(\sum_{j=1}^{m}\omega_j f_i+b_2)}{\partial f_i} \tag{3.69}$$

$$\frac{\partial\varepsilon}{\partial f_i}=\sum_{j=1}^{m}[Net(y_j)-P(Y_j)]\cdot f'(\delta_j)\cdot\omega_j \tag{3.70}$$

$$\frac{\partial f_i}{\partial\theta_i}=\frac{\partial f(\theta_i)}{\partial\theta_i}=f'(\theta_i) \tag{3.71}$$

$$\frac{\partial\theta_i}{\partial\omega_i}=\frac{\partial(\sum_{i=1}^{n}\omega_i x_i+b_j)}{\partial\omega_i} \tag{3.72}$$

$$\Delta\omega=\left\{\sum_{j=1}^{m}[Net(y_j)-P(Y_j)]\cdot f'(\delta_j)\cdot\omega_i\right\}\cdot f'(\theta_i)\cdot x_i \tag{3.73}$$

通过设置迭代次数、误差精度和学习速率 μ，利用输入样本和预期输出不断更新输入层、隐含层、输出层之间的神经元连接权值，直到迭代次数和误差精度满足要求后停止神经网络学习，并保存更新后的权值，这便是一个完整的 BP 网络识别算法流程，见图 3.38。将测试数据输入神经网络即可完成对输入数据的识别。

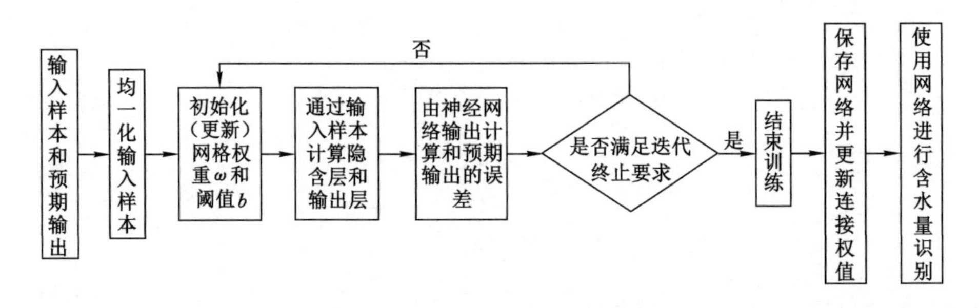

图 3.38　BP 神经网络识别算法流程图

3.2.2.2　功率谱属性结合 BP 神经网络的土壤含水量预测

基于物理模型采集得到的探地雷达数据与土壤含水量，使用整道探地雷达数据求取优选的探地雷达功率谱属性,并将其作为 BP 神经网络的输入样本对物理模型的土壤含水量进行识别与预测。

(1) 输入样本的确认和处理

输入样本是土壤含水量预测的关键,同时也是建立训练样本的基础。根据 3.2.1 小节对功率谱属性参数与土壤含水量的相关性分析及优选结果选择输入样本。

基于功率谱属性与 BP 神经网络的土壤含水量预测系统,主要包括学习和测试两个过程。学习过程是使用训练样本在标准模式的基础上对神经网络结构进行训练;而评价过程是将未知样本数据输入已训练好的神经网络来计算土壤含水量,BP 神经网络评价过程如图 3.39 所示。

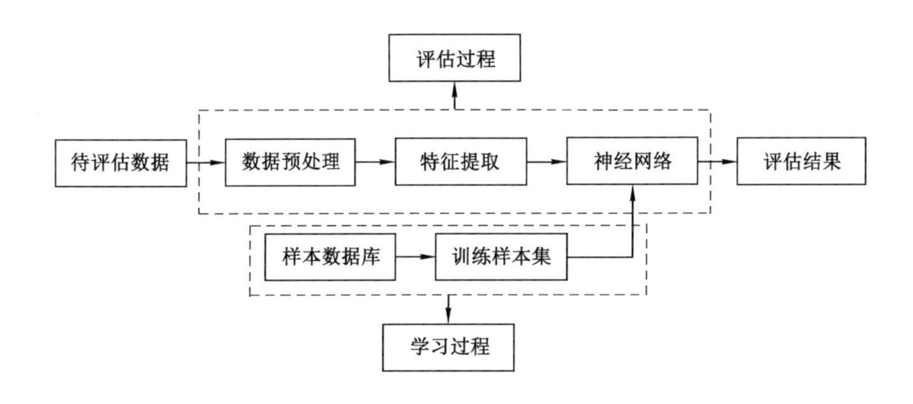

图 3.39 BP 神经网络评价过程

(2) BP 神经网络模型构建

① 神经网络结构层确定。

神经网络由输入层、隐含层和输出层组成,其中输入层和输出层的层数是固定的,各只有一层。而隐含层可以是一层,也可以是多层。增加隐含层的数量可以提高计算结果的精度,但这也会增加网络结构的复杂性,导致训练时间延长、计算效率降低。为了在精度和效率之间取得平衡,本研究采用了三层神经网络结构,包含 3 个隐含层。

② 各层节点数确定。

神经网络的输入层和输出层分别承担了连接外界和模型内部、传递模型运行结果信息给外界的重要作用。在本研究中,使用了优选出来的 7 个雷达信号功率谱的属性特征参数，因此输入层节点数设置为7。对于输出层，由于本研究使用神经网络来实现土壤含水量的预测，所以输出层的节点数设置为1。隐含层的节点数则没有确切的规定和要求，常用的方法是根据经验公式来确定节点数量。

$$h=\sqrt{k+l}+a \tag{3.74}$$

式中，h 代表隐含层节点数；k 代表输入层节点数；l 代表输出层节点数；a 为1～10的任意常数。

③ 激活函数选择。

BP神经网络通过层与层之间的传递关系来完成数据处理，激活函数在连接不同层之间的节点时起到了重要的作用。本研究中BP神经网络采用了Purelin函数作为输出层的传递函数，并使用梯度下降法进行训练。而在隐含层的传递过程中，使用了Tansig函数，它是一种常用的Sigmoid函数。除此之外，未特别指定的其他参数都使用了MATLAB软件中的初始默认值。

④ BP神经网络学习速率 μ。

在BP神经网络的训练过程中，学习速率 μ 是一个非常关键的可配置参数，它决定了每次参数更新的步长大小。在训练过程中，数据会在不同结构层之间迭代更新，而学习速率会影响迭代速度和训练结果的质量。一般来说，学习速率的取值范围为0.01～0.8，过小的学习速率会使训练过程变得缓慢，导致训练时间过长，而过大的学习速率则可能导致神经网络无法收敛，甚至出现振荡的情况。本研究构造的BP神经网络中，学习速率的初始默认值为0.01，该值适用于标准神经网络的训练。

(3) 基于功率谱属性与BP神经网络的土壤含水量定性识别

为了对神经网络识别土壤含水状态精度进行评价，引入混淆矩阵及相关性能评价指标，混淆矩阵是评价分类模型中最基本和最直观的方法，方方等[131]、王陈甜等[132]和陈水满等[133]将其用于对二值分类模型的结果进行评价。二值分类混淆矩阵是将分类模型中识别正确和错误的样本进行统计，利用矩阵表达出来，见表3.5。

表3.5　二值分类混淆矩阵

识别情况	实际正类	实际负类
识别为正类	TP(true positive)	FP(false positive)
识别为负类	FN(false negative)	TN(true negative)

表 3.5 中，TP 为正类识别为正类的个数、TN 为负类识别为负类的个数、FN 为正类识别为负类的个数、FP 为负类识别为正类的个数。除此之外，精确率、召回率、特异度、准确率、曲线下面积和 F_1 值也能从另一个角度衡量分类模型的性能，表 3.6 对上述各个指标进行了简单介绍。

表 3.6 神经网络性能评价指标介绍

模型分类性能评价指标	意义	公式
精确率(positive predictive value,PPV)	在模型识别的正类中，识别正确所占的比例	$R_{\mathrm{PPV}}=\dfrac{N_{\mathrm{TP}}}{N_{\mathrm{TP}}+N_{\mathrm{FP}}}$
召回率(true positive rate,TPR)	模型识别正确的正类占所有正类样本的比例	$R_{\mathrm{TPR}}=\dfrac{N_{\mathrm{TP}}}{N_{\mathrm{TP}}+N_{\mathrm{FN}}}$
特异度(true negative rate,TNR)	模型识别正确的负类占所有负类样本的比例	$R_{\mathrm{TNR}}=\dfrac{N_{\mathrm{TN}}}{N_{\mathrm{TN}}+N_{\mathrm{FN}}}$
准确率(accuracy)	模型正确分类的样本占所有样本的比例	$R_{\mathrm{A}}=\dfrac{N_{\mathrm{TP}}+N_{\mathrm{TN}}}{N_{\mathrm{TP}}+N_{\mathrm{FP}}+N_{\mathrm{FN}}+N_{\mathrm{TN}}}$
F_1 值(F_1-score)	精确率与召回率的加权平均	$F_1=\dfrac{2\times R_{\mathrm{PPV}}\times R_{\mathrm{TPR}}}{R_{\mathrm{PPV}}+R_{\mathrm{TPR}}}$
曲线下面积(area under the curve,AUC)	“受试者工作特征曲线(ROC)”与横坐标所围成的面积，取值范围为[0,1]，取值越高表明模型分类性能越高	$S_{\mathrm{AUC}}=\int_0^1 \mathrm{R}_{ROC}d\,\mathrm{x}$

按照物理模型探测天线频率，建立两个神经网络含水量识别模型，分别选择 400 MHz 天线中的主频、重心频率、边缘频率、频带能量、频率标准差、0～400 MHz 频带能量占比、400～600 MHz 频带能量占比 7 个功率谱属性参数；选择 900 MHz 天线的主频、中心频率、重心频率、频带能量、频率标准差、0～600 MHz 频带能量占比、600～1 800 MHz 频带能量占比 7 个功率谱属性参数，作为神经网络的输入

样本,输出层有1个节点用于判断土壤含水量的高低。

选取土壤含水量小于0.3 cm³/cm³ 的7组模型中各60道雷达信号,土壤含水量大于0.3 cm³/cm³ 的模型中120道雷达信号,共计540道信号计算功率谱属性参数将其作为样本库,随机选取功率谱属性参数样本的70%作为模型训练样本,30%作为模型测试样本,进行土壤含水量高低的判识。通过学习过程中对神经网络参数的调整,发现网络的隐含层层数、隐含层节点数、学习效率及训练次数分别为3层、10个节点、0.15、30 000次时预测模型效果最优,得出BP神经网络识别土壤含水量的混淆矩阵(图3.40)和神经网络性能评价指标(表3.7)。图3.40中的数字,如126表示总样本中有126个样本被识别为低含水量代表样本,77.8%为126个样本占分类样本总数的百分比。图3.40(a)中6代表实际为高含水量的样本被识别为低含水量,占样本总数的3.7%;图3-40(a)右下角96.3%表示本次训练过程中所有样本识别正确的比例,识别错误的样本占比为3.7%。图3.40(b)右上角96.9%表示低含水量土壤样本被正确预测的比例,3.1%为低含水量的样本被错误预测的比例;第二行中数值意义与第一行的相同;右下角97.5%表示本次训练过程中所有样本识别正确的比例,识别错误的样本占比为2.5%。

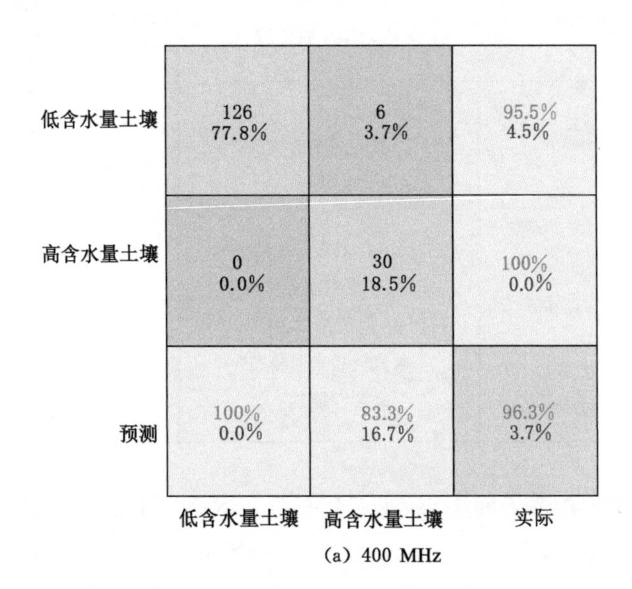

(a) 400 MHz

图3.40 实测模型神经网络混淆矩阵图

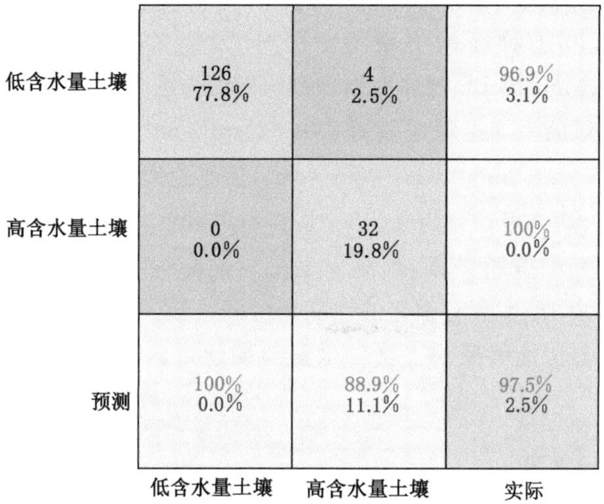

	低含水量土壤	高含水量土壤	实际
低含水量土壤	126 77.8%	4 2.5%	96.9% 3.1%
高含水量土壤	0 0.0%	32 19.8%	100% 0.0%
预测	100% 0.0%	88.9% 11.1%	97.5% 2.5%

(b) 900 MHz

图 3.40 (续)

表 3.7 神经网络性能评价指标

天线频率/MHz	精确率/%	召回率/%	特异度/%	准确率/%	F_1 值	ROC 曲线下面积
400	95.5	100.0	83.3	96.3	0.98	0.99
900	96.9	100.0	88.9	97.5	0.98	0.99

由图 3.40 和表 3.7 可知,就神经网络模型对高含水量土壤和低含水量土壤的预测精度而言,神经网络模型对低含水量土壤的召回率均为 100%,对高含水量土壤的特异度分别为 83.3%和 88.9%,对于低含水量土壤的精确率分别为 95.5%和 96.9%,总体样本预测准确率分别为 96.3%和 97.5%,表明神经网络模型对土壤含水量的预测精度较高;就模型分类性能而言,F_1 值均为 0.98,ROC 曲线下面积都为 0.99,证明模型分类可靠,预测能力极好,精度较高。900 MHz 天线的识别精度略高于 400 MHz 天线的。总的来说,BP 神经网络可以实现土壤含水量高低的定性识别。

(4) 基于功率谱属性与 BP 神经网络的土壤含水量定量预测

将物理实验中的 4 个测点不同深度的 32 个平均含水量样本中的 22 个用于训练模型,10 个用于检验模型预测效果。再使用凑试法不断对隐含层维数、节点数、学习效率和终止条件进行调整,结果表明在隐含层数为 3 层、节点数为 6 个、学习效率为 0.1、网络训练次数为 1 000 次时，预测模型达到最优。

通过训练成功的神经网络模型对另外 10 组数据进行预测。图 3.41 为 400 MHz 和 900 MHz 的 BP 神经网络预测与实测土壤含水量比较图，其中预测含水量与实际含水量的平均绝对误差为 0.013 0 cm^3/cm^3、0.012 5 cm^3/cm^3，最大绝对误差为 0.025 8 cm^3/cm^3、0.027 9 cm^3/cm^3，最小绝对误差为 0.000 8 cm^3/cm^3、0.000 4 cm^3/cm^3，均方根误差为 0.015、0.016。图 3.42 为 400 MHz 和 900 MHz BP 神经网络输出的回归分析结果，预测含水量与实际含水量的相关系数达 0.936、0.952，表明神经网络模型具有很好的性能。由图可知，基于功率谱属性参数与 BP 神经网络结合的方法能够反映土壤含水量与探地雷达功率谱属性之间的非线性关系。

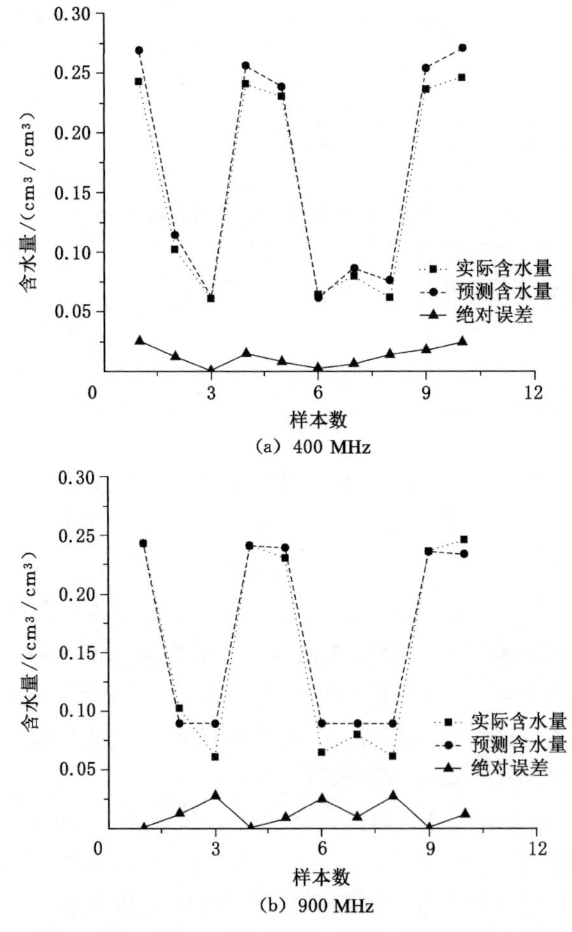

图 3.41　BP 神经网络预测与实测土壤含水量比较图

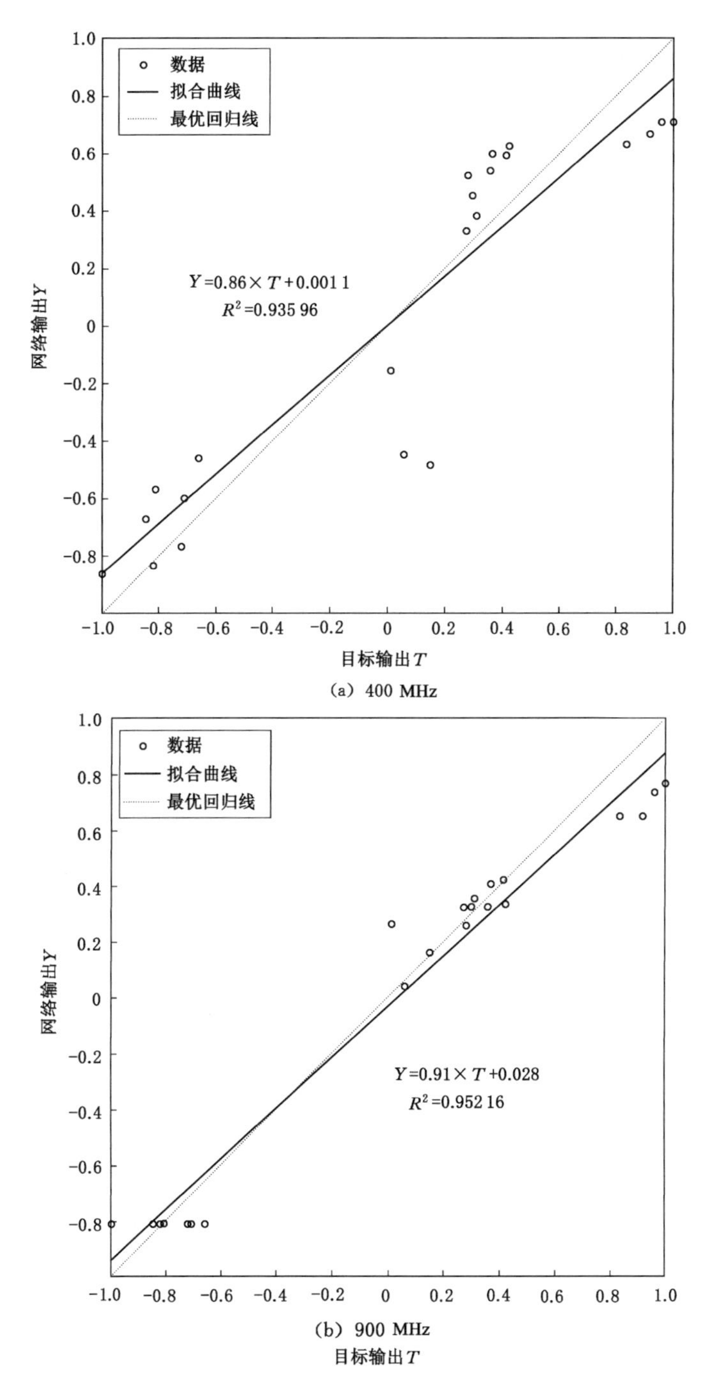

图 3.42　BP 神经网络输出回归分析结果

3.3 野外实测验证

将上述功率谱反演土壤含水量的方法应用于大柳塔矿区开挖剖面，检验该方法的实用性。

3.3.1 功率谱属性参数拟合土壤含水量

3.3.1.1 实测探地雷达功率谱属性参数与土壤含水量的关系

利用改进协方差方法提取野外开挖剖面的雷达信号功率谱，利用式(3.37)～式(3.47)提取功率谱属性参数，其中包括重心频率、主频、中心频率、频率标准差、0～200 MHz 频带能量占比、200～300 MHz 频带能量占比、300～400 MHz 频带能量占比、400～500 MHz 频带能量占比、频带能量、边缘频率，拟合功率谱属性参数与土壤含水量的相关关系，如图 3.43 所示。

由图 3.43 可以看出，功率谱能量参数和频率参数随土壤含水量变化有以下规律，随着土壤含水量增加，雷达功率谱总体分布向低频偏移：

① 重心频率与土壤含水量呈负相关关系，见图 3.43(a)，拟合方程见式(3.75)，其中 y 表示土壤含水量，x 表示重心频率：

$$y = -0.001\,4x + 0.287 \quad (R^2 = 0.87) \tag{3.75}$$

② 主频与土壤含水量呈负相关关系，即随着土壤含水量的增加，雷达波主频向低频偏移，拟合关系如图 3.43(b)所示，主频与土壤含水量的拟合方程见式(3.76)，其中 y 表示土壤含水量，x 表示主频：

$$y = -0.001\,2x + 0.244 \quad (R^2 = 0.85) \tag{3.76}$$

③ 中心频率与土壤含水量呈线性负相关关系，拟合图见图 3.43(c)，二者相关性较强，相关系数 R^2 为 0.88，拟合公式见式(3.77)，其中 y 表示土壤含水量，x 表示中心频率：

$$y = -0.001\,3x + 0.255 \quad (R^2 = 0.88) \tag{3.77}$$

④ 功率谱曲线离散程度参数——功率谱频率标准差与土壤含水量呈线性负相关关系，拟合关系图见图 3.43(d)，频率标准差与土壤含水量相关性较低，相关系数为 0.69。200 MHz 雷达的功率谱频率标准差与土壤含水量的拟合方程见式(3.78)，其中 y 表示土壤含水量，x 表示频率标准差：

$$y = -0.003x + 0.309 \quad (R^2 = 0.69) \tag{3.78}$$

⑤ 0～200 MHz 频带能量占比与土壤含水量呈正相关，相关系数 R^2 约为 0.87[图 3.43(e)]；在功率谱能量占比与土壤含水量负相关的频带中，200～300 MHz 频带能量占比与土壤含水量相关系数较高，相关系数 R^2 为 0.86[图 3.43(f)]；300～400 MHz 频带能量占比和 400～500 MHz 频带能量占比与

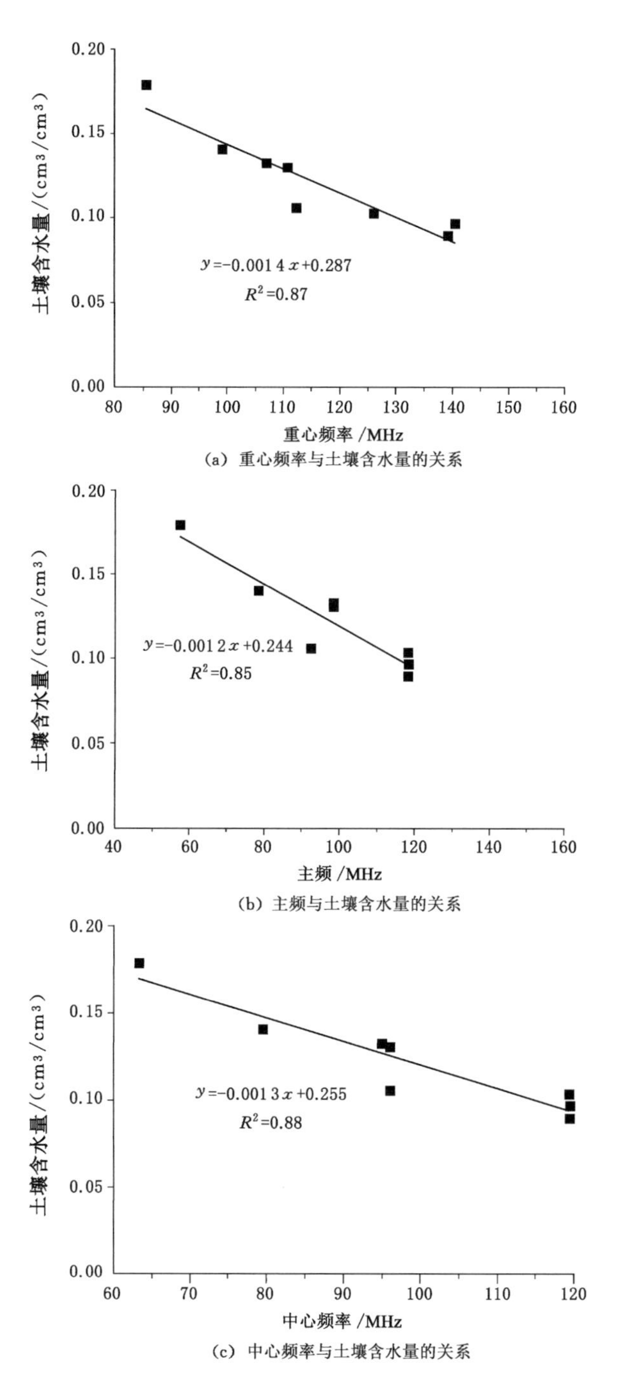

(a) 重心频率与土壤含水量的关系

(b) 主频与土壤含水量的关系

(c) 中心频率与土壤含水量的关系

图 3.43　开挖剖面的功率谱属性参数与土壤含水量关系图

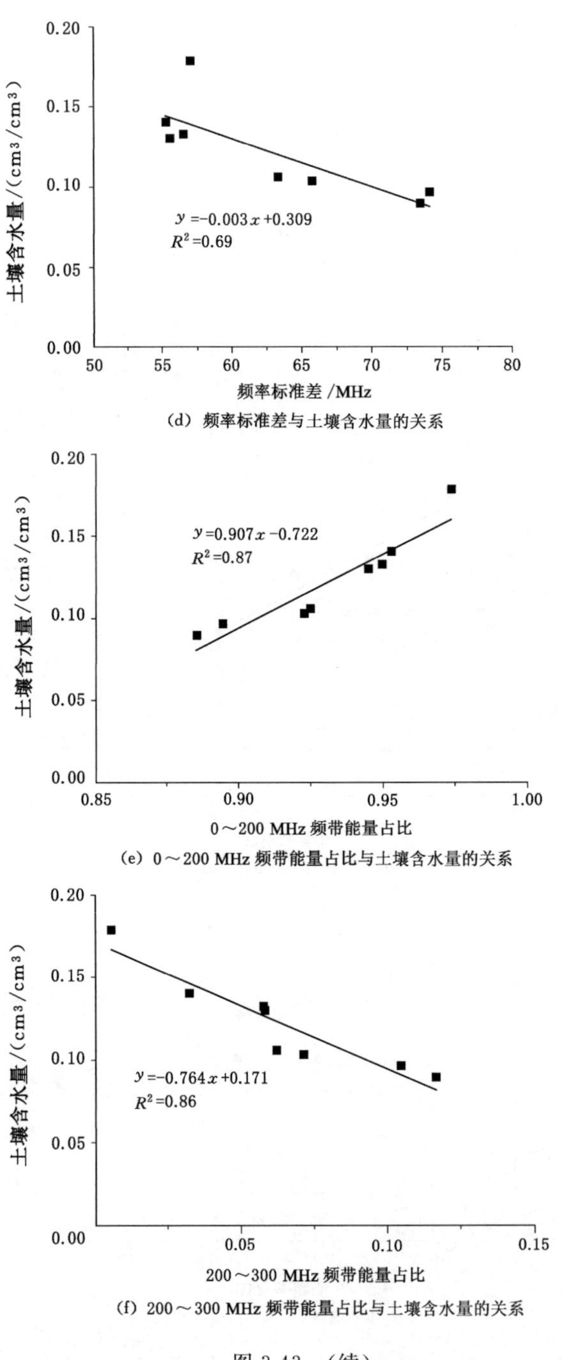

(d) 频率标准差与土壤含水量的关系

(e) 0～200 MHz 频带能量占比与土壤含水量的关系

(f) 200～300 MHz 频带能量占比与土壤含水量的关系

图 3.43 (续)

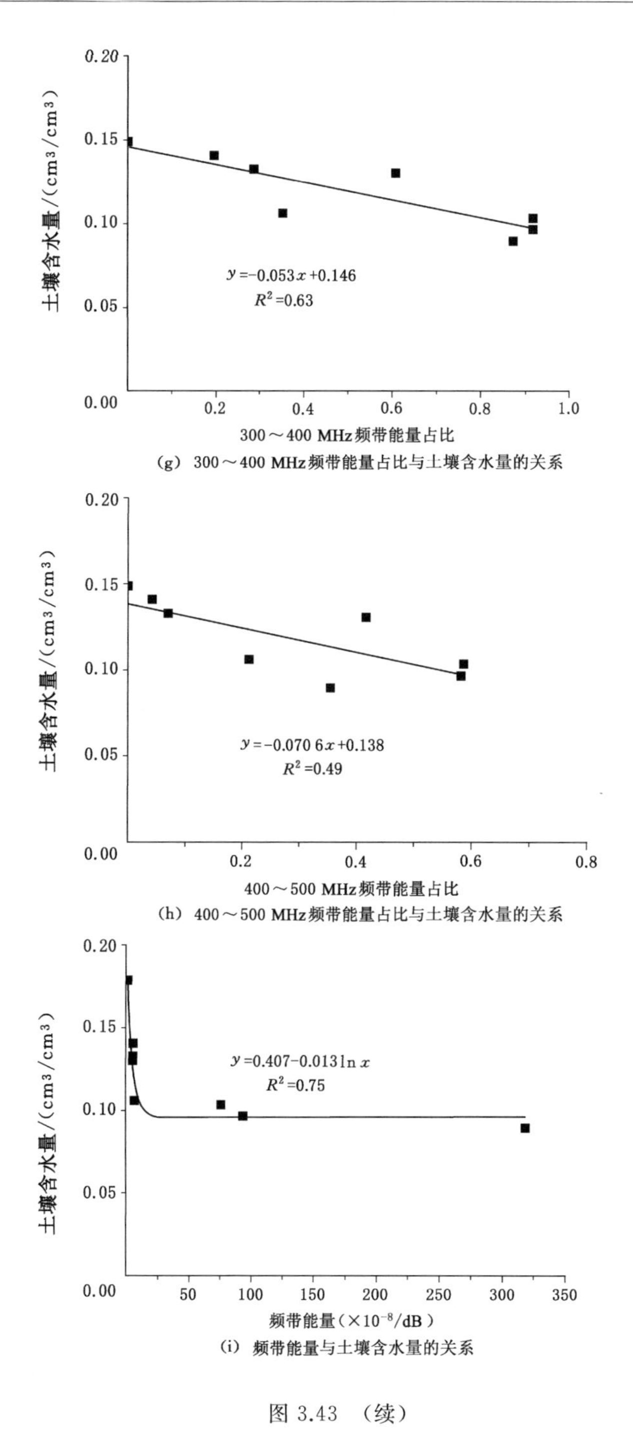

(g) 300～400 MHz频带能量占比与土壤含水量的关系

(h) 400～500 MHz频带能量占比与土壤含水量的关系

(i) 频带能量与土壤含水量的关系

图 3.43 (续)

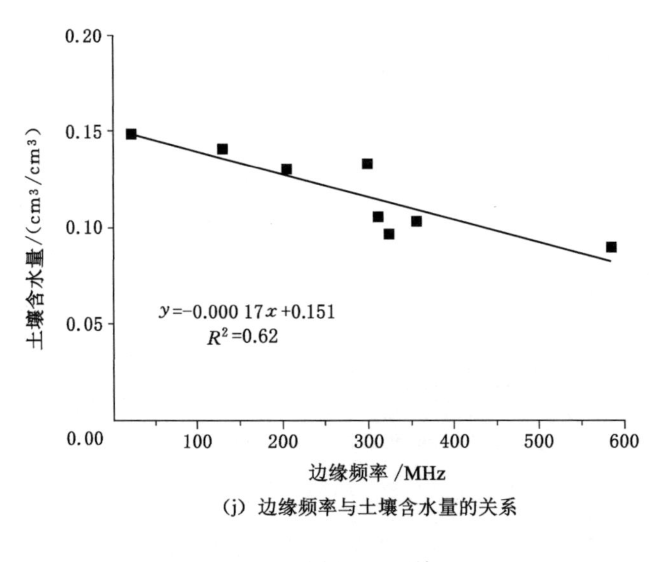

(j) 边缘频率与土壤含水量的关系

图 3.43 (续)

土壤含水量相关系数较小,分别为 0.63[图 3.43(g)]、0.49[图 3.43(h)],具体拟合方程见式(3.79)～式(3.82),其中 y 表示土壤含水量,x 分别表示 0～200 MHz、200～300 MHz、300～400 MHz、400～500 MHz 频带能量占总频带能量的百分比:

$$y=0.907x-0.722 \quad (R^2=0.87) \tag{3.79}$$

$$y=-0.764x+0.171 \quad (R^2=0.86) \tag{3.80}$$

$$y=-0.053x+0.146 \quad (R^2=0.63) \tag{3.81}$$

$$y=-0.071x+0.138 \quad (R^2=0.49) \tag{3.82}$$

⑥ 功率谱频带能量与土壤含水量呈对数负相关关系,拟合图见图 3.43(i),具体拟合方程见式(3.83),其中 y 表示土壤含水量,x 表示频带能量:

$$y=0.407-0.013\ln x \quad (R^2=0.75) \tag{3.83}$$

⑦ 功率谱边缘频率与土壤含水量呈负相关关系,拟合图见图 3.43(j),相关性较弱,相关系数 R^2 为 0.62,其中 y 表示土壤含水量,x 表示边缘频率,其拟合公式如下:

$$y=-0.000\,17x+0.151 \quad (R^2=0.62) \tag{3.84}$$

根据上述分析,结合 3.2.1 小节结论,建立天线频率为 200 MHz 对应的神经网络土壤含水量识别模型,其中边缘频率、300～400 MHz 频带能量占比、400～500 MHz 频带能量占比、200～300 MHz 频带能量占比、中心频率、频率标准差、频带能量、重心频率、0～200 MHz 频带能量占比、主频的互相关关系见表 3.8。

表 3.8　功率谱属性参数互相关关系

功率谱属性参数	边缘频率/MHz	300～400 MHz频带能量占比	400～500 MHz频带能量占比	200～300 MHz频带能量占比	中心频率/MHz	频率标准差/MHz	频带能量/(10^{-12} dB)	重心频率/MHz	0～200 MHz频带能量占比	主频/MHz
边缘频率/MHz	1									
300～400 MHz频带能量占比	−0.020	1								
400～500 MHz频带能量占比	−0.401	−0.482	1							
200～300 MHz频带能量占比	0.295	−0.277	0.322	1						
中心频率/MHz	0.344	−0.102	0.387	0.936**	1					
频率标准差	−0.142	−0.112	0.468	0.861**	0.805*	1				
频带能量/(10^{-12} dB)	−0.102	−0.639	0.524	0.768*	0.640	0.774*	1			
重心频率/MHz	−0.017	−0.113	0.419	0.926**	0.901**	0.961**	0.782*	1		
0～200 MHz频带能量占比	−0.170	0.219	−0.353	−0.969**	−0.900**	−0.938**	−0.796*	−0.947**	1	
主频/MHz	0.432	−0.121	0.333	0.927**	0.992**	0.736*	0.601	0.857**	−0.862**	1

注：* 表示 $P<0.05$，** 表示 $P<0.01$。

由表3.8可知:边缘频率和300～400 MHz频带能量占比之间的相关系数值为－0.020,接近于0,并且P值大于0.05,因而说明边缘频率和300～400 MHz频带能量占比之间并没有相关关系,同理可得边缘频率、300～400 MHz频带能量占比、400～500 MHz频带能量占比与其他优选的功率谱属性参数之间并没有相关关系。中心频率和频率标准差之间的相关系数值为0.805,并且呈现出0.01水平的显著性,因而说明中心频率和频率标准差之间有着显著的正相关关系,同理可得200～300 MHz频带能量占比与中心频率、频率标准差、频带能量、重心频率、0～200 MHz频带能量占比、主频之间也有正相关关系。

因此在本次野外实测验证中优选的功率谱属性参数为主频、重心频率、频带能量、频率标准差、中心频率、0～200 MHz频带能量占比、200～300 MHz频带能量占比,即模型中将这7个功率谱属性参数作为神经网络的输入样本。

3.3.1.2 探地雷达功率谱结合滚动谱剖面技术反演不同深度土壤含水量

以上分析是采用整道雷达信号功率谱对土壤含水量进行拟合分析,但由于实际情况中不同深度的土壤含水量会存在差异,因此采用高斯窗对雷达信号进行划分,然后利用功率谱属性参数求取不同深度的土壤含水量。

根据第2章AEA法在该区域的有效探测深度约为0.45 m,且在实测剖面开挖过程时,挖深为1.0 m,各测点在深度方向间隔0.1 m取土壤样本在室内测其含水量。首先利用时窗选取压缩变换技术截取0～1.0 m范围内的探地雷达信号,约20 ns,采用滚动时窗剖面技术将信号分为10段,每段时窗长度及深度范围分别为2 ns及0.1 m。利用AR功率谱方法计算各深度的探地雷达功率谱属性参数,如表3.9所示。

表3.9 开挖剖面200 MHz功率谱属性参数

深度/cm	主频/MHz	重心频率/MHz	频带能量/(10^{-12} dB)	频率标准差/MHz	中心频率/MHz	0～200 MHz频带能量占比	200～300 MHz频带能量占比
0～10	172.38	175.67	3.23	91.16	167.19	0.838	0.171
10～20	165.15	169.53	1.04	81.9	158.83	0.867	0.143
20～30	160.46	170.65	0.88	81.2	159.38	0.867	0.142
30～40	163.51	169.03	0.91	80.6	148.14	0.866	0.138
40～50	162.82	168.4	1.02	85.43	146.5	0.867	0.139
50～60	143.77	152.21	0.12	72.81	134.91	0.878	0.109
60～70	137.81	144.5	0.10	75.16	127.64	0.897	0.100
70～80	134.69	134.73	0.09	76.16	122.35	0.897	0.101

表 3.9(续)

深度/cm	主频/MHz	重心频率/MHz	频带能量/(10^{-12} dB)	频率标准差/MHz	中心频率/MHz	0～200 MHz频带能量占比	200～300 MHz频带能量占比
80～90	115.51	130.76	0.01	67.16	106.13	0.912	0.072
90～100	126.37	137.28	0.11	72.98	126.28	0.898	0.121

为验证功率谱属性参数计算土壤含水量方法的可行性，将表 3.9 中得到的功率谱属性参数代入式(3.75)～式(3.84)中，计算各属性参数对应的土壤含水量，见表 3.10，其中含水量单位为 cm^3/cm^3。将拟合结果与实测土壤含水量进行对比，得到开挖剖面土壤含水量的验证结果，见图 3.44。

表 3.10 功率谱属性参数方法拟合含水量值

深度/cm	主频/MHz	重心频率/MHz	频带能量/(10^{-12} dB)	频率标准差	中心频率/MHz	0～200 MHz频带能量占比	200～300 MHz频带能量占比
0～10	0.037 1	0.041 1	0.032 6	0.035 5	0.037 7	0.038 2	0.040 4
10～20	0.045 8	0.049 7	0.047 3	0.063 3	0.048 5	0.064 1	0.061 7
20～30	0.051 4	0.048 1	0.049 5	0.065 4	0.047 8	0.064 3	0.062 5
30～40	0.047 8	0.050 4	0.049 0	0.067 2	0.062 4	0.063 5	0.065 6
40～50	0.048 6	0.051 2	0.047 5	0.052 7	0.064 6	0.064 6	0.064 9
50～60	0.071 5	0.073 9	0.075 4	0.090 6	0.079 6	0.074 3	0.087 6
60～70	0.078 6	0.084 7	0.077 7	0.083 5	0.089 1	0.091 5	0.094 8
70～80	0.082 4	0.098 4	0.079 1	0.080 5	0.095 9	0.091 6	0.093 7
80～90	0.105 4	0.103 9	0.107 7	0.107 5	0.117 0	0.105 3	0.116 2
90～100	0.092 4	0.094 8	0.076 5	0.090 1	0.090 8	0.092 3	0.078 5

图 3.44(a)为野外开挖剖面利用功率谱属性拟合公式(3.75)～式(3.84)所计算的土壤含水量，开挖剖面范围内的土壤含水量为 0.025 7～0.092 1 cm^3/cm^3。图 3.44(b)为计算结果与实测含水量比较结果。由图 3.44(b)可以看出，浅部 0～10 cm 范围以及深部 90～100 cm 范围内的功率谱拟合土壤含水量误差较大，最大达 0.022 1 cm^3/cm^3，这可能是因为短时窗从开始向下滚动截取时域雷达信号时在第一个高斯窗以及最后一个高斯窗内有半个时窗的数据不具重叠性。10～90 cm 范围内的功率谱拟合土壤含水量误差较小，均小于 0.010 cm^3/cm^3。按照算法原理，通过增加时域雷达信号的采样点数并减小短时窗，将每一个高斯窗所代表的深

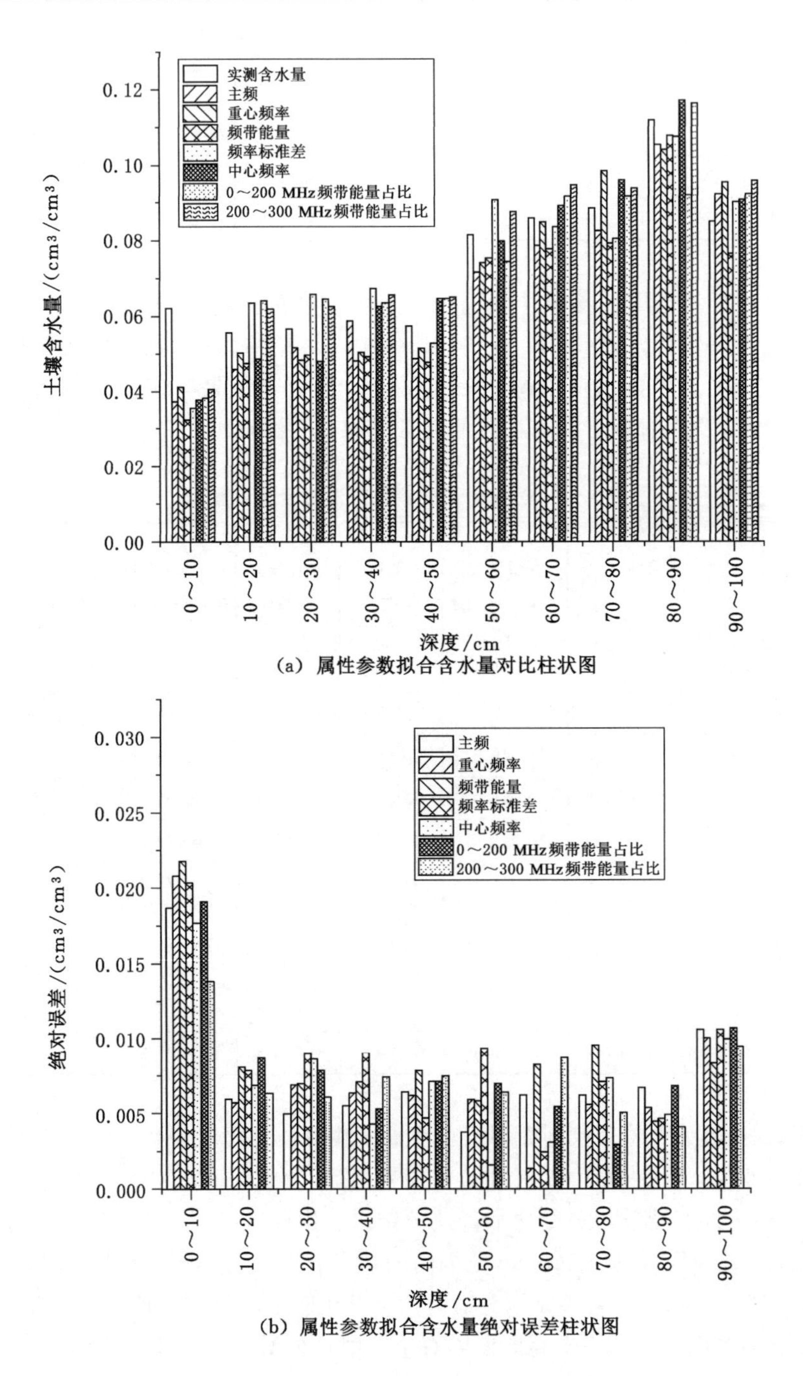

(a) 属性参数拟合含水量对比柱状图

(b) 属性参数拟合含水量绝对误差柱状图

图 3.44 野外开挖剖面 200 MHz 天线实测结果

度范围减小,可以提高功率谱方法对土壤含水量的反演精度。10～100 cm 范围内的功率谱属性参数反演的预测土壤含水量平均绝对误差在 0.010 cm^3/cm^3 范围以内,表明可以利用功率谱属性参数方法反演土壤含水量。

从不同的功率谱属性参数反演土壤含水量性能上看,在 10～90 cm 范围内,主频和重心频率拟合土壤含水量精度较高,与土壤含水量的绝对误差在 0.005 cm^3/cm^3左右,中心频率、频率标准差、频带能量、0～200 MHz 频带能量占比以及 200～300 MHz 频带能量占比拟合土壤含水量精度相对较低,绝对误差在 0.010 cm^3/cm^3 以内。

3.3.2 功率谱属性参数结合 BP 神经网络反演土壤含水量

为验证探地雷达功率谱属性参数结合 BP 神经网络对土壤含水量定量分析方法的可行性。选取野外开挖剖面 1、3、4、6、7、9、10 测点不同深度功率谱属性参数(表 3.9)作为测试样本集,输入 3.2.1 小节中物理模型训练出的 BP 神经网络对野外探测的土壤含水量进行识别与预测。其中当隐含层数、隐含层节点数、学习效率及训练次数分别为 3 层、4 个节点、0.01 及 1 000 次时,模型效果最优。将 BP 神经网络中得出预测土壤含水量与烘干法计算所得土壤含水量比较,分析预测误差,结果见表 3.11。

表 3.11 探地雷达功率谱属性结合 BP 神经网络反演土壤含水量与实测含水量对照表

深度/cm	反演土壤含水量/(cm^3/cm^3)	实测体积含水量/(cm^3/cm^3)	绝对误差/(cm^3/cm^3)	相对误差/%
0～10	0.036 9	0.048 7	0.011 8	24
10～20	0.039 4	0.043 6	0.004 3	10
20～30	0.040 7	0.044 4	0.003 7	8
30～40	0.041 3	0.045 7	0.004 5	10
40～50	0.040 9	0.045 2	0.004 3	10
50～60	0.059 4	0.063 9	0.004 6	7
60～70	0.063 0	0.067 7	0.004 7	7
70～80	0.065 6	0.069 8	0.004 2	6
80～90	0.083 7	0.088 3	0.004 6	5
90～100	0.059 6	0.066 8	0.007 2	11

通过观察预测土壤含水量与实测土壤含水量的误差可知,功率谱属性参数结合神经网络识别土壤含水量的方法在 0～10 cm 的绝对误差为 0.011 8 cm^3/cm^3,相对误差为 24%,误差较大。10～100 cm 范围内绝对误差在 0.010 cm^3/cm^3 以内,相对误差除 90～100 cm 外均在 11%以内。

根据以上训练模型，将开挖剖面上测点 2、5、8 三组未参与训练的功率谱属性参数用于反演土壤含水量，并与实测土壤含水量进行对比，计算绝对误差，见图 3.45。

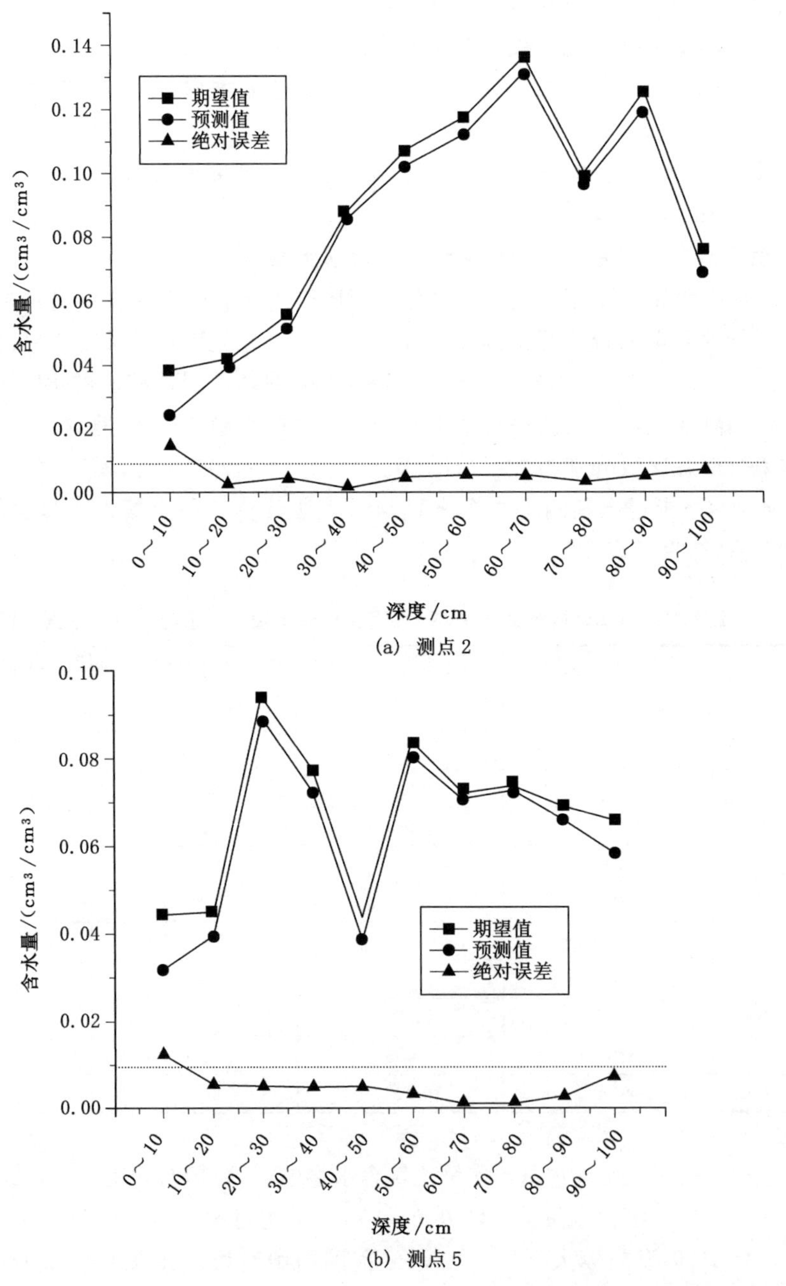

(a) 测点 2

(b) 测点 5

图 3.45 雷达功率谱结合 BP 神经网络反演土壤含水量预测值与实际值对比图

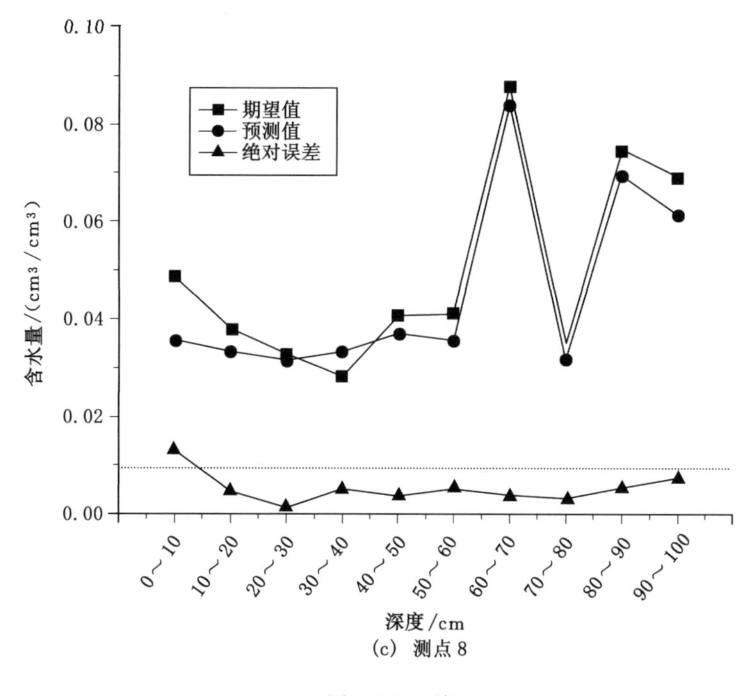

(c) 测点8

图 3.45 (续)

由图3.45可知,浅部0～10 cm范围内的功率谱拟合土壤含水量绝对误差均大于0.010 cm^3/cm^3,误差较大;随着深度的增加,10～90 cm范围内功率谱拟合土壤含水量精度有所提高,绝对误差最小为0.001 3 cm^3/cm^3,最大为0.007 0 cm^3/cm^3,说明在该深度范围内,反演精度较高。但当深度继续增加到90～100 cm时,绝对误差又随深度增大而增加,但并未超过0.010 cm^3/cm^3,最大达0.009 7 cm^3/cm^3。表明该方法在10～90 cm范围内能够成功预测土壤含水量,或者说除了第一个和最后一个高斯窗外,其他时段范围内利用该方法预测土壤含水量精度是较高的。

由此可见,采用200 MHz雷达天线,利用功率谱属性参数结合BP神经网络的方法反演研究区土壤含水量是可行的。

4 地层结构地质雷达探测

众所周知，介质不同直接决定和影响土壤含水量的大小，因此探测清楚浅部地层结构物性及其空间分布情况，有利于按不同介质研究煤炭开采对土壤含水量的影响规律。因此，利用地质雷达探测土壤含水量的同时，需要进行地层结构探测。

4.1 理论基础

4.1.1 雷达反射与沉积特征关系

1981 年 G. R. Olhoeft[134] 指出，地质雷达是通过接收来自地下不同介电常数差异界面的反射波实现地下地层结构的探测。淡水与空气、典型的成岩矿物相比，具有较高的介电常数。因此淡水对一般地质介质的介电性能起主要控制作用。通常在岩石、松散沉积物和土壤中，介电常数较低，雷达波速较高，电导率低，因而雷达信号损耗低。然而，如果介质为高电导物质，如海水、某些种类的黏土及大量的磁性物质（如磁铁矿或赤铁矿），这种关系则不存在。

J. M. Reynolds[135] 于 1997 年提出，电磁波在地下传播过程中，穿过介质的相对介电常数 ε_r、磁导率 μ_r、电导率 σ 若存在明显的不连续性，则部分能量会被反射，反射的强度由这些参数变化的大小决定。从振幅的角度考虑，假定电导率 σ 和磁导率 μ_r 可以忽略，反射波的能量由反射系数 R 决定。

$$R=\frac{\sqrt{\varepsilon_{r2}}-\sqrt{\varepsilon_{r1}}}{\sqrt{\varepsilon_{r2}}+\sqrt{v_1}} \tag{4.1}$$

$$R=\frac{\sqrt{v_2}-\sqrt{v_1}}{\sqrt{v_2}+\sqrt{v_1}} \tag{4.2}$$

式中，ε_{r1}，ε_{r2}是相邻层的介电常数；v_1，v_2 是相邻两层的传播速度，m/ns。

J. D. Collinson 等[136]研究得出，通常 R 的范围在 +1 和 −1 之间。地质雷达对于松散沉积物、空气和水的比例的变化是敏感的。孔隙流体类型及其所占空隙的比例的变化，孔隙度的微小变化，沉积物颗粒的类型的变化，颗粒形状的变化、排列方向和密实度都会影响电磁波的反射。因此，像水位、沉积构造、岩性界面对地质雷达而言都是可以探测的。层理是沉积物组成，颗粒大小、形状、排列及密实度变化而形成的，这些也会引起介电常数的变化。雷达反射和原生层理之间的关系决定了探地雷达探测沉积结构的有效性，尤其是对于物理过程占主导地位的情况下形成的碎屑沉积物中的应用。由沉积物颗粒的成分、大小、形状、排列方向和密实度造成的沉积物和沉积岩中层理见图 4.1。

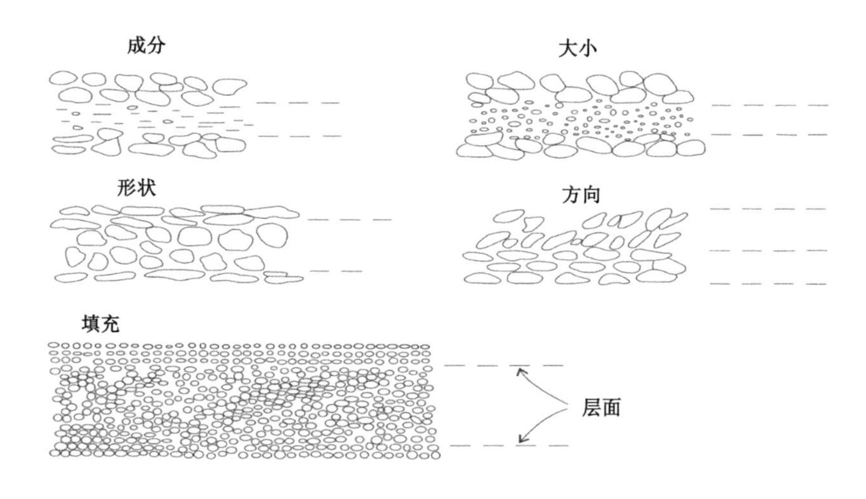

图 4.1 由沉积物颗粒的成分、大小、形状、排列方向和密实度造成的沉积物和沉积岩中层理[87]

大量的地质雷达研究已经证实了雷达反射与层理之间的关系。通过直观比较雷达反射剖面和地下沉积结构，可以利用雷达反射几何形状识别原生沉积结构，解释沉积结构。

然而，R. L. Van Dam 等[59-63]对地质雷达在沉积物中为何会出现反射做了进一步的研究。在他们研究的风积砂覆盖区，这些研究者发现介电常数的变化是与土壤含水量的变化相关的，是引起反射的主要因素，而相对磁导率和电导率的改变却不会引起明显的反射。含水量的变化不仅与沉积物的孔隙度有关，而且还与沉积物的保水性有关。土壤中含有机物、铁氧化物和细粒沉积物都会使其含水量变大，介电常数增加，见表 4.1。

表 4.1　沉积物中含水量、孔隙度、岩性颗粒形状和排列取向变化引起的反射系数

层状介质 1 层状介质 2	孔隙度 /%	ε_r	反射系数	地质意义
干砂 饱和砂	35 35	3.1 20.7	−0.44	地下水位
干砂 干砂	35 30	3.1 3.27	−0.013	干砂中发生 5%的孔隙度变化
饱和砂 饱和砂	35 30	20.7 17.7	+0.04	饱和砂中孔隙度变化 5%
饱和砂 泥炭	35 70	20.7 46.5	−0.2	岩性变化为高孔隙度的泥炭
干砂 干重矿物砂	35 35	3.1 19.9	−0.43	干重矿物砂沉积
饱和砂 饱和重矿物砂	35 35	20.7 53	−0.23	饱和重矿物砂沉积
圆形颗粒沉积 板状、片状颗粒沉积	33 33	23.5 16.9	+0.08	颗粒形状改变
各向同性颗粒沉积 各向异性颗粒沉积	33 33	22.5 16.9	+0.7	板状沉积颗粒排列方向改变

说明：反射系数表明理论上从介质分界面反射回的能量占总能量的比例，其值为+1 到−1，正负号表明反射波的极性。

在风积砂覆盖区，地层中的有机物是沉积序列中重要的分层标志，可以有效地提高地质雷达电磁波对原生沉积构造相的反射，该结论已经由 I. B. Clemmensen 等[137]、A. Neal 等[138]在海岸风成沙丘沉积结构的探测研究中得到证实。

R. L. Van Dam 等[62-63]证实非饱和风积物原生层理中小的结构变化会导致相对介电常数的变化，进而引起雷达清晰的反射。这也是由含水量的变化所引起的，因为含水量大小本身由沉积物颗粒大小、分布和沉积物颗粒间孔隙连通性所决定。这一结果也证实了安南等1991年的断言,他认为反射的清晰度是反射波穿过区域的厚度(即介电常数变化的距离)与反射波主波长之间的函数。雷达图像上要获得清晰的反射,波长应该小于3倍波传播区域的厚度。如果波长大于该值,则电磁波在介质中会产生典型的散射和更多的漫反射。此外,R. M. Corbeanu等[91]指出与原生沉积结构无关的表面裂缝和风化露头也可能产生反射。R. B. Szerbiak等[139]认为通过详细的数据处理,这些反射是可以被减弱或者消除的。

断层和其他变形结构通常也会引起与原生沉积结构无关的反射,它们通常代表了沉积物或岩体中主要的电磁波传播间断,而且他们会破坏层理的连续性。许多研究者都通过地质雷达对断层、节理、褶皱进行过探测,如果辨认不当,这些反射特征的存在会使得从雷达剖面中解释沉积特征变得非常困难,甚至解释错误。

雷达剖面中常见的另外一种非沉积结构特征是地下水位的明显反射。水位面通常为水平或穿过原生沉积结构的非常平缓的倾斜面,虽然在特定地形条件下会出现明显的台阶。但毛细带的高度与雷达波波长相比较小,通常使用低频雷达探测地下水位。因此不饱和沉积物和饱和沉积物之间具有足够的对比度才能产生可探测到的反射,才能达到能检测到的入射波能量值比例。

总的来说沉积物和沉积岩中的反射平行于层理中的反射,但很明显雷达剖面中还会存在一些跟非原生构造有关的反射。所以在每次野外探测之前,对雷达剖面中非原生构造进行清晰合理的评价是必要的。这些工作最好在数据采集之前完成,特殊情况下也可以在数据处理和解释之前完成。

4.1.2　地质雷达分辨率

地质雷达分辨率是雷达确定空间或时间上的反射位置的能力,分水平分辨率和垂直分辨率。垂直分辨率是子波锐度或脉冲宽度的函数,即垂直分辨率是频率的函数,也就是说频率增大,垂直分辨率也随之增高。关于垂直分辨率的第二种定义为可以分辨出相邻两种介质特征最小变化的能力。波长由频率和波速决定,即:

$$\lambda = \frac{v}{f} \tag{4.3}$$

式中,λ 为波长,m;f 为频率,Hz;v 为波速,m/ns。

由接收天线接收的反射波的中心频率通常都会低于发射天线所发出的中心频率。这是因为任何天线虽然都发射整个频率范围的电磁波,但由于较高频率电磁波在穿过大地传播的过程中更容易衰减，从而导致平均波长增大。因此，合理的垂直分辨率应该使用返回波的中心频率计算。由式(4.3)可以明显看出，若返回电磁波的中心频率较高，那么波长就会减小，若按第二种定义，垂直分辨率就会偏高。根据上述两种定义，为了提高垂直分辨率，应该提高电磁波中高频成分的比例。这样做的另外一个好处就是可以增加多层薄层理（与波长尺寸相近的层理）调谐响应频率谐波。因此，如果在带宽范围内，高频成分越多就可以探测越薄的层理。

从波动理论来看，垂向最大分辨率为主频波长的四分之一。在垂直分辨率的距离范围内，任何反射都会互相干扰，结果观察到单一的反射。雷达反射剖面的垂直分辨率对于沉积结构的解释具有重要意义，它直接决定了可以观察到的沉积结构的尺寸，尤其决定了是否能分辨风化面（风化纹层，whether laminae）、纹层（lamina-sets）、层理和层理系（beds or bedsets）。按照目前记录的在砂和砾石等低损耗介质中最大的垂直分辨率为 0.02～0.08 m，即使单独纹层的厚度小于 0.01 m，纹层系、层理及层理系也是有可能被分辨的。

若将雷达波看作以球面波的形式向前传播，则可以认为雷达剖面的水平分辨率由第一菲涅尔带的宽度所决定。R. E. Sheriff[140] 于 1977 年指出第一菲涅尔带是波长和特定反射深度的函数。深度是非常重要的，因为雷达波是以圆锥体的形态向下传播，即向下传播的过程中横向方向在扩大，水平分辨率减小。然而地质雷达天线频率不同，发射到地下的电磁波能量是完全不同的。N. Engheta 等[141]、F. Lehmann等[142]指出，地质雷达天线是偶极子天线，产生极化方向波场，对振幅而言有很强的方向性。雷达天线发出的能量会在其天线 1.5 倍主频波长范围内激发产生电磁场，因此这个频率范围为天线的必要组成部分，将其定义为近场带。近场带之外为远场带，即雷达电磁波能量传播范围。雷达波前的形状由于波场与地面的耦合方式不同而变得复杂，当与极化方向一致——垂直测线探测时，菲涅尔带沿测线方向被拉长。而且，介质介电常数越大，雷达波束越集中，接收天线接收到的模式与发射天线发射的模式越接近，对地下介质的反映越真实。式(4.4)为计算菲涅尔带足迹尺寸的一种方法。假定地下介质介电常数为 ε_r，一定雷达波波长在某深度的水平反射面的菲涅尔带，如图 4.2 所示。

$$A = \frac{\lambda}{4} + \frac{D}{\sqrt{\varepsilon_r - 1}} \tag{4.4}$$

式中，A 表示椭圆足迹长轴方向的大概长度的一半，m；λ 表示地质雷达中心频率的波长，m；D 表示反射面的深度，m；ε_r 表示探测深度范围内的平均介电常数,为无量纲常数。

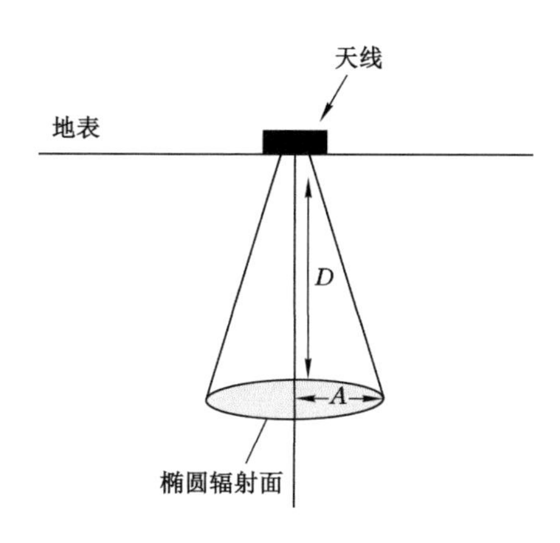

图 4.2 水平反射面雷达足迹尺寸计算[87]

对于给定的频率,利用式(4.4)计算所得的雷达足迹的长轴方向的宽度总是大于由球面波方法所计算的宽度(即常规的菲涅尔带的宽度),尽管在高频时利用两种方法计算的菲涅尔带宽度比较接近。然而,由于雷达足迹的形状为椭圆形,短轴方向的长度小于菲涅尔圆的半径,在低介电常数的情况下会更小。在倾斜表面时,虽然没有简单的方法估计菲涅尔带的大小,但若考虑倾角、反射角和辐射波阵面取向,其足迹形状和大小则进一步复杂化。

由上述分析可以知道水平分辨率也随着深度的增加而降低,这对地质雷达剖面解释沉积物来说有重要意义。基于 J. Heinz[143] 对洪积砂和砾石沉积进行的地质雷达探测,可知在图上反映的在较低部位的地层层位信息较上层部位的要弱。J. Heinz 利用正演方法,即采用地质雷达探测露头的详细的沉积学特征,证明了假定在特定的位置,地面条件不变的情况下,任意频率天线的地质雷达可探测的地层结构尺寸都是有限的。水平分辨率可以理解为雷达反射剖面上道之间的距离,它为原始采集设计参数道间距离的函数。选择道间距时主要考虑水平方向的采样点可以充分表示地下沉积结构特征。道间距不仅是天线频率的函数,也与沉积结构特征有关。地质雷达生产商通常推荐保守的最大步进距离,以满足任何地质条件下的探测。天线频率越高,建议道间距越小。然而在实际探测过程中,步进距离通常比较大,尤其是当沉积结构具有中到低的倾角时。通过实际探测是决定步进距离大小的最有效的方法。J. Woodward 等[90] 发现,对于洪积物沉积结构的探测,至少需要 10 道数据才能准确地反映地下信息。

4.2 地质雷达野外实验及数据采集

地下地层结构为本研究主要探测目标，在探测过程中遵循了由已知到未知的原则，即雷达探测时首先选择 100 MHz 分体式天线进行共中心点探测，确定研究区土壤介质的介电常数，探测现场照片见图 4.3，具体探测剖面如图 4.4 所示。在数据处理时拾取空气直达波和地面波，分别如图 4.4 中白色直线和曲线所示。

$$l=(t_2-t_1)\frac{c}{\sqrt{\varepsilon_r}} \tag{4.5}$$

式中，l 表示测线上对应于 $t_2 \sim t_1$ 时间段雷达波传播的距离；c 表示真空中的波速；ε_r 表示土壤介质的介电常数。

根据式(4.5)求取出探测位置介质的介电常数为 6.5。

图 4.3 野外共中心点探测照片(100 MHz)

选择露头剖面进行雷达探测，将露头地质剖面与雷达剖面进行对比，明确该区地层结构在雷达剖面上的反映特征。针对上述探测目标，采用 200 MHz 频率天线的地质雷达在野外露头进行了探测试验。野外所选择的露头剖面地层具近水平的砾石层与含砂黏土交错层理，见图 4.5，露头为一个雨水冲刷形成的临时性沟谷，露头高度为 2.3 m 左右，各层理具体厚度参见图 4.6。雷达探测剖面长 10 m，根据野外剖面情况绘制雷达剖面如图 4.7 所示。从图中可看出，砾石层与含砂黏土交错层理的分界线在雷达剖面中表现为较连续的同相轴，如雷达剖面

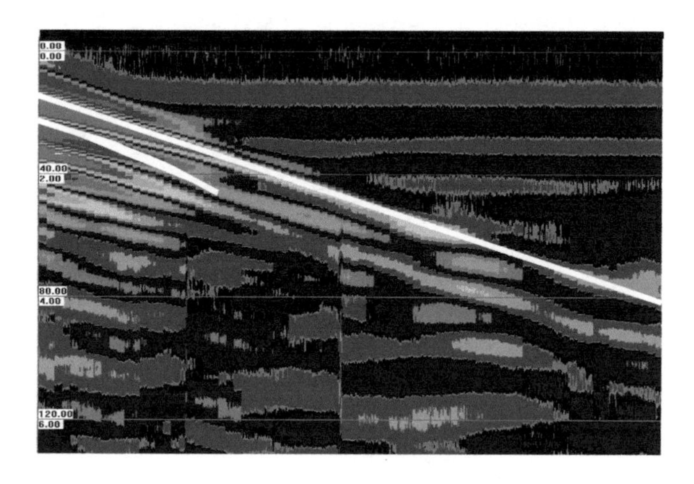

图 4.4　共中心点雷达探测剖面(100 MHz)

图 4.5　野外露头剖面照片

图中黑色曲线所示，对比露头实测数据，发现雷达同相轴和地层界线基本完全吻合。露头实验数据表明，GR 系列雷达 200 MHz 天线对研究区地层结构有较好的反映。因此，选择 200 MHz 天线作为研究区探测天线，确定了雷达测量参数：

时窗为 300 ns,采样点数为 1 024,选择共偏移距探测方式对研究区所有测线数据进行高效采集。

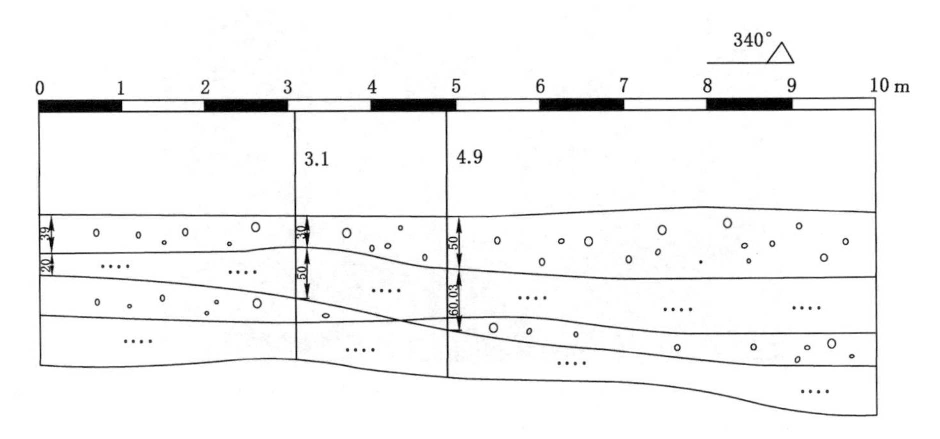

图 4.6 野外露头素描图

(图中深度单位为 cm,比例尺为 1∶10)

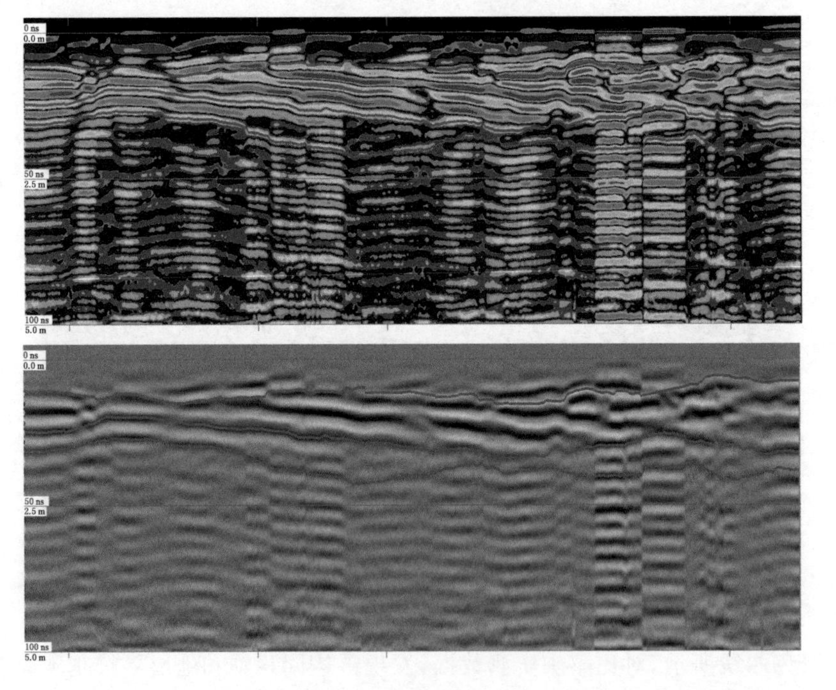

图 4.7 野外露头雷达剖面图(200 MHz)

4.3　研究区地形及地质雷达测线布置

4.3.1　研究区地形简介

地质雷达研究区沙丘起伏地形发育，边界附近发育三条沟谷。地质雷达研究区小号点一侧地形相对平坦，往大号点方向地形起伏加剧。沙丘长轴走向140°左右，迎风坡缓，坡角15°～20°，背风坡较陡，坡角约30°～45°，落差约3～6 m，背风坡发育月牙形洼地，雨水汇聚，有苔藓等生长。在该区的东侧有两条较陡的沟谷，分别为特麻沟、北泉沟，西侧发育一条小型沟谷，为小西沟。

研究区内植被生长较好，主要有杨树、沙柳、沙棘、小叶槐、紫穗槐等乔木和灌木，其中部分区域草丛、沙柳密集，有部分空地；杨树林区域树间距为1.5～2.5 m，沙柳较少，杨树较多。整个区域内沙柳高1.5～2.5 m，杨树最高约4 m，树干直径5～15 cm居多，见图4.8。研究区内有几块农田，有玉米、马铃薯等农作物以及杏树等经济果树。

图4.8　研究区地表植被

4.3.2　地质雷达探测目标

此次探测的主要目的是了解采煤前后土壤含水量的动态变化规律及其与地层结构(物性)的相关性，为采煤前后生态环境的保护、植树造林及采后复垦提供地质方面的数据。而包气带的水受大气降水及地下水的双重影响，该区域地下潜水含水层主要为第四系更新统萨拉乌苏组(Q_3s)含水层，该组为冲积湖积形成，呈条带状、片状分布于古洼地和沟谷中，水位埋深为 30 m，含水层厚 10～20 m，最厚为 40 m。因此，该研究区中主要探测目标为地层结构和土壤含水量。

4.3.3 研究区地质雷达测线布置

为了便于对采集数据按下沉盆地不同变形区以及开采的不同时间进行分析，以避免不同时间采集数据比较时难以去除大气降水及蒸发对浅表层土壤含水量的影响。因此在地质雷达测线布置的过程中除了尽量选择适宜进行地质雷达探测工作的相对较平坦的区域，还要选择既包括已开采结束的采煤工作面，也包括未开采的采煤工作面作为研究区。测线布置有两组，一组平行于采煤工作面巷道方向，另一组沿下沉盆地最大变形方向，即垂直巷道方向。因此选取 52304、52305、52306 工作面靠近开切眼区域作为研究区，共布置雷达测线 15 条，测线布置图见图 4.9。

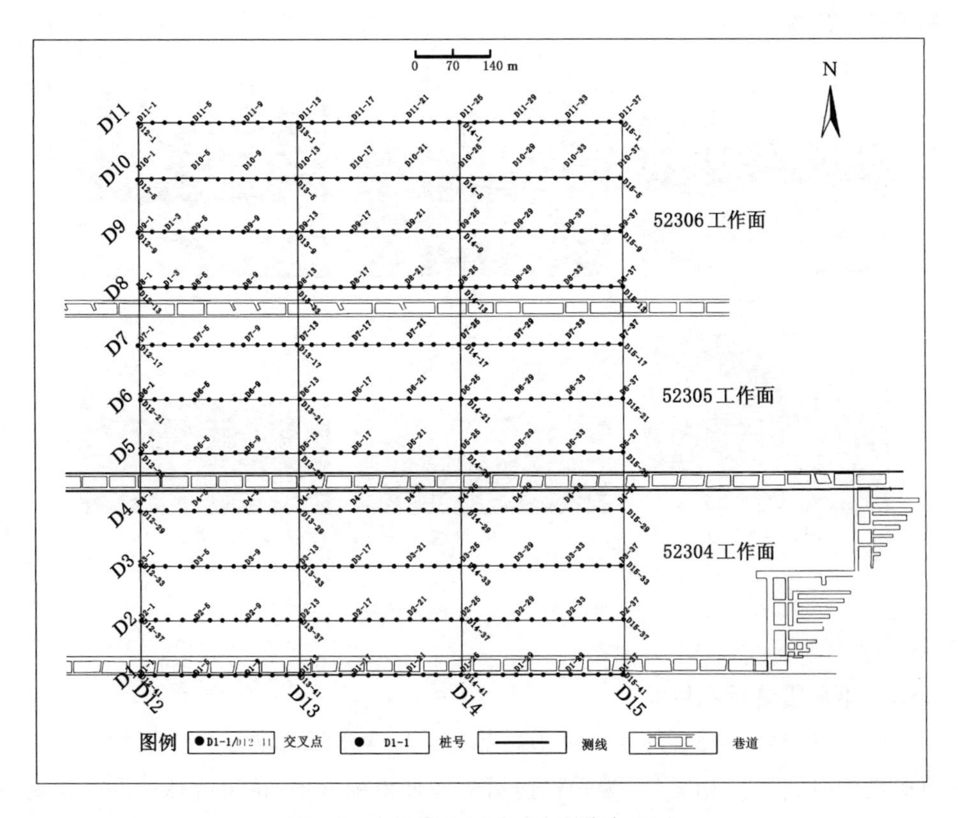

图 4.9 大柳塔矿地质雷达测线布置图

4.3.4 数据采集

针对上述探测目标，采用天线频率为 200 MHz，选择共偏移距探测方式对研究区所有测线数据进行高效采集。在雷达探测的同时，根据地质雷达解释剖面特点，在其中同相轴信息丰富的位置布置钻孔，利用洛阳铲或钻机取样，在野外进行地质编录，在实验室内采用烘干法测量土壤含水率，以便在雷达剖面地质结构解释过程中时进行层位深度的对比校正。

4.4 探测结果

地质雷达通过天线发射高频脉冲电磁波，电磁波在地下传播过程中遇到有电性差异的介质时发生反射，若具电性差异介质的接触面是连续的，则反射波在地质雷达剖面中表现为连续的同相轴。本次探测共获得了 D1，D2，…，D15 共 15 条测线的地质雷达剖面。对野外探测数据进行常规处理后可以发现，同相轴信息在各测线上总体连续性较差，但局部连续性较好，浅部有一个贯通整个测线的相对连续的层位信息，浅部局部地段同相轴信息丰富，总体上 5 m 以浅同相轴较好，5 m 以下雷达有效信号较差，具体见图 4.10。

4.5 地质解释

针对上述探测结果，为了更好地解释剖面中地质信息，分别针对雷达剖面中同相轴信息丰富（图 4.10）和不甚丰富（图 4.11）的测线段，选择具有典型特点的地段，即图中白框范围进行剖面开挖，以避免单凭钻孔资料解释时存在“一孔之见”的局限。从图 4.10 中可以看出，同相轴信息丰富地段，开挖剖面介质全部为砂，层理发育，且随层理发育不同，肉眼可直接观察到砂层中土壤含水量有明显差异。而对于同相轴信息较弱的区域（图 4.11 中白框范围）开挖之后，剖面介质主要为含砂黏土和黏土，剖面刚开挖时没有明显的层位信息，只是在剖面表面变干之后出现图 4.11(b) 中土黄和灰白相间的层位信息。雷达剖面中层位信息不明显，主要是因为雷达波在黏土中衰减较大，信号较弱。

根据雷达剖面中同相轴连续性特征，结合钻孔资料、开挖剖面所揭示的信息，针对本次研究目的，划分不同土壤及地层分界面，如图 4.12 所示。考虑所采用地质雷达的分辨率，在地层划分过程中主要针对研究区普遍存在的 2 种松散层介质进行划分，并根据钻孔资料推断研究区黏土层与其风化母岩的分界面。

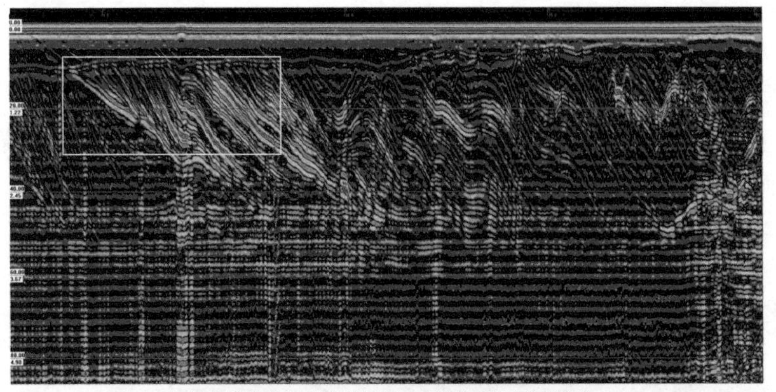

(a) 同相轴信息丰富雷达剖面（白框为开挖剖面范围）

(b) 与图4.10(a)对应的开挖剖面照片

图 4.10 同相轴信息丰富雷达剖面特点及对应的开挖剖面

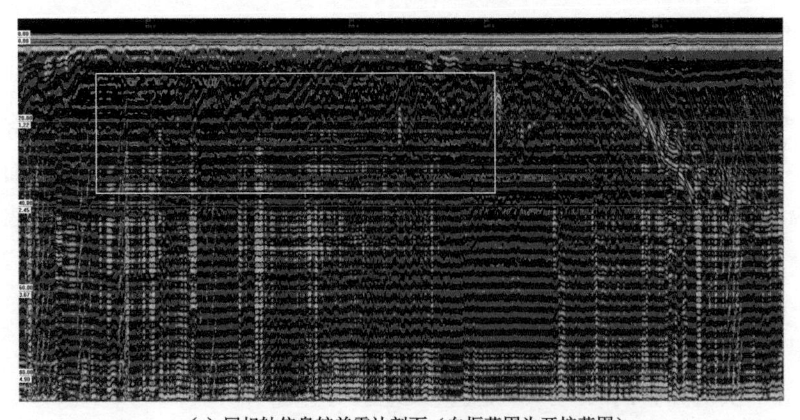

(a) 同相轴信息较差雷达剖面（白框范围为开挖范围）

图 4.11 同相轴信息较弱雷达剖面特点及对应的开挖剖面

(b) 与图4.11(a)对应的开挖剖面照片

图 4.11 (续)

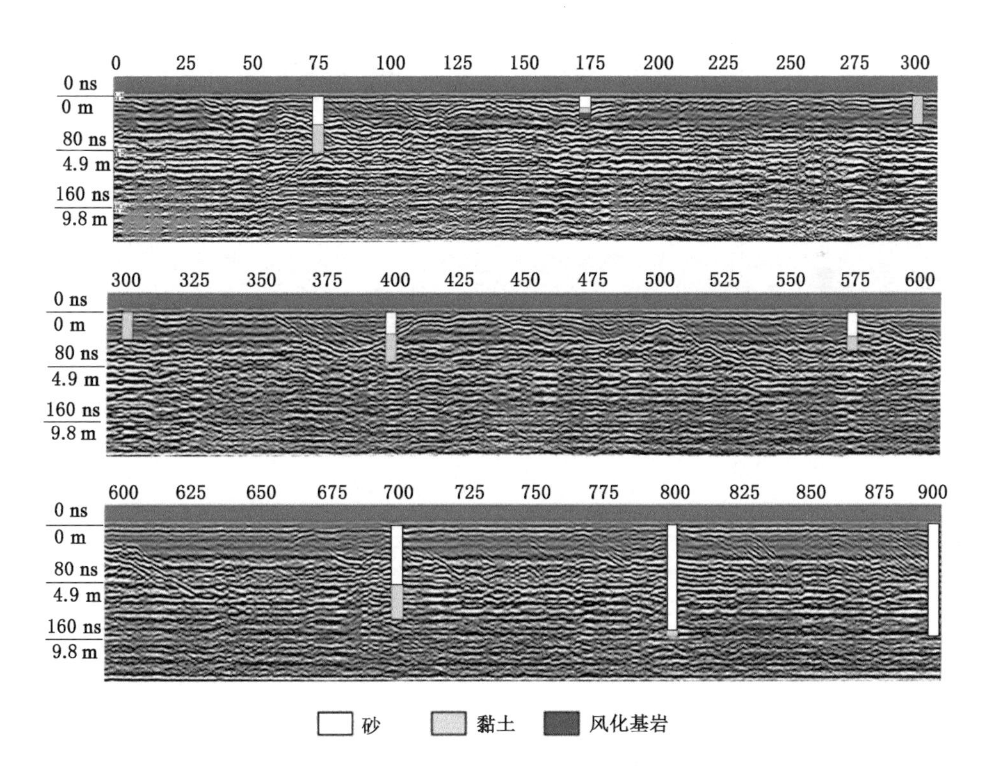

图 4.12 D1 测线雷达剖面与对应的钻孔柱状图

松散层划分过程中因粗砂、中砂、细砂及含黏土砂等含水量相似，所以将其合并为同一类型，而且因研究区中砂分布普遍，所以统一命名为中砂；将砂质黏土、含砂黏土和黏土等含水量接近的介质统一为黏土；对于在研究区零星分布的砾石层未单独进行划分。

因各条测线雷达剖面中地层具有相似结构，限于篇幅，只给出第一测线雷达剖面图与对应的钻孔柱状图及对应雷达地质剖面图，分别如图 4.12、图 4.13 所示。

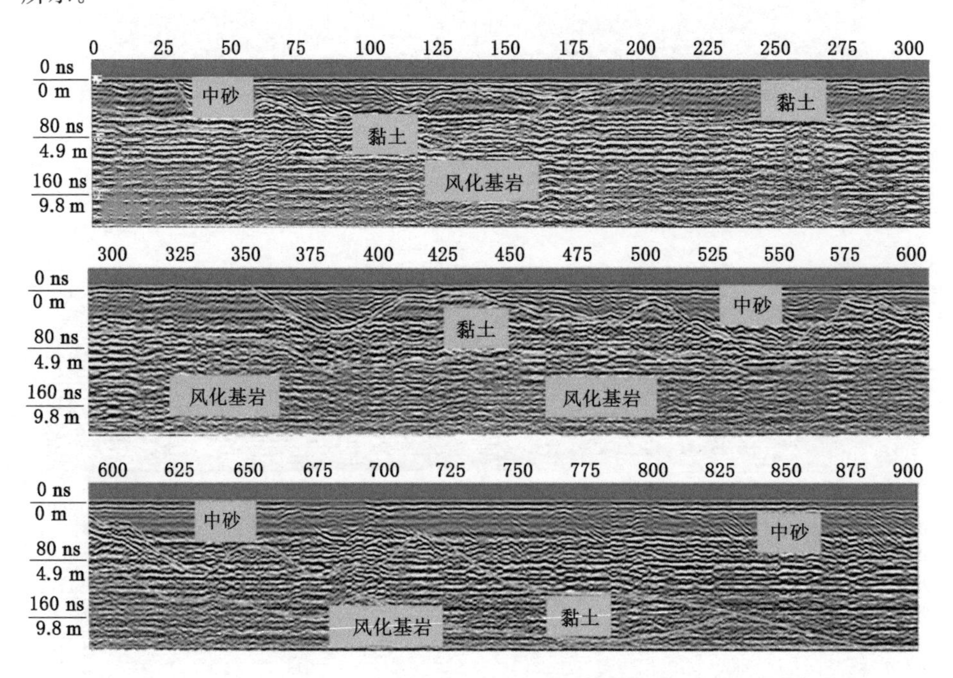

图 4.13　D1 测线雷达地质剖面图

5 煤矿开采引起的研究区地表移动规律

采煤过程中地下煤炭资源被采出，打破了原有的应力平衡，导致煤层上覆岩层的下沉、弯曲和变形，进而引起地表岩层和松散层的下沉，形成特定的地表下沉盆地、裂缝等。因此分析研究区地表移动变形规律，对地表下沉盆地不同变形区进行划分，是研究采煤对浅地表含水量变化规律的前提条件。

5.1 煤矿岩层与地表移动

5.1.1 地下开采时岩体内部移动和分带

杨峰等[144]、M. J. Harry[145]提出，地下的煤层被采出后，采空区周围的岩石原来的应力平衡状态遭到破坏，在上覆岩层的重力作用下，岩体发生移动和变形，直至达到新的平衡。

鉴于岩石的物理力学性质、采矿方法、煤层的埋藏条件和其他因素的影响，岩层的移动形式是比较复杂的。处于采空区周围不同部位的岩石，它们的移动形式也各不相同[146-147]。由图5.1(a)可以看出，煤层顶板岩石首先破碎，以不同大小的岩块向下冒落，充填采空区(图中Ⅰ区)。此后，岩层向采空区成层弯曲，同时伴生有离层、裂隙、断裂等现象。成层弯曲的岩层下沉，使垮落的破碎岩石逐渐压实(图中Ⅱ区)，此区为一个三角形区域。在Ⅱ区之上有一个不大的区域Ⅲ，它是只有裂隙和离层的弯曲层，而没有断裂和压实的现象。再向上直到地表很厚的岩层为没有裂缝和离层现象的平缓弯曲层，即Ⅳ区。在卸荷力作用下底板岩层向采空区鼓起，形成减压区Ⅶ，在采空区斜上方的岩层，Ⅱ、Ⅲ、Ⅳ区的弯曲岩层在重力作用下发生挤压和垮落，形成集中压力区Ⅴ。有时与地表接连的岩层产生隆起(Ⅷ区)。在倾斜和急倾斜煤层，与表土层接连的煤层上盘岩石呈悬臂梁式弯曲，并且在地表形成凹地(即移动盆地Ⅵ区)，有时在煤层露头附近形成漏斗和台地(Ⅹ区)。如果此煤层厚度较大，当底板岩石比较破碎时，岩石有可能向采空区滑动，那么将会出现塌坑(Ⅸ区)。

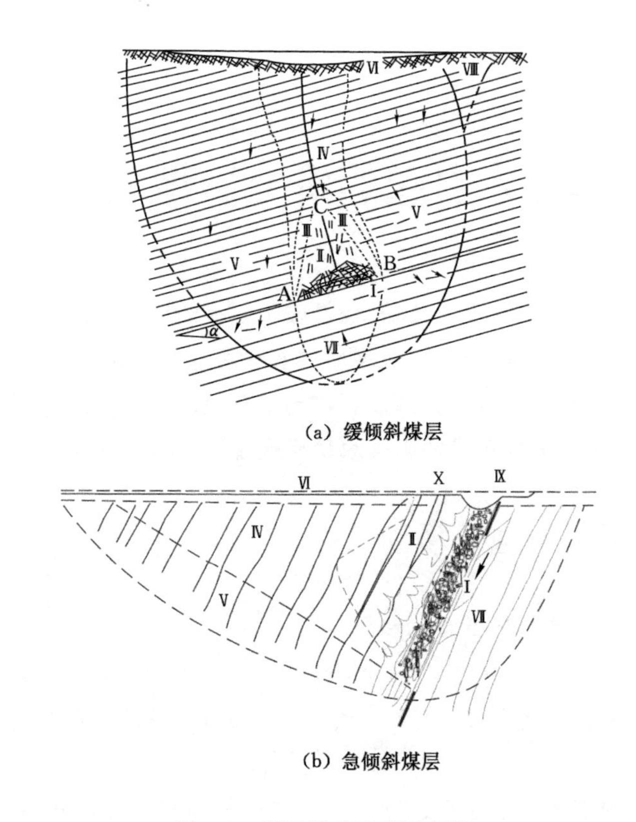

(a) 缓倾斜煤层

(b) 急倾斜煤层

图 5.1　岩层移动过程示意图

地下煤层采出后,采空区周围的岩层发生了较为复杂的移动和变形。就上覆岩层而言,从直接顶开始由下向上开始冒落,而后离层,向下弯曲,最后移动终止下来。为了工程上的需要将移动稳定后的岩层,按其破坏的程度不同大致分为三个带:

① 冒落带。冒落带是顶板岩石在自重作用下,当内部应力超过岩石的强度极限时,破碎成块、垮落而形成的,它完全失去了岩层的整体性和层状结构。在采空区不充填或矸石部分充填的情况下,顶板岩石一般都将发生垮落。使用水砂充填时,如果充填致密,就可能不产生这种垮落现象。由于冒落岩石体积膨胀,冒落带不可能无止境地向上发展。冒落带的高度取决于采空区煤层的厚度和岩石的碎胀系数,通常为采空区煤层厚度的 3～5 倍。煤层愈薄,冒落带的高度愈小。

② 明显裂隙带。裂隙带在冒落带之上,冒落带的岩石破碎后体积增大,能

支撑上覆岩层不再继续垮落。但冒落带上方的岩层随着冒落碎石的逐渐压实仍可发生下沉。此时,岩层在弯曲的过程中发生裂缝、离层乃至断裂,但是岩层仍保持其层状结构。上述两带之间往往无明显的界限。两带的总高度一般为采出煤层厚度的 15～35 倍,个别的也有小至 12～20 倍。当开采深度较小时,明显裂隙带可达到地表,此时地表产生大的裂缝,形成龟裂。必须指出的是,这种裂缝与开采深度较大时的地表裂缝不同,它贯通采空区,因而对井下安全威胁很大。冒落带和明显裂隙带合起来称为导水裂隙带。在水体(河流、湖泊和含水流沙层)下开采时,它易使水沿着裂隙导入井下,引起井下涌水量突然增加,造成工作条件严重恶化,甚至发生透水事故而淹没整个矿井。

③ 弯曲带。弯曲带在明显裂隙带之上直到地表,此时,岩石不再破裂,而是在自身重力作用下产生法向弯曲,图 5.1 中Ⅳ区就属于这一带。弯曲带的特点是这部分岩层将保持其整体性和层状结构,其移动过程连续而有规律,岩层呈平缓的弯曲状。如果开采深度很大,弯曲带的高度将大大地超过冒落带和明显裂隙带高度之和。此时,明显裂隙带不会达到地表,地表的变形相对比较缓和。虽然地表还可能产生裂缝,但是这种裂缝在地表下一定深度即自行闭合而消失,一般并不和明显裂隙带的裂隙相互沟通。

在水平煤层和缓倾斜煤层开采时,上述分的三个移动带表现得比较明显。根据顶板的管理方法、采空区的大小,采出煤层厚度、岩石性质以及开采深度的不同,岩层中上述三个带不一定同时存在。

5.1.2 采煤影响下地表移动特征

5.1.2.1 工作面推进过程中的地表移动[146-147]

在开采过程中,地表点的移动轨迹是一条复杂的曲线。图 5.2 为煤矿采煤工作面煤层走向主断面观测站的实际资料所绘制的地表点下沉移动轨迹。从测点 68 的下沉轨迹可以看出,当工作面由远处向测点下方推进时,此点的移动方向与工作面推进方向相反。当工作面通过该点正下方,并经过某一段时间之后,该点改变移动方向,而与工作面推进方向一致,并最终回到该点原始位置的下方。

地表点的移动轨迹大致为弧线。工作面推进速度愈大,此弧线的弯曲程度愈小。但必须指出,只有沿此煤层走向主断面最大下沉点才符合此情况。其他地表点经过移动后,并不回到其原始位置的下方,而是偏向采空区方向。

由地表点的移动轨迹可知,在工作面沿走向方向推进时,地表发生的变形带也随之向前移动,而变形值的符号也将随之改变。例如,由拉伸带过渡到压缩带等。此种情况会导致地面产生一系列裂缝。

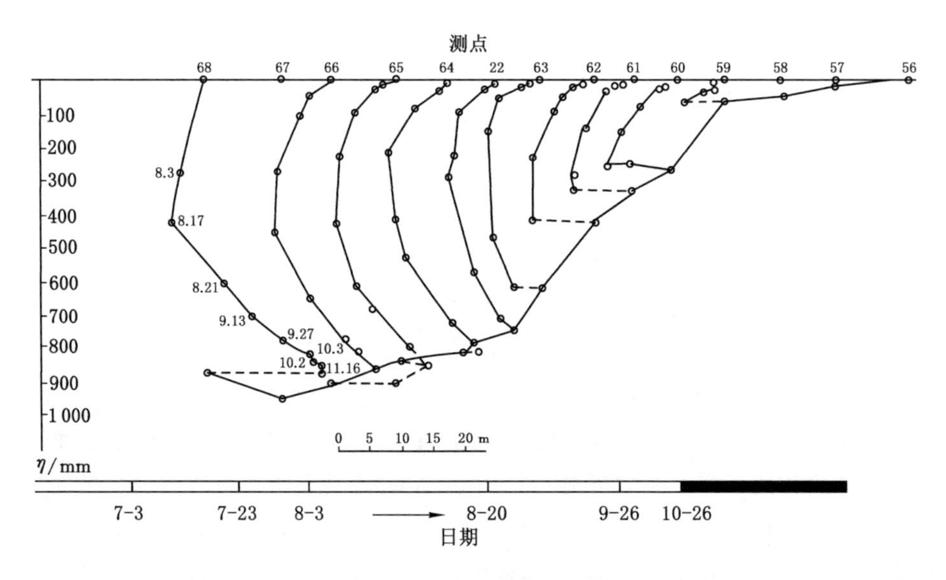

图 5.2 地表点下沉移动轨迹

5.1.2.2 地表移动的速度及持续时间[146-147]

一般来说,当回采工作面离开开切眼的距离为 $0.3H_0$(H_0 为开采高度)时,地表开始移动。也就是说,当回采工作面尚未推进到地表点之前,该点下沉就开始了,这种现象被称为“超前影响”。刚出现下沉的点到工作面水平距离,即“超前影响距”,它由开采深度、表土层厚度、岩性及煤层厚度所决定。

地表某点开始移动后,将具有一定的移动速度,通常以点的下沉速度来表示,即以 mm/月或 mm/d 表示。在地表点的下沉过程中,其速度是由小到大变化的,当工作面通过该点下方后不久达到最大值,然后逐渐变小以至为零,与此同时,地表点的移动过程也将持续一定时间,在总的持续时间内,按其移动速度的大小及对建筑物的影响程度,可以分为 3 个阶段:

① 开始阶段:下沉速度小于 50 mm/月。

② 活跃阶段:下沉速度大于 50 mm/月。

③ 衰退阶段:下沉速度小于 50 mm/月。

地表移动的开始时间,采用下沉达 10 mm(或下沉虽不到 10 mm,但一系列观测表明已开始下沉)时为标准,而终止时间则以六个月下沉不超过 30 mm 为标准。

地表点在总持续时间内下沉及下沉速度曲线如图 5.3 所示,图中横坐标表示时间(日期),纵坐标表示下沉值(曲线 1)、下沉速度(曲线 2)及工作面距该点的距离(直线 3)。

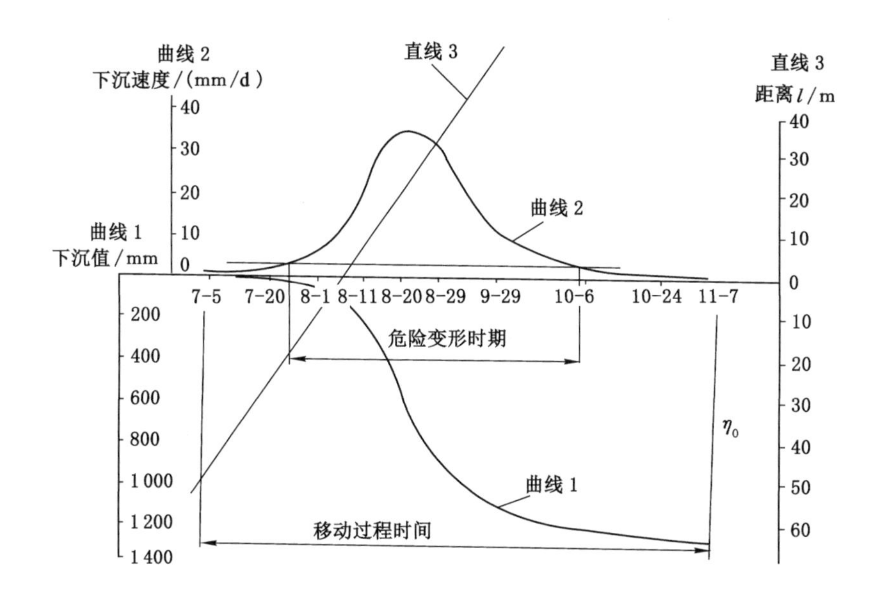

图 5.3 地表点下沉及下沉速度曲线

开始阶段内地表移动和变形均不大，而在活跃阶段内，地表移动和变形则显著增加。一般来说，在活跃阶段结束时，地表下沉可达到总下沉的 85%以上。

地表最大下沉速度取决于许多因素，主要与岩性、开采深度、开采高度、顶板管理方法以及工作面推进速度有关。当其他条件相同时，开采深度愈小，则下沉速度愈大。

根据煤矿实际观测资料，当开采深度为 140 m、开采高度为 2.3 m 时，地表最大下沉速度可达 12.2 mm/昼夜，重复采动时，最大下沉速度可能增大。

移动持续时间主要取决于岩性、开采深度、工作面推进的速度等。开采深度愈大，移动时间也愈长，最后地表移动将趋于平稳。

一般在开采深度为 100～200 m 时，移动时间为 1～2 a，其中活跃阶段为 6 个月左右。开滦煤田的开采深度为 140 m 时，测得地表移动的开始阶段为 15～30 d；活跃阶段为 300～330 d；衰退阶段为 210～260 d。

但应当指出的是，如果岩层中有较厚硬岩层时，移动可能发展得很慢，甚至要几十年才能影响到地表。如我国大同煤田顶板为较厚的硬砂岩层，移动很难达到地表。

5.1.2.3 表土移动特征[146-147]

煤炭开采会打破地下岩层应力平衡状态，从而引起煤层顶板及其上覆岩层破碎下沉、弯曲变形以及煤层向采空区挤出等，进而引起岩层上覆松散层发生移动变形。

表土通常是一些地质年代较新的松散沉积层覆盖在基岩上，表土的移动过程主要取决于基岩的移动过程。当基岩为水平的或近水平时($\alpha<8°$)，表土的移动和下部基岩移动完全一致，基本上是垂直弯曲的形式。

随着基岩倾角的增大，表土的移动特征和基岩移动相比也就逐渐有了差别。此时，表土的移动是由两部分组成的，即垂直弯曲和向岩层上山方向的水平错动相结合。由于上述两种移动的结合，地表和表土的移动和变形更趋复杂，从而使上山方向的水平移动增大，破坏了表土垂直弯曲时所具有的特性。

如图 5.4 所示，f、d、e 表示基岩和表土接触面上的测点在移动前的位置，f'、d'、e'表示移动后的位置，其移动向量为 ff'、dd'、ee'，而水平移动的分量为 pf'、qd'、se'，水平分量在接近地表时逐渐减小，其减小的规律表示于图 5.4 中。图中，φ 为表土移动角，β 和 γ 分别为基岩在采区上边界(上山方向)和下边界(下山方向)的移动角。

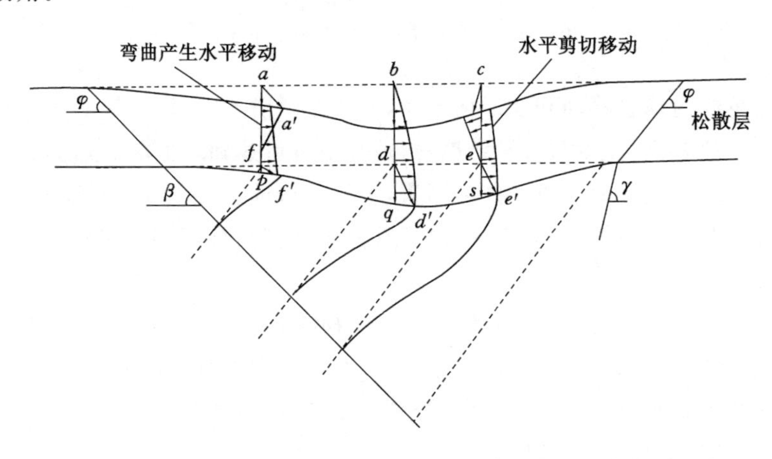

图 5.4　表土的弯曲和错动

在地表面上有 3 点 a、b、c(图 5.4)，其中 b 点位于最大移动点处。当表土是垂直弯曲移动时，各点的水平移动分量将大致对称于 b 点。处于下山部位的 a 点的水平移动方向指向上山方向，而处于下山部位的 c 点则指向下山方向，b 点处的水平移动指向上山方向。但对于倾斜基岩层上的表土层，由于 a、b、c 点受到 2 种水平移动的共同影响，因此 a 点的水平移动为两者之和(增大)，c 点的水平移动为两者之差(减小)，而 b 点的水平移动则等于向上山方向的水平错动。因此最后地表移动盆地内的水平移动呈不对称分布，增大了向上山方向的水平移动。随着岩层倾角增大，此特性表现得更为强烈。

5.1.3　地表移动盆地的形成特征及其规律

5.1.3.1　地表移动盆地的形成及其发展[146-147]

当地下煤层采出后，采空区周围的岩层发生了较为复杂的移动和变形。就上覆岩层而言，从直接顶开始由下向上开始冒落，而后离层，向下弯曲，最后移动终止下来。随着开采范围扩大，上覆岩层进入移动。当工作面推进到距开切眼 1/4－1/2H_0（H_0 为平均开采深度）后，移动开始波及地表，引起地表下沉。此下沉范围通常被称为“地表移动盆地”，或者叫塌陷区。如图 5.5 所示，当工作面推进到 1 时，地表形成移动盆地 1′。工作面继续向前推进，地表移动盆地逐渐扩大，下沉量亦随之增大。当下沉量达到该条件下的最大值时，即使盆地继续扩大，下沉量亦不再增加。如图 5.5 中工作面采至 4、5 处时，移动盆地扩大成 4′、5′，而其最大下沉量也不再增大。当回采工作停止后，还要经过一定时间地表移动才能稳定，这样在地表形成了最终移动盆地，这就是通常所说的移动盆地。

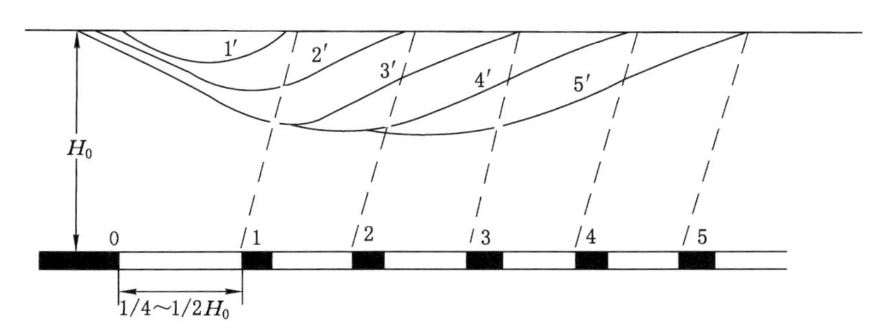

图 5.5　地表移动的形成及其发展图

5.1.3.2　地表移动盆地的特征[146-147]

移动盆地的特征主要取决于采空区的形状及煤层倾角的大小。当采空区为长方形时，盆地大致呈椭圆形。移动盆地的范围总是要比采空区大，而移动盆地和采空区的相应位置则取决于煤层的倾角。

图 5.6 表示开采水平煤层所形成的移动盆地，此时盆地和采空区互相对称，盆地中心即采空区中心。*ABCD* 为移动盆地在地表的盆地边界，δ_0 为地表采空区边界与地下采空区边界连线与煤层的夹角。当煤层倾角较大时，移动盆地即向下山偏离（图 5.7），煤层倾向方向断面盆地和采空区的位置互不对称。*ABCD* 为移动

盆地在地表的盆地边界，δ_0 为地表采空区边界与地下采空区边界连线与走向方向煤层的夹角。γ_0、β_0 分别为地表采空区边界与地下采空区边界连线与倾向方向煤层上山方向和下山方向的夹角，θ 角为煤层倾向方向主断面上最大下沉点和采空区中心连线的夹角，η_m、η_n 分别为煤层走向主断面和倾向主断面的下沉曲线。

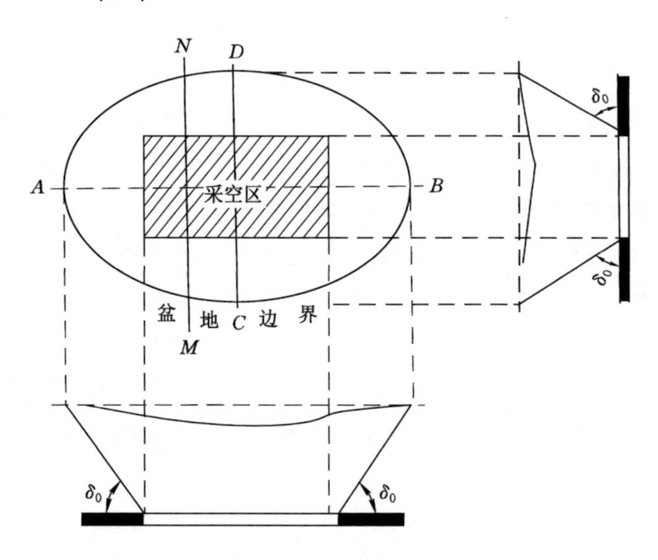

图 5.6　水平煤层上的地表移动盆地

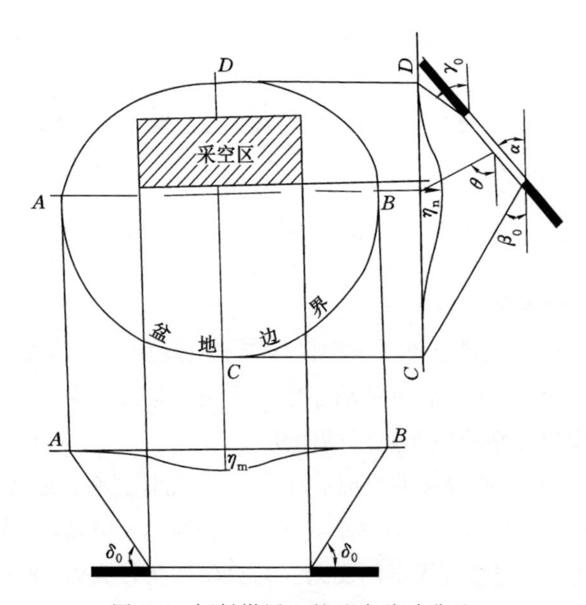

图 5.7　倾斜煤层上的地表移动盆地

图5.8表示某一规则开采引起的地表变形。a、b、c、d为采空区在地表的投影，这是一个根据许多实际观测结果理想化了的示意图。图5.8中虚线表示地表下沉等值线。箭头表示点移动矢量在平面上的投影。由图可见，地表的下沉等值线是一组大致平行于开采边界的线族。就下沉值而言，采空区中央的地表下沉值最大，从中间向四周逐渐减小，到开采边界上方减小得比较迅速，向外下沉量减小并渐趋于零。地表点水平移动大致指向采空区中心，在采空区中心上方地表最终几乎不发生水平位移而只是下沉。开采边界上方地表水平移动量最大，向外逐渐减小到零。地表水平移动等值线也是平行于开采边界的曲线族。

当开采深度不很大，而开采高度较大时，在盆地边缘可能产生裂缝。在开采急倾斜矿层时，可能产生塌坑、台阶状断裂。

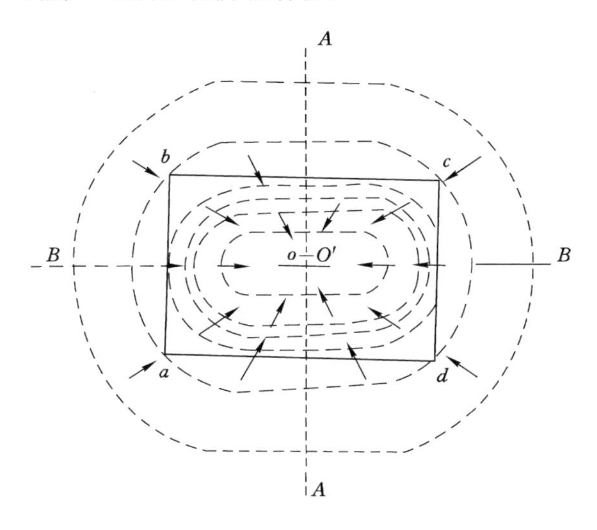

图5.8　煤炭开采引起的地表变形

5.1.3.3　盆地主断面[146-147]

在水平煤层开采时(图5.8)，由于下沉等值线及水平移动等值线平行于开采边界，最大下沉和水平移动零值点都在采区中心，从而通过开采中心与沿煤层走向和倾向方向的剖面上地表变形最大。在这一剖面上地表没有垂直于此剖面的水平移动。这种通过开采中心，沿煤层倾向方向和走向方向的剖面被称为主断面。为了研究由开采引起的最大地表变形，在大多数情况下，只需要研究主断面上的地表变形就够了。主断面具有以下几个特点：

① 在该断面上地表移动盆地的范围最大。

② 在该断面上地表的移动量最大。

③ 在该断面上地表各点不会产生垂直于该断面方向上的水平移动。

主断面的位置：在水平煤层的情况下，主断面的位置均通过采区的中心，如图 5.6 中的 AB、CD 断面，而 MN 断面则为非主断面，图 5.8 中的 AA、BB 为主断面。在倾斜煤层的情况下，沿煤层倾向方向上的主断面的位置通过采区中央，但沿煤层走向的主断面位置，则主要取决于煤层的倾角 α，其位置可由图 5.7 中的 θ 角来确定。θ 角为煤层倾向方向主断面上最大下沉点和采空区中心连线的夹角，此角叫作最大下沉角。

5.1.4 充分采动与非充分采动

图 5.1 中三角形 ABC 所划定的区域是一个特殊的区域，在此区域内层面上各点的移动值均达到该条件下的最大值，此区被称为充分采动区。充分采动区的高度取决于岩石强度、采区大小、煤层厚度及顶板管理方法等因素。充分采动区的边界与采空区边界连线和煤层面相交的夹角叫作充分采动角。在沿煤层倾向断面内，上下山方向充分采动角分别以 φ_1、φ_2 表示（图 5.9），沿走向断面内充分采动角以 φ_3 表示。这些充分采动角可通过观测确定。

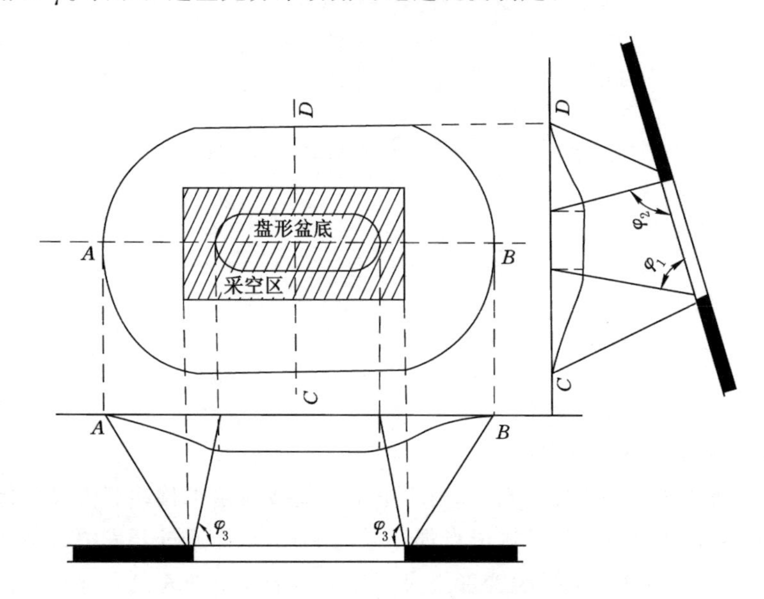

图 5.9 充分采动形成的盘形盆地

当采空区的面积小而深度较大时，岩层内的充分采动区就不会达到地表，而移动盆地即形成碗形盆地（图 5.6、图 5.7）；相反，当充分采动区达到地表，地表出现平底盆地，此时形成盘形盆地，如图 5.9 所示。在盘形盆地中央平底部分，其移动值均达到了该条件下的最大值,并且相等。在地表出现图 5.9 中的盘形盆地时,这种情形称为充分采动;否则叫非充分采动。如果只是沿走向方向达到充分采动,而在煤层倾向方向上未达到充分采动时,则下沉盆地为槽形盆地。总体来说,槽形盆地仍属未充分采动条件[146-147]。

5.1.5 主断面内移动与变形分布规律

5.1.5.1 表示移动与变形分布的方法[146-147]

为了研究移动盆地内地表各点移动、变形对地表建筑物的影响,必须了解盆地内移动和变形的分布。一般用沿各主断面的移动和变形曲线表示移动和变形分布。

将沿主断面方向的水平轴作为 x 轴,则下沉曲线可以 x 的函数式表示:

$$\eta(x)=\eta_0 Q(x) \tag{5.1}$$

式中,η_0 为最大下沉值。

当计算剖面线上任一点的垂直变形时,把盆地在该剖面内的倾斜看成下沉曲线对 x 的一次导数,把盆地在该剖面内的曲率看成下沉曲线对 x 的二次导数,则剖面线上任一点的倾斜与曲率均可计算求得,其计算式如下:

① 倾斜。由于相邻两点下沉不等,两点间地表产生倾斜,通常以 i 表示:

$$i(x)=\frac{\mathrm{d}\eta(x)}{\mathrm{d}x} \tag{5.2}$$

② 曲率。由于相邻两点间地表倾斜不等,地表会产生曲率变形,通常以 k 表示:

$$k(x)=\frac{\mathrm{d}^2\eta(x)}{\mathrm{d}x^2} \tag{5.3}$$

曲率有正负之分,正曲率表示地表呈凸变形,负曲率表示地表呈凹变形。

剖面线上任一点的水平移动与水平变形,同样可通过下沉曲线对 x 的导数来表示。

③ 水平移动。

$$\xi(x)=k\,\frac{\mathrm{d}\eta(x)}{\mathrm{d}x} \tag{5.4}$$

④ 水平变形。

$$\varepsilon(x)=k\,\frac{\mathrm{d}^2\eta(x)}{\mathrm{d}x^2} \tag{5.5}$$

式中,k 为关系式的系数,$k=\xi_0/i_0$(ξ_0,i_0 分别表示最大水平移动距离和最大倾斜变形值)。

所以倾斜、曲率、水平移动和水平变形不是独立的，它们可分别由下沉曲线来决定。

5.1.5.2　*移动与变形分布规律*

当开采深度较浅而采出煤层厚度较大时（一般来说，当 $H/m<20$ 时，H 为开采深度，m 为开采高度），地表常出现塌坑、台阶和较大裂缝。此时，地表移动和变形分布变化无常，在空间和时间上的变化都是不连续的，表现出的规律性较差。然而，在开采深度较大时（一般来说，当 $H/m>20$ 时），地表移动和变形在空间和时间上都具有明显的连续特性，具有一定规律性。

在正常的地质条件下（如没有大断层、地下溶洞等），地表移动和变形分布规律与煤层倾角、地表是否达到充分采动以及表土层厚度有关。主断面内各点移动和变形的关系，本质上就是移动或变形曲线的性质。

(1) 非充分采动时水平煤层主断面上移动与变形之分布[146-147]

非充分采动时水平煤层主断面上移动与变形的分布见图 5.10，其中曲线 1 是下沉曲线，曲线 2 是水平移动曲线，曲线 3 是倾斜曲线，曲线 4 是曲率曲线，曲线 5 是水平变形曲线。下沉曲线与采空区对称，并具有下列特征：

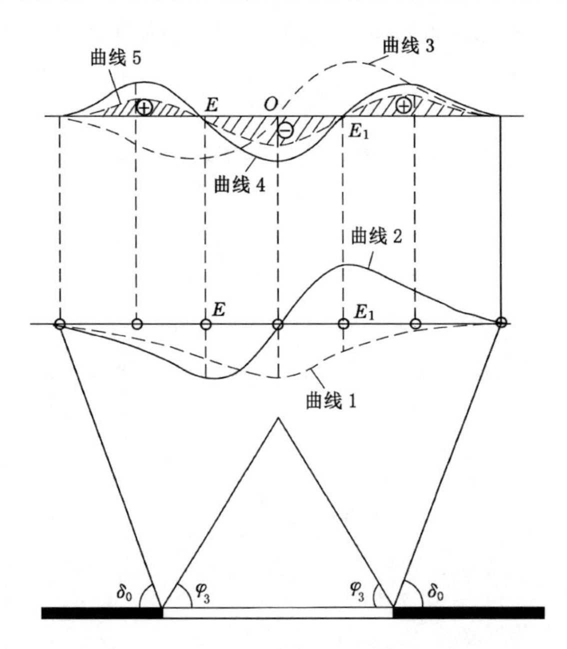

图 5.10　非充分采动区移动曲线和变形曲线

① 对于水平或缓倾煤层，最大下沉点 O 大致位于中央。

② 边界处下沉值为零。

③ E 点和 E_1 点为下沉曲线的拐点。拐点位置在最大下沉点和边界点之间，略偏向中央。下沉曲线的斜率由边界点到拐点渐增，拐点处最大，至采空区中央减小为零。

水平移动曲线具有两个极值，其横坐标位置与 E 点及 E_1 点重合；在中央 O 点，水平移动值为零。

由倾斜曲线与下沉曲线的导数关系可知，倾斜曲线有两个极值，其位置和 E 点及 E_1 点重合。

曲率曲线表示倾斜曲线的导数，有两个正极值和一个负极值。正极值表示最大拉伸值，负极值表示最大压缩值，负极值的位置和 O 点重合。

由图 5.10 可知，水平变形曲线和曲率曲线具有相似的形状。在拐点处水平变形也为零。

(2) 充分采动时水平煤层主断面上移动与变形分布[146-147]

图 5.11 表示充分采动区刚好达到地表时的情况。此时，下沉曲线的拐点 E 和 E_1 将大致位于最大下沉点到盆地边界的中点。而在最大下沉点 O 处，其倾斜和曲率均等于零。

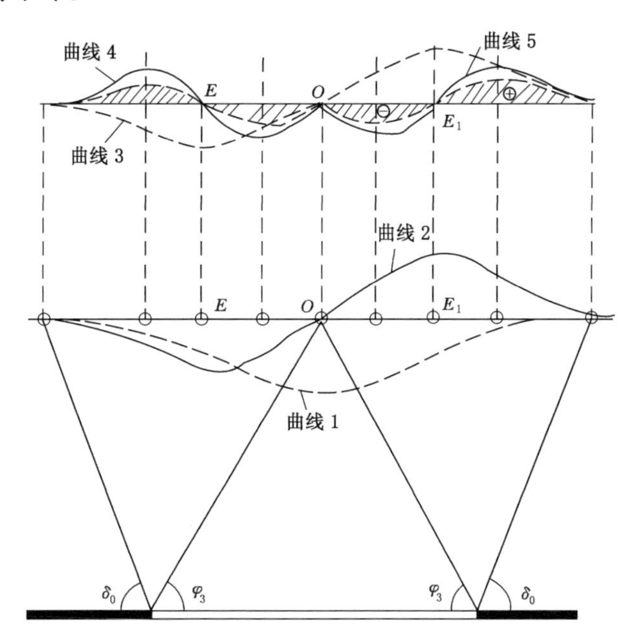

图 5.11　充分采动区刚达地表时移动和变形曲线

图 5.12 表示地表已出现盘形盆地的情形，此时，在充分采动区内(盘底区)除下沉达到最大值外，其他各种移动和变形值均接近于零。下沉曲线中部呈平底形，曲线其他特性同图 5.11。

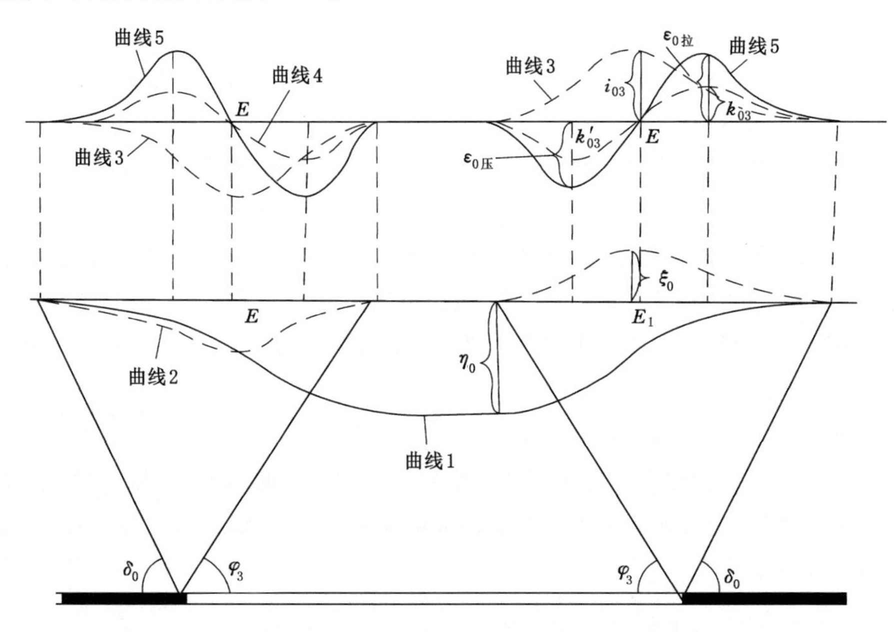

图 5.12　盘形盆地的移动和变形曲线

图 5.12 中，δ_0 为地表采空区边界与地下采空区边界连线与走向方向煤层的夹角；φ_3 为沿走向断面内地表采空区盘底区边界与地下采空区边界连线的夹角；ξ_0 表示最大水平移动距离；ε_0 表示最大水平变形；$\varepsilon_{0拉}$ 表示拉张区最大水平变形；$\varepsilon_{0压}$ 表示压缩区最大水平变形；η_0 表示最大下沉值；i_{03} 表示最大倾斜变形；k_{03} 和 k'_{03} 分别表示拉张区和压缩区最大曲率。

(3) 倾斜和急倾斜煤层开采时主断面内移动与变形分布[146-147]

图 5.13、图 5.14 分别表示在非充分采动时，倾斜和急倾斜煤层主断面内移动与变形分布的情况。其中，α 为煤层倾角；θ 角为煤层倾向方向主断面上最大下沉点和采空区中心连线的夹角，此角叫作最大下沉角；φ_1 和 φ_2 为煤层倾向断面内上下山方向充分采动角，γ_0 和 β_0 分别为地表采空区边界与地下采空区边界连线与倾向方向煤层上山方向和下山方向的夹角；η_m 为煤层走向主断面的最大下沉值；ξ_{01} 为倾向主断面内最大水平移动距离；ξ_m 为倾向主断面内最大下沉点位置对应的水平移动距离。

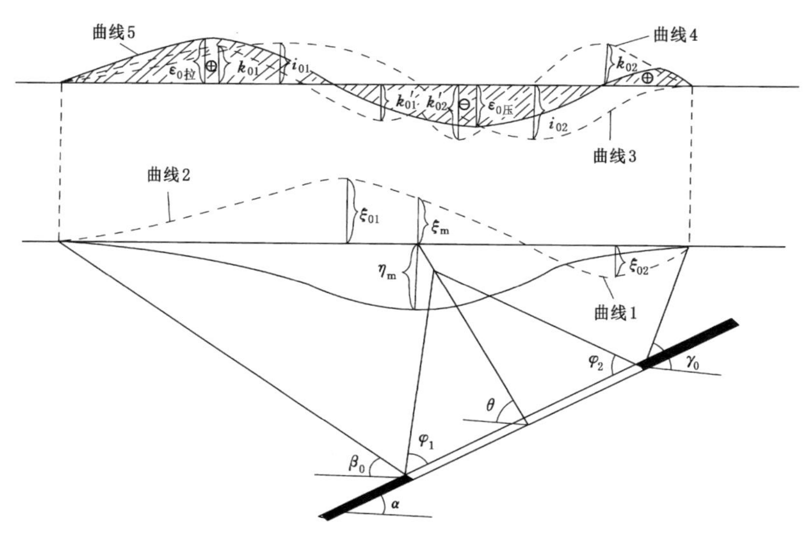

图 5.13 倾斜煤层开采时倾向主断面移动和变形分布
（曲线 1 下沉；曲线 2 水平移动；曲线 3 倾斜；曲线 4 曲率；曲线 5 水平变形）

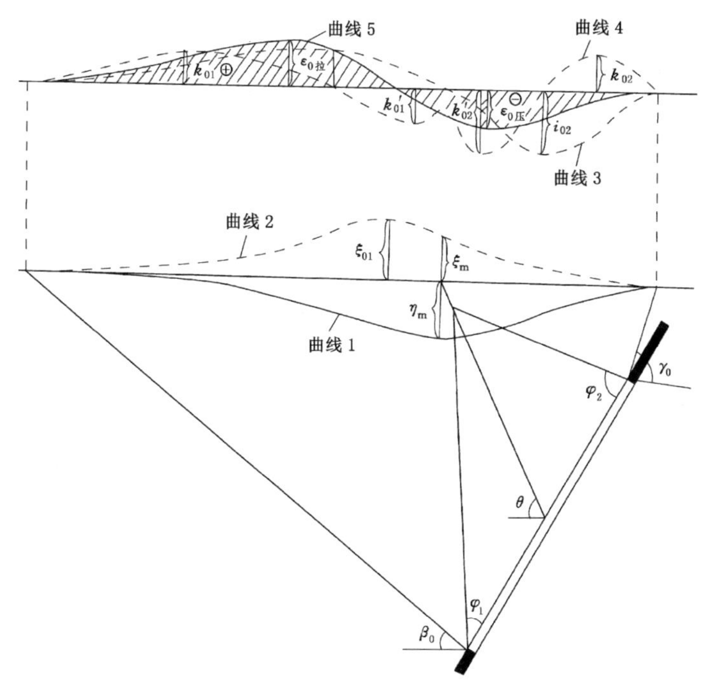

图 5.14 急倾斜煤层开采时沿倾向主断面上地表移动和变形曲线
（曲线 1 下沉；曲线 2 水平移动；曲线 3 倾斜；曲线 4 曲率；曲线 5 水平变形）

此时，各种曲线都失去了它的对称性。而垂直移动和垂直变形曲线与沿煤层走向方向时相应曲线相比较，其特点仍然相似。下沉曲线的最大下沉点偏向下山方向，其两侧仍有拐点，但不对称。

水平移动曲线的特点与水平煤层开采时大不相同，主要取决于煤层倾角及表土层的厚度。一般说来，上山方向的水平移动会增大，下山方向的水平移动减弱。此种现象在图 5.4 中做了详细说明，即在下山处表土层和基岩的水平移动都是往上山方向移动，所以此处的水平移动为表土层与基岩的水平移动之和，而在上山处则恰恰相反，表土层的水平移动往下山方向，基岩的水平移动往上山方向，所以此处的水平移动为表土层和基岩水平移动之差。

5.1.6 地表移动盆地边界的确定

移动盆地内地表各处的移动和变形值是不一样的，为此，按照地表移动和变形值的大小，对移动盆地可划分三个边界，见图 5-15(a)[146-149]：

① 盆地最外边界 $ACBD$——它是移动和变形值都为零的边界线。仪器观测地表没有移动。但仪器观测也有误差，所以就以观测移动的误差范围作为此边界点的移动值。根据理论和实际分析，一般观测下沉的误差约为10 mm，因此，以下沉值为 10 mm 的点作为此边界。

② 危险移动边界 $EGFH$——它是划定盆地内地表变形对建筑物的影响有无危险的界线。对不同的建筑物来说，其危险变形值是不相同的。通常采用对建筑物特别是房屋允许的土壤临界变形值作为划定此界线的标准。它在地表的位置大致相当于下沉值为 80 mm 之点处，因此，有些矿区曾采用下沉值为 80 mm 的点来确定建筑物有无出现裂缝的界线。

③ 裂缝区边界 $IKJL$——它是划定盆地内地表有无出现裂缝的界线。在此界线以外，地表虽移动但没有出现裂缝，因此，它是以地表所产生的最外边的裂缝为界。

这些边界的位置与岩石的性质、煤层倾角、开采深度、采空区的大小以及采出煤层厚度等地质采矿因素有关系。它与采空区的相对位置可由边界移动角和裂缝角来确定。

由图 5.15 可以看出，在移动盆地的主断面上，采空边界点和危险移动边界点的连线与水平线在煤柱一侧所交之角，叫作移动角。移动角又有表土移动角和基岩移动角 2 种。表土移动角的大小和煤层倾角无关，用 φ 表示。而基岩移动角则和煤层倾角有关，可区分为如下 4 个移动角：a. 走向移动角 δ；b. 倾向方向采区上边界移动角 γ；c. 倾向方向采区下边界移动角有两种不同的

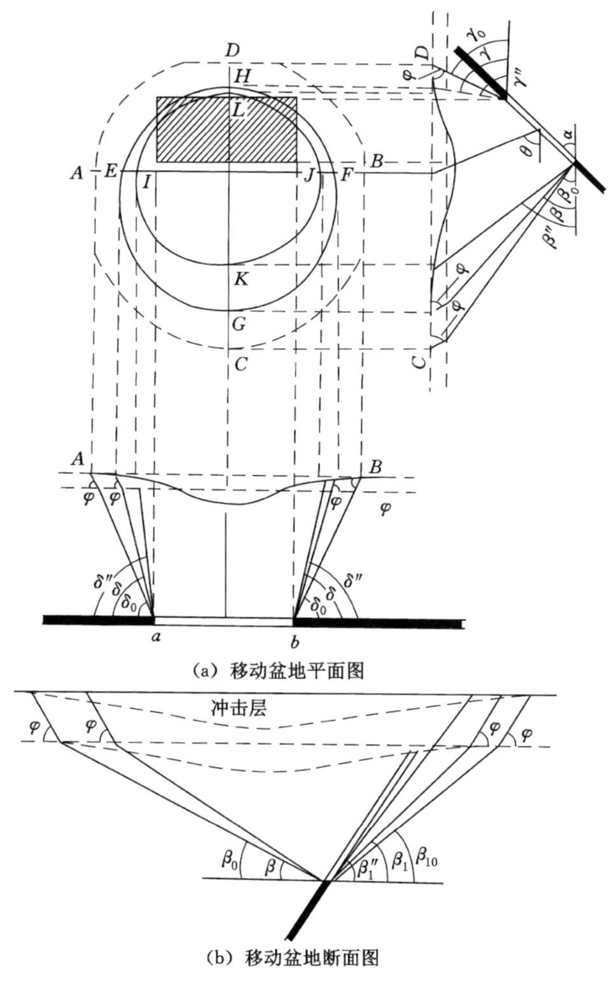

(a) 移动盆地平面图

(b) 移动盆地断面图

图 5.15 移动盆地及其断面

情况，下边界为上盘中的移动角为 β，下边界为急倾斜煤层的下盘移动角 β_1[图 5.15(b)]。

裂缝角是主断面上裂缝区最外边的裂缝点和采空区边界点的连线与水平线在煤柱一侧所交的角，所用符号在相应移动角的字母右上方加两撇来表示，如 δ''、γ''、β''、β''_1。

边界角是在主断面盆地最外边界点和采空区边界点的连线与水平线在矿柱一侧所交的角。所用符号是在相应移动角的字母右下方加"0"来表示，如 δ_0、γ_0、β_0、β_{10}。

边界角和移动角只用于基岩，对于表土则它们都采用移动角 φ。

移动角、边界角、裂缝角及表土移动角都可以通过实地观测的方法来判定。若已知这些角度与地质采矿因素的联系，那么就有可能在某个具体的地质采矿条件下，用既定的边界角、移动角和裂缝角（也包括充分采动角），予以推断和划定将要产生的移动盆地的各边界（包括充分采动区）。所以，这些角度乃是表示岩层与地表移动的基本参数之一。

5.2 大柳塔矿区下沉盆地划分

5.2.1 矿井概况

大柳塔煤矿是神东煤炭集团下属的年产 2 000 万 t 的特大型现代化高产高效矿井，是神东煤炭集团最早建成的井工矿，位于陕西省神木市境内，由大柳塔井和活鸡兔井组成，核定生产能力为 2 170 万 t。

5.2.1.1 位置

大柳塔井田位于陕西省神木市西北约 52.5 km 处，地理坐标为北纬 39°13′53″～39°21′32″，东经 110°12′23″～110°22′54″。行政区划属大柳塔乡管辖。

5.2.1.2 交通

大柳塔井田东西长 10.5～13.9 km，南北宽 9.1～10.5 km，面积为 126.8 km^2，已建成的包神铁路紧沿井田西部边界通过，在大柳塔设有车站，并由此可沿神朔铁路经山西省和河北省达黄骅港，包头—大柳塔—榆林二级公路从井田的西部通过，向南可达陕西省的榆林和西安。本区交通便利，随着沿井田西界穿过的包（头）神（木）铁路、公路的贯通，已构成连接晋、陕、内蒙古并向全国辐射的交通网络。

5.2.1.3 地形地貌

井田地处陕北黄土高原北侧毛乌素沙漠东南边缘。地势北高南低，中部高而东西低。最高点在井田北部的陈家坡附近，海拔为 1 334.10 m；最低点位于井田西南角乌兰木伦河谷，海拔 1 057.50 m。相对高差 276.6 m，一般海拔为 1 120～1 280 m。

区内大部属风沙堆积地貌，沙丘、沙垄和沙坪交错分布，植被稀少。东西两部沟壑纵横，切割强烈，沟深 40～60 m，沟谷两侧基岩裸露。柠条梁以东为冲沟发育的黄土梁峁地貌。西界乌兰木伦河平坦宽阔，宽约 0.5～1.1 km，由冲积砂、风积砂组成，属沟流侵蚀地貌。

5.2.1.4 地表水系

井田区内河流为井田西界的乌兰木伦河及东界的悖牛川。以井田中部柠条梁为分水岭,母河沟、王渠沟、双沟等次级沟流均向西流入乌兰木伦河;七概沟、活朱太沟、三不拉沟则向东注入悖牛川。

乌兰木伦河发源于内蒙古东胜西南都巴定沟,由西北向东南流经大柳塔井田西缘;悖牛川发源于内蒙古准格尔旗新庙以北,由北至南流经大柳塔井田东南缘。二者均属窟野河的一级支流(在神木市店塔北汇合)。每年冬末(3 月)和雨季(7—9 月)为丰水期,尤以 7、8 月份雨量集中,往往出现山洪,而冬季和春夏之交(5—6 月)则为枯水期。

5.2.1.5 气象与地震

本区气候特点是冬季严寒,夏季枯热,春季多风,秋季凉爽,冷热多变,昼夜温差大,风沙频繁,干旱少雨,蒸发强烈,降雨集中。全年无霜期较短,10 月初上冻,次年 3 月解冻。

5.2.2 地质采矿条件

5.2.2.1 井田地层

井田大部为第四系松散沉积物所覆盖,仅在乌兰木伦河、悖牛川河沿岸及其各大支沟中有基岩出露。据钻探揭露及地质填图资料,井田地层由老到新有:三叠系上统永坪组(T_3y);侏罗系下统富县组(J_1f);侏罗系中、下统延安组($J_{1\text{-}2}y$);侏罗系中统直罗组(J_2z);第四系下更新统三门组($Q_{p1}s$);第四系中更新统离石组($Q_{p2}l$);第四系上更新统萨拉乌苏组($Q_{p3}s$)及第四系全新统(Q_{h4})。

5.2.2.2 井田构造

井田地层产状平缓,总体表现为走向 NW-SE,倾向 SW 的单斜层,倾角 1°±且多小于 1°(最大 1.5°)。在井田的东部发育有 5 条 NWW-SEE 走向的高角度正断层,无岩浆岩侵入。

(1) 缓波状起伏

各煤层底板等高线平面展布有鼻状、箕状、穹窿和盘形,波状起伏大小不一。

(2) 断层

① 蛮兔塔断层(F_1)。该断层在沙界沟南出露,走向 N70°W,倾向 200°,倾角约 72°,落差 75 m 左右。

② 三不拉沟北侧断层(F_2)。该断层自井田东南浅 3 孔以北 650 m 处进入本井田,长度约 11 km。总体走向 N67°W±,倾向约 203°,倾角 70°~80°,最大断距 30 m,该断层属查明断层。

③ 三不拉沟南侧断层(F_3)。该断层走向 N60°W,倾向 30°,倾角 70°,落差 25 m。

④ 前石畔断层(F_6)。该断层在本井田内延展长度约为 6.8 km。倾向 207°±,倾角 75°±,断层落差最大 20 m,该断层基本查明。

⑤ 李家村正断层(F_7)。该断层延伸长度约为 8.6 km。倾向 205°±,倾角 75°±。断层落差约 14 m±。该断层基本查明。

5.2.2.3 可采煤层

井田内延安组分为 5 段,各含一个煤组,共含煤 20 余层。其中 2^{-2} 及 5^{-2} 煤全区可采,为主要可采煤层;$1_{上}^{-2}$、1^{-2}、3^{-2}、4^{-2}、4^{-3} 及 5^{-2} 等 6 层煤层局部可采,为次要可采煤层。

(1) $1_{上}^{-2}$ 煤层

该煤层是 1^{-2} 煤层分岔后的上分层,分布于井田西部,可采区主要位于哈拉沟至王渠沟之间,其可采面积约为 11.5 km²,煤厚 0.12～6.76 m,平均煤厚为 1.35 m,变异系数为 1.04,可采概率为 0.50。少数夹 1～2 层夹矸,个别钻孔揭示 3 层夹矸,厚 0.14～0.57 m,$1_{上}^{-2}$ 煤层的厚度变化较大,结构简单至复杂,对比具多解性,其可采面积仅为 11.5 km²,故属不稳定型。

(2) 1^{-2} 煤层

分布于井田西部,可采区主要位于哈拉沟至双沟之间。西南部复合区以厚煤层为主,可采面积为 4.1 km²。分岔线东北的分岔区大部不可采,可采区以薄～中厚煤为主,可采面积为 6.3 km²。复合区煤厚 2.55～8.71 m,平均煤厚为6.45 m,变异系数为 0.19,可采概率为 0.99。该区内一般夹两层夹矸,层位稳定,1^{-2} 煤层在复合区内以厚煤层为主,且变化极小,规律性明显,结构简单至较简单,可采面积达4.1 km²,应属较稳定型地段。分岔区煤厚 0.12～3.91 m,平均煤厚为 0.81 m,变异系数为 0.85,可采概率为 0.38。不含矸或仅含一层矸,矸厚0.03～0.41 m,分岔区内煤层变化规律性明显、结构简单,可采面积达 6.3 km²,但煤厚变化大,并再度分岔,以薄煤为主,可采边界线不规则,故应属不稳定地段。

(3) 2^{-2} 煤层

该煤层基本全区分布,以厚煤为主,富煤区位于井田北部,最厚 7.07 m,全区可采面积达 73.1 km²,煤厚 2.97～7.07 m,平均煤厚为 4.37 m,变异系数为 0.18。2^{-2} 煤层以厚煤为主,变化很小,且规律性明显,结构简单至较简单,全区可采,故为稳定煤层。

(4) 3^{-2}煤层

该煤层基本遍布全区,可采区位于井田西北部一个扇形区域内。可采面积为 28 km^2,煤厚 0.80～2.67 m,平均煤厚为 1.55 m,变异系数为 0.36。局部夹1～2 层夹矸,3^{-2}煤以薄～中厚煤为主,厚度变化规律性极为明显,结构简单至较简单,可采面积为 28 km^2,故定为较稳定煤层。

(5) 4^{-2}煤层

该煤层全区均有分布,其中可采区分为东南部三不拉区,西南部双沟区及西北部哈拉沟区三部分,均为薄煤。可采面积达 45.6 km^2,该煤层变化很小,结构简单,但可采区均为薄煤层,且可采区分为三部分,可采概率低,属不稳定～较稳定型煤层。

(6) 4^{-3}煤层

该煤层全区大部都有分布,其可采区分西南、东北两区,其中东北区面积很小,约为 4 km^2,西南区可采面积较大,为 18.0 km^2。虽然该煤层变化小,结构简单,但可采区均为薄煤层,面积小,可采概率小,故定之为不稳定～较稳定型煤层。

(7) 5^{-2}煤层

该煤层全井田均有分布,且均可采,面积达 126.8 km^2。煤厚 1.37～7.75 m,平均煤厚为 5.60 m,变异系数为 0.25,可采概率为 0.99。部分点在下部有 1～2 层夹矸,少数有 3 层夹矸,个别点有 4 层夹矸。5^{-2}煤层以厚煤层为主,厚度变化小,规律明显,结构简单至较简单,全区可采,故属稳定型煤层。

5.2.2.4 顶底板情况及采煤方法

观测站区域内 5^{-2}煤层老顶为厚 5.2～28.3 m 的粉砂岩,灰色,含完整植物化石,波状层理。直接顶为厚 0～1.85 m 的粉砂岩,灰色,含植物化石,波状层理,泥质胶结。伪顶为厚 0～0.25 m 的泥岩,灰色、灰褐色,水平层理发育。直接底为厚 0.76～5.60 m 的粉砂岩,灰色,泥质胶结,水平层理发育,局部有泥岩、细砂岩薄层发育。在伪顶区、层滑带及构造发育区域顶板稳定性差,易冒落。煤层顶底板局部发育泥岩,遇水有一定泥化现象。

采煤方法为走向长壁式采煤法,顶板管理采用全部垮落法。

5.2.3 研究区地表下沉盆地分析

内蒙古自治区煤田地质局勘测队于 2011—2013 年对神东煤炭集团大柳塔矿采矿引起的地表移动与变形进行观测与研究,观测线、测点布置及工作面开采情况详见图 5.16,走向观测线设计埋设点位 Z1～Z71 共 71 个点,并在 52304 刀把式工作面最窄工作面上方增加一条观测线(Z72～Z82),倾向方向观测线点位Q1～Q34,距52304-2开切眼方向平移501 m。三条观测线总长度为2 451 m,共埋设116个工作测点,6个控制点。主要包括两个半条走向观测线:观测点Z1～Z71,测线长度为1 400 m,测点平均间距20 m;观测线Z72～Z82,测线长度为200 m,测点平均间距20 m;倾向观测线Q1～Q34,测线长度为849 m,测点平均间距25 m。

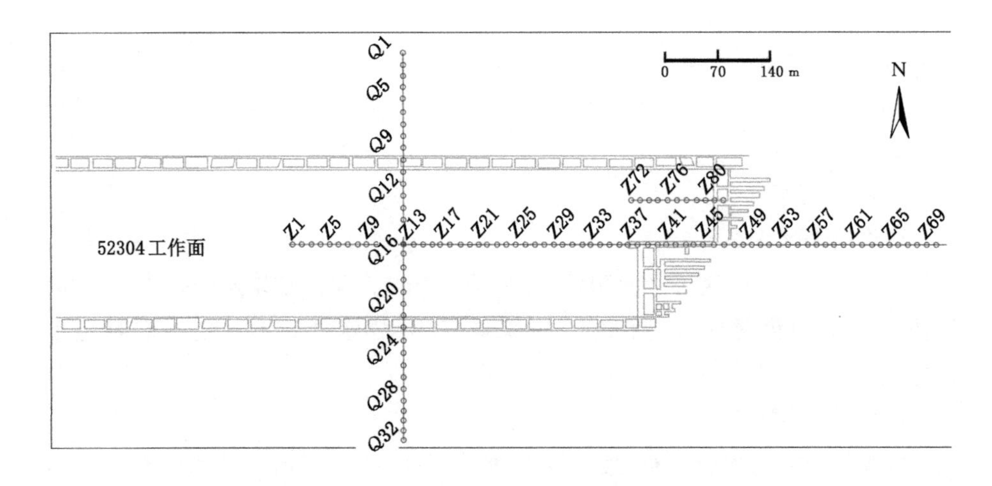

图5.16 52304采煤工作面沉陷观测点布置图

根据内蒙古自治区煤田地质局的观测结果,结合上述大柳塔矿井的具体开采方式、顶板管理方式及地质情况,按照《煤矿测量规程》及5.1节中理论可知,通常在采空区的长度和宽度均超过$1.4H_0$(H_0为平均开采深度)时,地表可达到充分采动,研究区52304、52305采煤工作面开采深度约为200 m,开采高度约为7 m,采空区长约3 000 m,宽约300 m,因此研究区各采煤工作面开采都达到了充分采动,地表沉降盆地为盘形盆地。盘底部位地表下沉量大,最大达3.959 m(图5.18),但该范围内地表松散层最终基本无水平变形,而下沉盆地缘部位虽然下沉量较小,但水平变形较大,导致表层土壤受水平拉裂变形,裂缝广泛发育,原始松散层结构受扰动影响大。

煤炭开采过程中由于地下煤炭被采出,打破了地下原有的应力平衡状态,所以会产生煤层底板底鼓,煤层顶板破裂下沉,进而引发地面下沉,形成下沉盆地。下沉盆地的形态和范围因采煤工艺、煤层厚度、顶板管理方法、开采速度、上覆岩层厚度及性质、地表松散层的厚度及性质而不同。下沉盆地的范围通常大于采煤工作面的范围，但对地表扰动比较显著的部分为裂缝边界范围内区域。参考中国矿业大学(北京)胡振琪老师对该矿的野外监测数据，其裂缝角为89°～90°，因此裂缝边界基本与采空区边界一致。为了解采矿后地表松散层受采矿影响而导致的土壤含水量变化规律，主要考虑裂缝边界范围内区域，并将研究区划分为充分采动盘底区(即中性区域)、拉张区(永久裂缝区)、压缩区(裂缝相对发育区)。

(1) 盘形盆底区

由5.1节的理论可知，盘形盆底区下沉量达到最大值，且下沉稳定之后基本没有水平变形。大柳塔矿52304采煤工作面走向线方向地表沉陷观测曲线如图5.17所示。

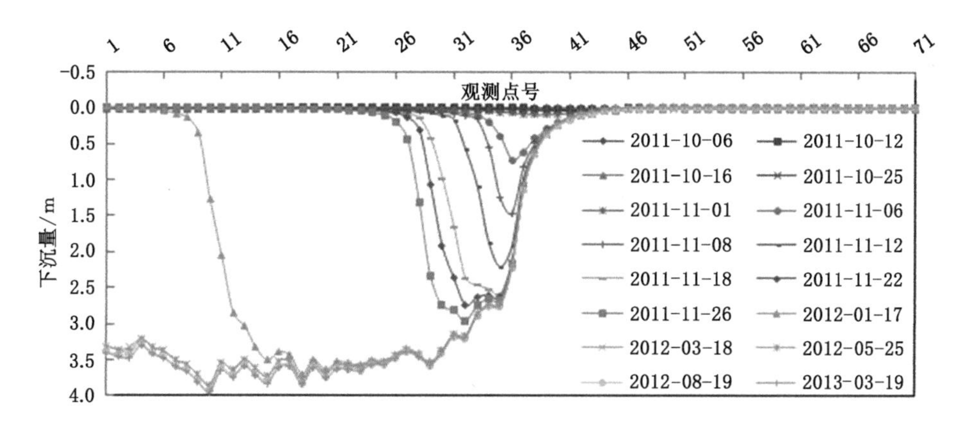

图5.17　52304采煤工作面走向线方向地表下沉曲线

由图5.18可知，该采煤工作面Z29观测点位置的下沉值为3.566 3 m，基本达到最大值，由此往小号观测点方向，最大下沉值基本稳定于该值，于该值上下轻微波动。因此，根据52304采煤工作面测点布置图，可知充分采动盘形盆底在走向方向的边界为Z29点对应的位置，距52304-1开切眼340 m。倾向方向地表下沉曲线图见图5.18，采用同样的方法确定Q16～Q20范围为充分采动盘形盆底区；其中Q16距离运输巷的距离为101.823 m，Q20距离回风巷的距离为75.944 m。在走向方向终采面附近的盘形盆地边界按开切眼侧分布规律作镜像，根据走向和倾向方向盆地范围可以求出整个采煤工作面的充分采动盘形盆地范围，如图5.19所示。52305工作面紧邻52304工作面，可以假定地质条件与52304工作面的相同，下沉盆地变形范围分区也可按此范围求得。该范围内地表点在采煤初期受拉力的作用,因此地表会产生很多龟裂型以及几乎平行于采煤工作面的裂缝,但随着采煤工作面向前推进,地表点的受力逐渐由拉张力转变为压力,因此裂缝会经历一个从产生到逐渐减小,直到闭合的周期。到整个采煤工作面全部采完之后,该部分地表点的受力会最终达到平衡状态,即既不受压也不受拉的状态。

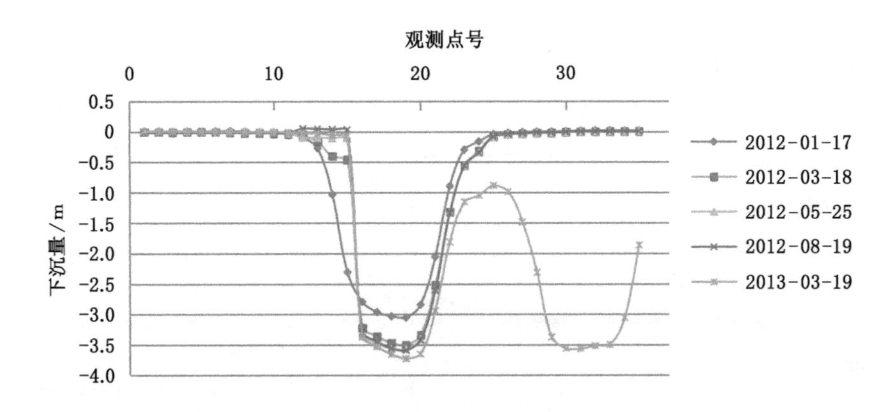

图 5.18　52304 采煤工作面倾向方向地表下沉曲线

(2) 下沉盆地压缩区

根据大柳塔矿岩移观测结果,其拐点偏移距 $S_0=37.5$ m。拐点的位置即下沉盘形盆地边缘受力状态改变点,即压缩区和拉张区的分界点。该拐点到下沉盆地盘形盆底区边界范围为下沉盆地压缩区,见图 5.19。该范围内地表土体在煤炭开采初期受拉力影响产生裂缝,但下沉盆地形成之后,土体逐渐由受拉状态变为受压状态,因此该范围内裂缝在采煤初期产生,后期受压力的作用裂缝会逐渐变小甚至闭合。

(3) 下沉盆地拉张区

根据 5.1 节有关地表移动盆地相关内容可知,下沉盆地的范围大于采空区的范围。但考虑到该研究区地下水埋深较深(大于 30 m),因此浅地表(10 m 左右)土壤含水量接受地下水的毛细水作用微弱,这个范围的土壤含水量主要受大气降水和夜间凝结水的影响,而地表裂缝的发育程度直接与水的蒸发、入渗息息相关;而且一旦相邻采煤工作面开采之后,各采煤工作面所形成的地表下沉盆地之间会互相重叠影响,因此此处只给出裂缝边界范围。

将压缩区外至裂缝区边界的范围作为拉张区(图 5.19),该范围地表土体在整个煤炭开采过程中始终处于受拉状态,因此受扰动最强烈,在地表会出现永久性、台阶状裂缝，通常深度较深，宽度较大。

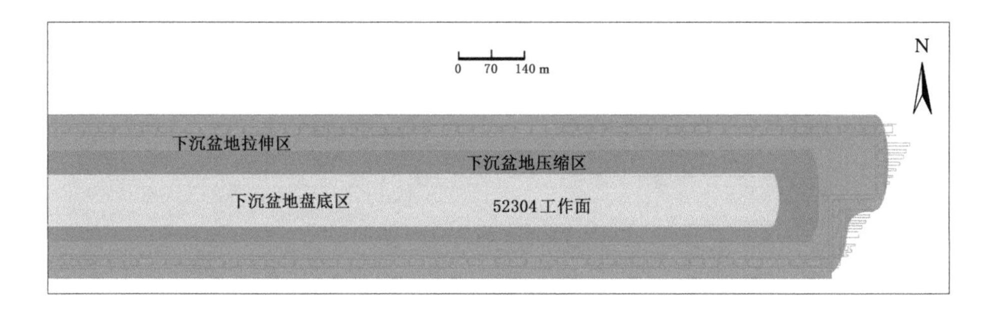

图 5.19 52304 工作面下沉盆地变形分区(靠近开切眼部分)

5.2.4 动态影响区分析

在下沉盆地走向主断面上，地表点的运动速度会由慢变快再减慢，见图 5.3，其中，由刚开始运动到速度达到最大的过程中地表点处于受拉状态，此时地表土体受扰动最强烈，之后地表点所受力的性质发生改变，由拉力转变为压力，运动速度也开始减小，原受损的土体在压力作用下自动修复，土体受扰动最强烈的范围即采煤工作面实时对应的超前影响距和最大下沉速度滞后距两者之间的地表范围。

因此，将地质雷达探测时地表土体受扰动最强烈的区域单独划分，研究动态影响区内土壤含水量和其他移动盆地变形区土壤含水量变化规律的异同。

根据大柳塔矿岩移观测报告中 52304 工作面下沉观测数据，该研究区超前影响角 ω 为 53°，最大下沉速度滞后角 φ 为 70°，研究区煤层平均埋深为 225 m，由此可以推算超前影响距为 135 m，最大下沉速度滞后距为 77 m。

第一次数据采集时 52304 工作面已经采完，52305 工作面还未开采，因此仅分析第二次和第三次数据采集时的动态影响区。

(1) 2013 年 11 月份野外探测时地表动态影响区

52305 工作面于 2013 年 9 月开始回采，到 2013 年 11 月野外地质雷达探测时(2013 年 11 月 10 日—11 日)，采煤工作面已经回采至距离开切眼 633.3～647.3 m 范围。根据大柳塔矿的超前影响距 135 m 和最大下沉速度滞后距 77 m，进而可以得出野外地质雷达探测时 52305 工作面地表土体受扰动最强烈的区域位于距离开切眼 556.3～782.3 m 对应的地表范围，参见图 5.20 动态影响区 1。

(2) 2013 年 12 月份野外探测时地表动态影响区

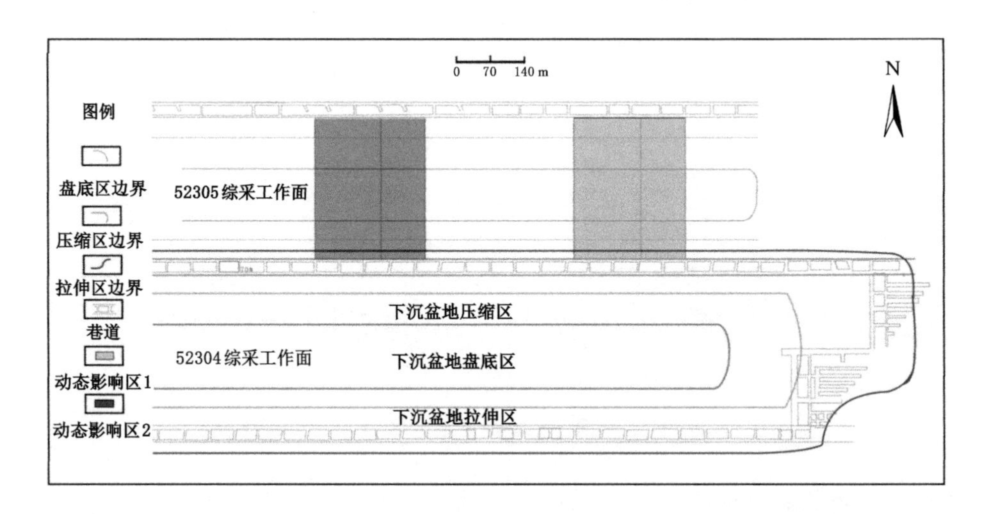

图 5.20 2013 年 11—12 月 52305 工作面地表动态影响范围及沉陷盆地图

第三次野外数据采集时间为：2013 年 12 月 27 日—28 日，52305 工作面推进至距离开切眼 1 163～1 174 m 位置，根据上述的超前影响距和最大速度滞后距，同样可以求出在本次野外地质雷达探测期间 52305 工作面地表土体受扰动程度最大区域，其动态影响区为距离开切眼 1 086～1 309 m 的地表范围，见图 5.20 动态影响区 2。

6 采煤对土壤含水量影响分析

在划分地表下沉盆地不同变形区的基础上，采用第 2 章和第 3 章地质雷达方法得到研究区土壤含水量，然后按照不同的土壤类型，对整个研究区土壤含水量受采煤影响的规律进行分析。

6.1 研究区土壤含水量空间分布

6.1.1 土壤含水量深度方向分布情况

纵观野外采集的土壤含水量数据，可以发现土壤含水量从地表向深处的变化大体呈现如下规律，即由地表向下土壤含水量先轻微减小后增大，如图 6.1 中 D8-24、D6-28 土壤含水量的变化情况。少数埋藏较浅的黏土，即地表以下几十厘米范围即开始出现黏土的情况下，土壤含水量的变化表现出另外一种规律，即从地表向下土壤含水量先增大后减小，如图 6.1 中 D4-16 土壤含水量的变化情况。

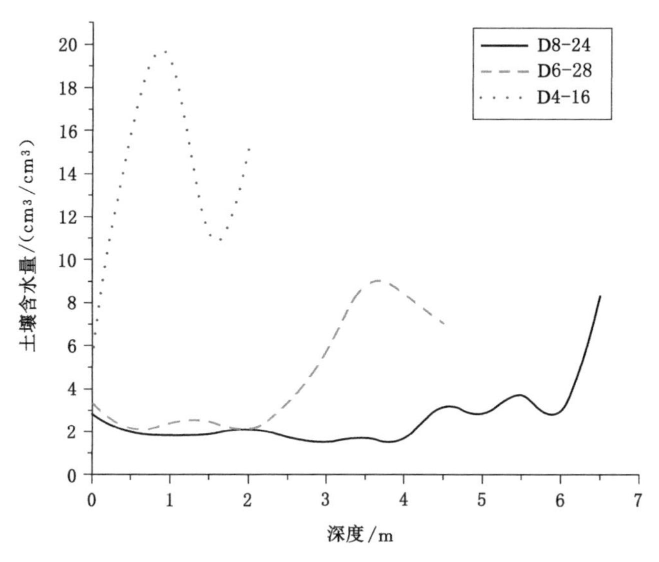

图 6.1 土壤含水量随深度变化曲线图

6.1.2 土壤含水量平面分布情况

对 52304 工作面内地质雷达测线沿线土壤含水量按测点间距 25 m 取值，并在 Suffer 软件中进行插值，得到该工作面不同深度土壤含水量分布图，见图 6.2。

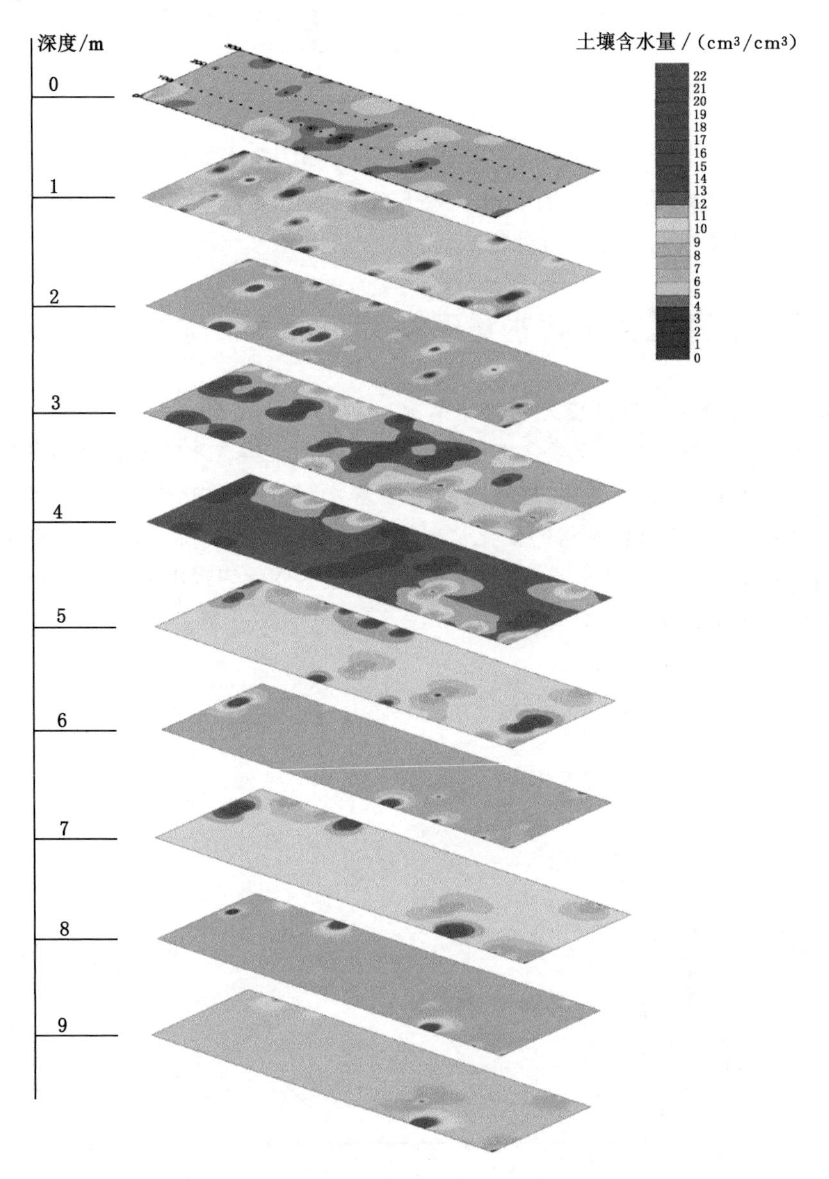

图 6.2 研究区 52304 工作面不同深度土壤含水量分布图

6.1.3 研究区地表土空间分布

6.1.3.1 研究区内地表土基本类型

总的来说,该研究区松散层的主要介质为砂、黏土、含砂黏土或砂质黏土(黄土)。该研究区内的松散砂层中粗砂、中砂、细砂均有[图 6.3(a)、(b)],但除细砂外,不管砂粒粗细,含水率差异均不大,基本都小于 10%。细砂含水率在 10%左右,但研究区内出现细砂的情况非常少,因此将粗砂、中砂、细砂作为同一种土壤类型考虑。黏土介质中有的黏性和硬度相对较大,即日常生活中所述的胶泥[图 6.3(c)],也有部分黏土黏性稍小,结构较松散,为岩石或黄土中钙结核的风化产物,在这类型黏土中还可以看到未完全风化的基岩块或灰白色钙结核[图 6.3(d)、(e)]。此外,研究区内也有局部地段存在含砂黏土(黄土)[图 6.3(f)],但一般其含水率大小与黏土的接近,为百分之十几左右。

(a) 中砂　(b) 细砂

(c) 黏土(黏性大)　(d) 黏土(黏性稍小)

(e) 钙结核　(f) 含砂黏土

图 6.3 研究区内常见松散层岩性

6.1.3.2　研究区内地表土空间分布

研究区内地表出露松散层主要为砂层，也有部分地方有黏土及包含风化半风化钙结核的黄土（含黏土砂或砂质黏土）存在，从地表向下，逐渐由砂层过渡到黏土层、基本完全风化的砂、泥岩层，但各层厚度在研究区内分布极不均匀。

土层物性的不同直接决定其含水率不同。研究区的地表土壤主要为砂、黏土、含黏土砂或砂质黏土（黄土），其中砂的含水率一般小于10%，黏土和黄土的含水率基本都大于10%。研究区取样钻孔中取出黄土的钻孔总数占全部钻孔数的比例不到10%，单独将其作为一种土壤类型不具备普遍性，而且其含水率与黏土接近。因此为了方便对比研究，更好地寻找采煤对浅部松散层介质含水率的影响，未将其单独作为一种土壤类型，而是将其与黏土合并为同一种土壤类型，故将研究区地下介质分为砂和黏土两种类型进行分析，基本上表层为砂，砂之下为黏土，研究区黏土与砂层界面深度分布图参见图6.4，该界面代表了表层砂土层厚度变化情况，由图可以看出，研究区表层砂土层的厚度不均匀，厚度最薄为0.5 m，最厚不到9 m。

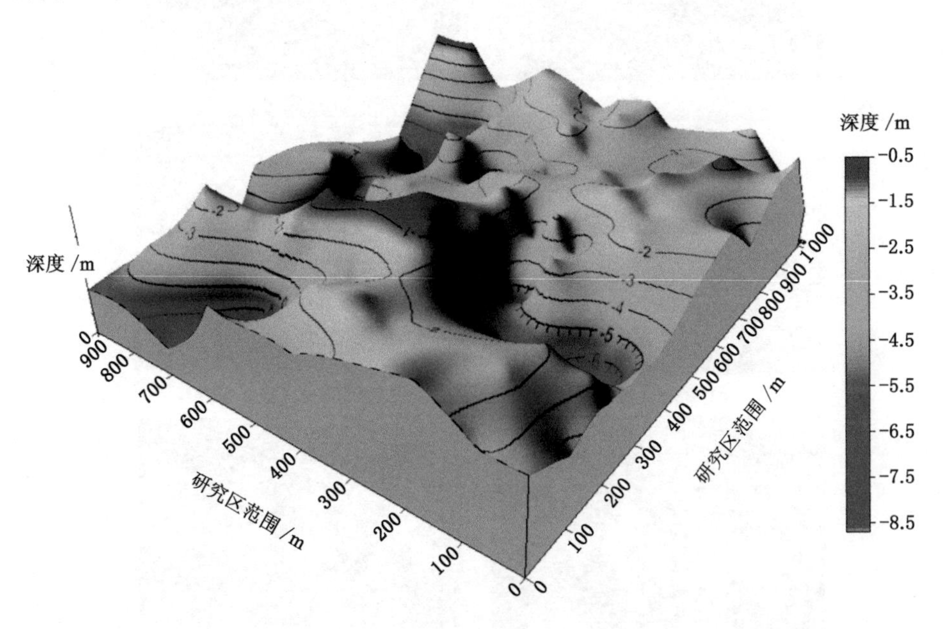

图6.4　研究区内砂土层界面深度分布图

6.2 研究区测点与下沉盆地不同变形区关系分析

在几次野外探测时间段内，大柳塔矿地质雷达研究区 52304 工作面已经采完，形成充分采动下沉盆地，52305 工作面从未开采到处于开采过程中，52306 工作面一直处于未开采的状态。

6.2.1 地表移动盆地和动态影响区分析

6.2.1.1 地表移动盆地特征

地表的移动和变形与地下煤炭开采活动密切相关，如开采的速度、开采高度、采煤工作面推进位置等，这些因素决定了地表点的具体运动规律和下沉盆地的形态特征。

神东矿区大柳塔矿 5^{-2}煤层高度为 7 m 左右，采用走向长臂式工作面布置方式，综掘机开采，一次采全高，工作面顶板控制采用垮落方式，开采速度约为 10 m/d。综采开采条件下，煤层开采高度大、推进速度快，地表下沉盆地陡峭、变形分布集中，地表最大下沉速度大且集中。这主要是由于工作面快速推进，煤层上覆各岩层下沉速度均加快，相对悬空的时间减少，使得移动变形集中。另外，综采采高大，造成垮落带、导水裂缝带增高，弯曲下沉带相对变低，也使移动变形相对集中。因此地表移动变形非常活跃，从地表开始下沉到达到最大下沉值的时间短，地表移动初始期较短，约为 21 d，活跃期相对较长，约为 128 d，其中剧烈活动期（下沉速度大于 12 mm/d）持续时间约为 66 d，地表下沉速度较大，野外实测岩移观测资料显示最大下沉速度为 236 mm/d，而衰减期约为 162 d，地表移动持续总时间约为 311 d。地表点下沉量大，走向观测线上最大下沉值达 3.959 m，总体上下沉盆地底部下沉量大，采区边界附近下沉量迅速减小，下沉盆地异常陡峭，下沉盆地边界收敛快。通过现场调查发现，工作面开切眼位置、运输巷及回风巷两侧下沉盆地边缘出现比较固定的裂缝，裂缝方向与采空区边界方向基本一致，裂缝宽度一般较大，并在裂缝处出现台阶（图 6.5）。研究区下沉盆地范围及下沉盆地不同变形区的具体划分见 5.2.3 小节的相关内容。就单个采煤工作面而言，地表变形剧烈活动期后会呈现出如图 5.9 所示的充分采动下沉盆地特征，但在开采过程中还会表现出实时的动态变化特征。

6.2.1.2 动态影响区地表松散土体运动特征

在采煤工作面上方地表土体受扰动最强烈的范围为采煤工作面实时对应的超前影响距和最大下沉速度滞后距两者之间的地表范围。

该范围内下沉盆地走向主断面上地表点的运动速度会由慢变快再减慢，见图 5.3。地表点由刚开始运动到速度达到最大的过程中，运动方向与采煤工作面

(a) 动态影响区内地表裂缝

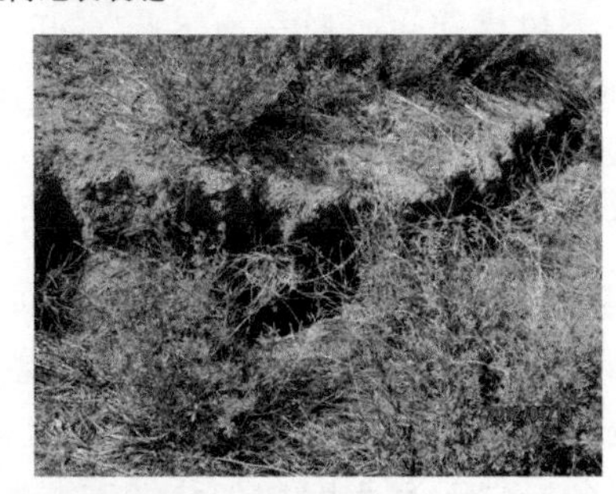

(b) 下沉盆地边缘附近地表裂缝

(c) 巷道附近地表裂缝

图 6.5 工作面地表裂缝照片

推进方向相反，地表点处于受拉状态，此时地表土体受扰动最强烈，龟裂型地面裂缝广布；之后地表点改变运动方向，运动速度也开始减慢，地表点所受力的性质发生改变，由拉力转变为压力，原受损的土体在压力作用下自动修复，裂缝逐渐闭合消失。

6.2.2 移动盆地地表裂缝特征

受地形地貌的影响，地表裂缝不是对称出现的。当煤层采空后应力平衡被打破，由于斜面受力的不均匀性，斜坡地带比平坦地带更易产生地表裂缝，且产生的地表裂缝规模大，上下盘的错位更加明显。矿区地表裂缝形成的主要诱发因素是开采方式和矿体赋存条件，地下煤层开采形成采空区是地面塌陷和地表裂缝形成的主要原因。图 6.5 为矿区地表裂缝照片，其中动态影响区内产生的地表裂缝[图 6.5(a)]分布面积广，呈弧线形与直线形相间分布，裂缝宽度＜10 cm；下沉盆地边缘附近地表裂缝比动态影响区内地表裂缝更宽更深，且主要为张开裂缝，一般裂缝宽度大于 15 cm，同时伴随有非常明显的台阶下沉[图 6.5(b)]；巷道附近地表裂缝宽而浅，裂缝中土质较为疏松，与动态影响区的有明显区别[图 6.5(c)]。

6.2.3 研究区测点与采煤扰动区关系分析

将各次野外工作时下沉盆地以及动态影响区分布范围与研究区地质雷达测线测点图叠加，分析测点与采煤扰动区间关系，见图 6.6。

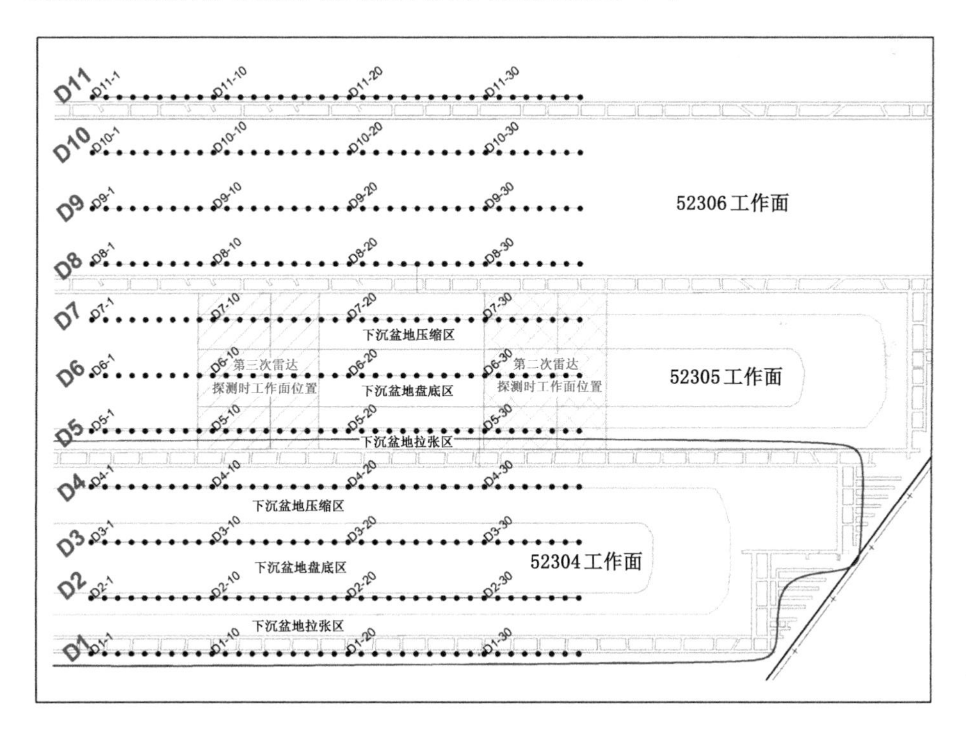

图 6.6 测点与采煤扰动区间关系图

6.2.3.1 第一次数据采集时研究区测点与地表变形分区间关系

地质雷达第一次采集时间为 2013 年 8 月 25 日—27 日。52304 工作面已经于 2013 年 3 月 31 日采完，根据该研究区地表移动规律，可知雷达采集时间段内该采煤工作面内地表点处于移动衰减期，下沉盆地处于基本稳定期，盆地形态及分区见图5.20。52305、52306工作面还未开采，未受煤炭开采影响。

将地质雷达测线与第一次数据采集时下沉盆地对应范围叠加对比分析，可知地质雷达研究区中测线D1、D2、D3、D4、D5处于52304工作面的下沉盆地影响范围内，其中D1、D4测线处于下沉盆地拉张区，该区域存在不能闭合的永久性裂缝；D3测线处于下沉盆地盘形盆底区，即中性区；D2测线处于下沉盆地边缘的压缩区，地表土体先经历下沉拉力扰动出现裂缝，之后又在压力作用下逐渐压密；D5测线位于下沉盆地外边缘，由于土体为刚性，在盆地边缘土体下沉拉力的作用及采煤工作面巷道支撑力的共同作用下该范围内地表土体会发生翘起，高程相对于未受扰动前有所增加，将其称为盆边翘起区。D6、D7、D8、D9、D10、D11测线未受地下5^{-2}煤层开采的影响，地质雷达测线、测点与下沉盆地的具体关系参见表6.1。

表6.1　2013年8月25日—27日时间段内地质雷达测点与下沉盆地关系

<table>
<tr><th>扰动区</th><th>测点号</th><th>未扰动区</th><th>测点号</th></tr>
<tr><td>盆边翘起区</td><td>D5-1～D5-37</td><td rowspan="4">研究区下沉盆地外范围</td><td rowspan="4">D6-1～D6-37，D7-1～D7-37，D8-1～D8-37，D9-1～D9-37，D10-1～D10-37，D11-1～D11-37</td></tr>
<tr><td>拉张区</td><td>D1-1～D1-37，D4-1～D4-37</td></tr>
<tr><td>盘底区</td><td>D3-1～D3-37</td></tr>
<tr><td>压缩区</td><td>D2-1～D2-37</td></tr>
</table>

此处将巷道之外至下沉盆地边缘范围单独列出，虽然此范围内地表点也处于拉张状态，且受盆地中心下沉拉力以及巷道煤柱支撑力的影响，该范围内部分地表高程还会发生临时性增加，但随着相邻采煤工作面开采活动的进行，这部分范围地表点随即会发生下沉，此时该范围属于相邻采煤工作面的拉张区。因此这部分范围的变形只为相邻采煤工作面未开采时该采煤工作面下沉盆地边缘的瞬时状态。

6.2.3.2　第二次、第三次数据采集期间研究区测点与地表变形分区间关系

（1）下沉盆地不同变形区与测点间关系

第二次、第三次数据采集时间分别为2013年11月10日—11日、2013年12月27日—28日，对比此时研究区下沉盆地变形分区图与雷达测线布置图，可以得出两次数据采集时研究区内测点与5^{-2}煤层开采对地面扰动区域间关系，见表6.2、表6.3。第二次、第三次数据采集时，52304工作面下沉盆地与测点间的关系与第一次数据采集时间的基本相同，52305工作面正在开采且采煤工作面位于研究区域下方。因此，第二次数据采集时，D5、D6、D7测线上1～29号测点以及D8、D9、D10、D11测线未受采煤影响，D5、D6、D7测线上30～37号测点

正受采煤影响；第三次数据采集时，D8、D9、D10、D11 测线所在地表仍未受 52305 工作面采煤影响，D5、D6、D7 这 3 条测线上 1～8 号测点未受采煤影响，9～17 号测点正受采煤影响，18～37 号测点范围已经形成相对稳定的下沉盆地。

表 6.2 2013 年 11 月 10 日—11 日时间段内地质雷达测点与下沉盆地关系

<table>
<tr><th>扰动区</th><th>测点号</th><th>未扰动区</th><th>测点号</th></tr>
<tr><td>盆边翘起区</td><td>D5-1～D5-29</td><td rowspan="5">研究区下沉盆地外区域</td><td rowspan="5">D8-1～D8-37，
D9-1～D9-37，
D10-1～D10-37，
D11-1～D11-37，
D6-1～D6-29，
D7-1～D7-29</td></tr>
<tr><td>拉张区</td><td>D1-1～D1-37，D4-1～D4-37</td></tr>
<tr><td>压缩区</td><td>D2-1～D2-37</td></tr>
<tr><td>盘底区</td><td>D3-1～D3-37</td></tr>
<tr><td>动态影响区</td><td>D5-30～D5-37，D6-30～D6-37，
D7-30～D7-37</td></tr>
</table>

表 6.3 2013 年 12 月 27 日—28 日时间段内地质雷达测点与下沉盆地关系

<table>
<tr><th>扰动区</th><th>测点号</th><th>未扰动区</th><th>测点号</th></tr>
<tr><td>盆边翘起区</td><td>D5-1～D5-8</td><td rowspan="5">研究区下沉盆地外区域</td><td rowspan="5">D8-1～D8-37，
D9-1～D9-37，
D10-1～D10-37，
D11-1～D11-37，
D6-1～D6-8，
D7-1～D7-8</td></tr>
<tr><td>拉张区</td><td>D1-1～D1-37，D4-1～D4-37，
D5-18～D5-37</td></tr>
<tr><td>压缩区</td><td>D2-1～D2-37，D7-18～D7-37</td></tr>
<tr><td>盘底区</td><td>D3-1～D3-37，D6-18～D6-37</td></tr>
<tr><td>动态影响区</td><td>D5-9～D5-17，D6-9～D6-17，
D7-9～D7-17</td></tr>
</table>

(2) 动态影响区范围与测点关系

将第二次、第三次数据采集时对应的动态影响区范围分别与雷达测线图叠加对比分析，可以得出两次不同采集时间测点与动态影响区的关系，如表 6.4、表 6.5 所示。

表 6.4 2013 年 11 月 10 日—11 日位于 52305 工作面动态影响区范围内的测点

变形分区	测点号		
动态影响区	D5-30，D5-31， D5-32，D5-33， D5-34，D5-35， D5-36，D5-37	D6-30，D6-31， D6-32，D6-33， D6-34，D6-35， D6-36，D6-37	D7-34，D7-35， D7-36，D7-37， D7-30，D7-31， D7-32，D7-33

表 6.5　2013 年 12 月 27 日—28 日时间段内位于 52305 工作面动态影响区范围内的测点

变形分区	测点号		
动态影响区	D5-9,D5-10,D5-11,D5-12,D5-13,D5-14,D5-15,D5-16,D5-17	D6-9,D6-10,D6-11,6-12,D6-13,D6-14,D6-15,D6-16,D6-17	D7-9,D7-10,D7-11,D7-12,D7-13,D7-14,D7-15,D7-16,D7-17

6.3　土壤含水量受采煤影响规律研究

众所周知,浅地表包气带松散层土壤含水量主要接受大气降水、地下潜水水位面毛细作用以及夜间空气中水蒸气的冷凝结晶作用形成的结晶水的补给,而通过蒸发作用、供给植物生长用水失去部分水。其中大气降水对松散层土壤含水量的影响不仅与降雨量的大小、强度、持续时间有关,而且与表层松散介质物性、结构以及地表地形、植被覆盖程度等有关。

单独确定上述各因素对土壤含水量的贡献是极其困难的。为了在众多复杂因素影响下找出采煤对包气带土壤含水量的影响,首先将未受采煤扰动的区域作为背景,将其与下沉盆地土壤含水量的变化规律做比较,对不同探测时间下沉盆地不同变形区土壤含水量变化规律进行分析,寻找煤炭开采前、开采中、开采后不同时期浅地表土壤含水量变化的规律。然后,对同一时间处于下沉盆地不同变形区以及未受采煤影响区的土壤含水量进行统计分析,探究地表移动变形对土壤含水量的影响。具体做法如下:第一,在不考虑地下介质异质性及下沉盆地不同变形区的情况下,分析受采煤影响及未受煤炭开采影响的地表松散层不同深度土壤含水量的变化规律。第二,分别针对同一探测时间不同松散层介质条件下,处于未受采煤影响及下沉盆地不同变形区的土壤含水量变化情况进行分析,寻找采煤对其影响规律。第三,对煤炭开采动态影响区范围内的地表土壤含水量与未受采煤影响的地表土壤含水量及处于下沉盆地但位于动态影响范围之外的地表土壤含水量进行对比分析。针对同一采集时间的数据进行分析,可以假定降水、蒸发等影响因素的作用是相同的,这种情况下土壤含水量的变化可以认为是煤炭开采所造成的。

6.3.1　研究区潜水水位面对土壤含水量影响分析

地下潜水水位面对包气带土壤含水量而言是重要影响因素之一,但研究区周边水文孔较少,因此在野外对地质雷达研究区周边沟谷进行了地质调查,周边沟谷分布位置见图 6.7,研究区周边三条沟谷中均有泉水和地表水出露,分别分布于地质雷达研究区外围的东西两侧及南边。

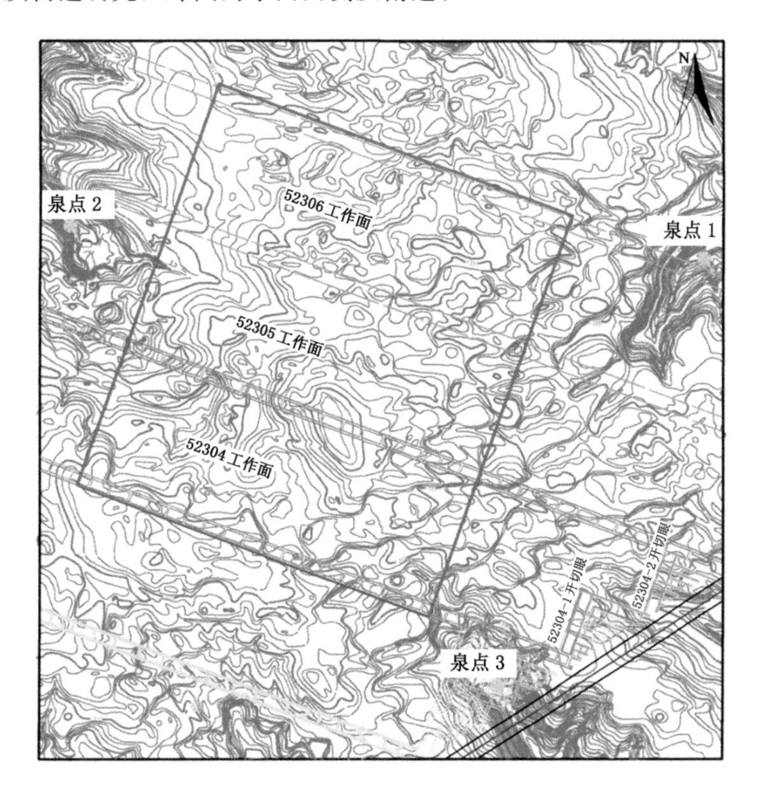

图 6.7 地质雷达研究区周边沟谷分布位置图

位于研究区东部的北泉沟沟底有泉水出露,此沟谷沿北东 40°方向延伸,西北坡杨树密集,植被覆盖好,东南坡植被较少,仅生长一些草本植物;沟西北端被砂土覆盖,沟底泉水出露,如图 6.8(a)所示,流量较小。顺沟往下约 200 m 处,谷坡有泉水出露,如图 6.8(b)所示,泉水出露高程为 1 180 m。特麻沟沟底杨树林中有地表水出露,不见水流动的痕迹,高程为 1 187 m,见图 6.8(c)、(d)。位于西边的小西沟北西向展布,沟中植被生长良好,有地表水存在,见图 6.8(e)、(f),高程为 1 170.5 m。泉水出露处上部为砂岩,下部为泥岩,泥岩、砂岩差异分化明显。整个沟谷岩石出露较好,风化严重。

通过野外实测及图形中等高线数据读取,可知地质雷达研究区的高程平均为 1 215 m,该处潜水水位面大概分布于地下 30 m 甚至更深,本次研究中地质

(a) 北泉沟沟底泉水　(b) 北泉沟山腰泉水　(c) 特麻沟
(d) 特麻沟泉水　(e) 小西沟　(f) 小西沟出露地表水

图 6.8　野外调查沟谷及出露水体照片

雷达探测的深度约为 9 m,可以认为地下水对雷达探测深度范围内土壤含水量的贡献为零,即雷达探测范围土壤含水量在该研究区不受地下水的影响。

6.3.2　研究区地形与土壤含水量相关性分析

根据以往学者的研究结果[120],地形的高低起伏会导致浅地表土壤含水量的变化。因此对研究区利用全国卫星定位系统接收机 RTK 沿测线按测点进行了高程数据的测量,8 月份数据采集时整个研究区内最高高程为 1 237.55 m,最低高程为 1 195.24 m,高程差为 42.31 m。为了研究方便将研究区内所有测点高程减去区内最低高程,求出相对高程,并进行归一化处理,将其与各测点不同深度土壤含水量作图(图 6.9),并求二者之间的相关系数,见表 6.6。从归一化高程与各测点不同深度土壤含水量关系图中可以看出,土壤含水量的变化并没有随地形的高低起伏出现相应的变化规律。

此外考虑到地形与土壤含水量的关系,即一般情况下处于坡顶位置的地形区土壤含水量低于坡底位置的,因此又将高程求倒数,选择位于下沉盆地影响区的 D3 测线及未受影响区的 D8 测线对高程倒数与相应测点不同深度土壤含水量进行相关性分析,计算结果见表 6.6。从表中可以看出,高程倒数及归一化高程与土壤含水量的相关系数大多数绝对值都小于 0.5,因此可以认为研究区内地形对浅地表土壤含水量影响不显著。因此在考虑采煤对浅地表土壤含水量影响时可以忽略地形的影响。

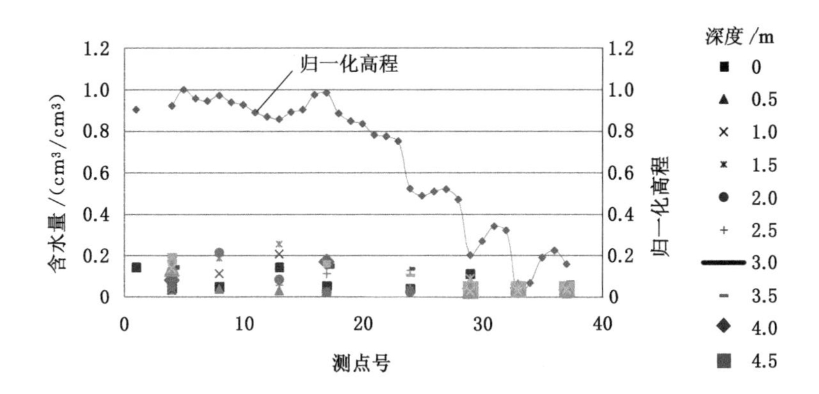

图 6.9 D3 测线归一化高程与各测点不同深度土壤含水量关系图

表 6.6 地形与土壤含水量相关系数

高程-含水量	相关系数	高程-含水量	相关系数	高程-含水量	相关系数	高程-含水量	相关系数
$D3_G-W_{0\ m}$	−0.06	$D3_D-W_{0\ m}$	0.09	$D8_G-W_{0\ m}$	−0.12	$D8_D-W_{0\ m}$	0.29
$D3_G-W_{0.5\ m}$	−0.09	$D3_D-W_{0.5\ m}$	0.16	$D8_G-W_{0.5\ m}$	−0.16	$D8_D-W_{0.5\ m}$	0.05
$D3_G-W_{1.0\ m}$	0.58	$D3_D-W_{1.0\ m}$	−0.50	$D8_G-W_{1.0\ m}$	0.11	$D8_D-W_{1.0\ m}$	0.06
$D3_G-W_{1.5\ m}$	0.28	$D3_D-W_{1.5\ m}$	−0.10	$D8_G-W_{1.5\ m}$	−0.21	$D8_D-W_{1.5\ m}$	0.07
$D3_G-W_{2.0\ m}$	0.29	$D3_D-W_{2.0\ m}$	−0.27	$D8_G-W_{2.0\ m}$	−0.25	$D8_D-W_{2.0\ m}$	0.11
$D3_G-W_{2.5\ m}$	0.28	$D3_D-W_{2.5\ m}$	−0.26	$D8_G-W_{2.5\ m}$	−0.37	$D8_D-W_{2.5\ m}$	0.14
$D3_G-W_{3.0\ m}$	0.09	$D3_D-W_{3.0\ m}$	0.03	$D8_G-W_{3.0\ m}$	0.09	$D8_D-W_{3.0\ m}$	−0.01
$D3_G-W_{3.5\ m}$	−0.06	$D3_D-W_{3.5\ m}$	0.20	$D8_G-W_{3.5\ m}$	0.09	$D8_D-W_{3.5\ m}$	0.16
$D3_G-W_{4.0\ m}$	−0.47	$D3_D-W_{4.0\ m}$	0.63	$D8_G-W_{4.0\ m}$	0.10	$D8_D-W_{4.0\ m}$	0.20

说明：下标 G 表示归一化高程；下标 D 表示高程倒数。

6.3.3 煤炭开采不同阶段土壤含水量变化规律分析

为了了解土壤含水量随采煤过程的动态变化规律，即煤炭开采前、开采中和开采后几个不同阶段土壤含水量的具体变化规律，于开采过程中不同时间段对研究区土壤含水量进行探测。在该时间段内，地表土壤含水量不仅受采煤的影响，而且还会同时受降水、蒸发以及其他因素等的影响。但降水和蒸发对土壤水分的影响本身又是在三维空间动态变化的，要想彻底地研究清楚它们对土壤含水量的影响是有一定困难的，因此在研究区选择和设计时，确定了包括 52304、52305、52306 工作面的区域。野外探测过程从 2013 年 8 月开始，于 2013 年 12 月结束，历时 4 个月。

52304 工作面在野外探测前已经采完，处于下沉稳定期，52305、52306 工作面在野外工作前还未开采，52305 工作面在野外工作期间正在开采。这样可确保研究区包括 3 种不同类型的区域：未受煤炭开采影响的区域、采煤后已经沉陷稳定的区域和正受开采影响的区域。将未受开采影响区域的土壤含水量及变化规律作为背景值，分析矿区土壤含水量在开采推进不同阶段的变化规律，寻找采煤对地表土壤含水量影响的规律。

研究过程中，首先对位于其中的地质雷达测点按砂土和黏土分类，在各测点分别从地表向下隔 0.5 m 取其土壤含水量数据，并分别计算不同深度的土壤含水量均值，在此基础上分别对下沉盆地同一变形区不同时间的探测数据进行对比分析。图 6.10 为研究区砂土在不同探测时间、不同变形区沿深度方向的土壤含水量均值差。

从图 6.10 中可以看出，浅部土壤含水量在前两次采集时间基本均大于第三次，但深部则不然。具体情况如下：① 除了第一次探测的地表土壤含水量比第二次小之外，未受采煤影响区在 0～1.0 m 以及≥4.5 m 深度范围，第一次探测的土壤含水量大于第二次和第三次的探测结果，且第二次探测的结果也大于第三次的探测结果，0～1 m 深度后两次探测的土壤含水量减小 0.004～0.018 cm^3/cm^3，≥4.5 m 深度后两次探测的土壤含水量减小 0.005～0.039 cm^3/cm^3。在深度 1.5～4.0 m，前两次探测结果均小于第三次的探测结果，土壤含水量增大 0.003～0.035 cm^3/cm^3。② 拉张区三次探测时间土壤含水量的变化规律为前两次探测时间浅部和深部土壤含水量较大，中部的则较小，但浅部土壤含水量减小到含水量变大的深度与未受采煤影响区相比要深。拉张区 5～8 m 的深度范围，第一次探测的土壤含水量与第二次探测的结果相同，但第一次探测的土壤含水量小于第三次探测的结果，第二次探测的土壤含水量也小于第三次探测的结果，土壤含水量变化范围为 0.003～0.021 cm^3/cm^3，但在浅于这个深度范围以及大于这个深度时，土壤含水量的变化刚好相反，后两次探测含水量减小约 0～0.025 cm^3/cm^3。③ 压缩区第一次探测和第二次相比，≤3 m 深度土壤含水量变化规律不明显，在 3.0～5.5 m、8.0～9.0 m 深度范围，第一次探测的土壤含水量小于第二次探测的结果，6.0～7.5 m 深度范围第一次探测的土壤含水量大于第二次探测的结果。第一次探测和第三次相比，0～3.5 m 及 6.0～7.5 m 深度范围第一次探测的土壤含水量大于第三次探测的结果，4.0～5.5 m、8.0～8.5 m 深度范围第一次探测的土壤含水量小于第三次探测的结果，但浅部 3 m 深度第一次探测的土壤含水量反而比第二次、第三次探测的结果小。第二次探测和第三次相比，呈现浅部 0～4.0 m 和深部 7.5～8.5 m 深度范围第二次探测的土壤含水量较大，中部 4.5～7.0 m 第二次探测的土壤含水量较小(但浅部 0.5 m 和中部 5.0 m 各有一个例外)。④ 随着时间的推

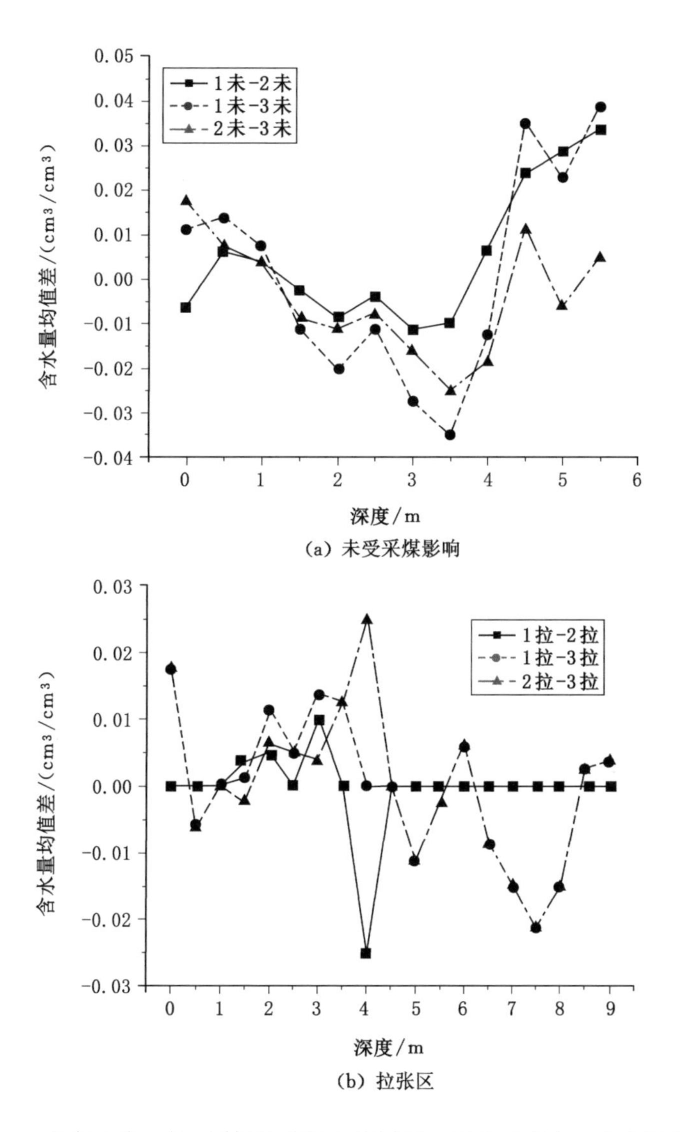

(a) 未受采煤影响

(b) 拉张区

图 6.10 研究区砂土在不同探测时间、不同变形区沿深度方向的含水量均值差

(说明:1未、2未、3未分别表示第一次、第二次、第三次探测时未受采煤影响区的土壤含水量均值;1拉、2拉、3拉分别表示第一次、第二次、第三次探测时处于下沉盆地拉张区的土壤含水量均值;1压、2压、3压分别表示第一次、第二次、第三次探测时处于下沉盆地压缩区的土壤含水量均值;1翘、2翘、3翘分别表示第一次、第二次、第三次探测时处于下沉盆地盆边翘起区的土壤含水量均值;1盘底、2盘底、3盘底分别表示第一次、第二次、第三次探测时处于下沉盆地盘形盆底区的土壤含水量均值;1未—2未表示第一次探测与第二次探测的未受采煤影响区土壤含水量均值差,其余类似。)

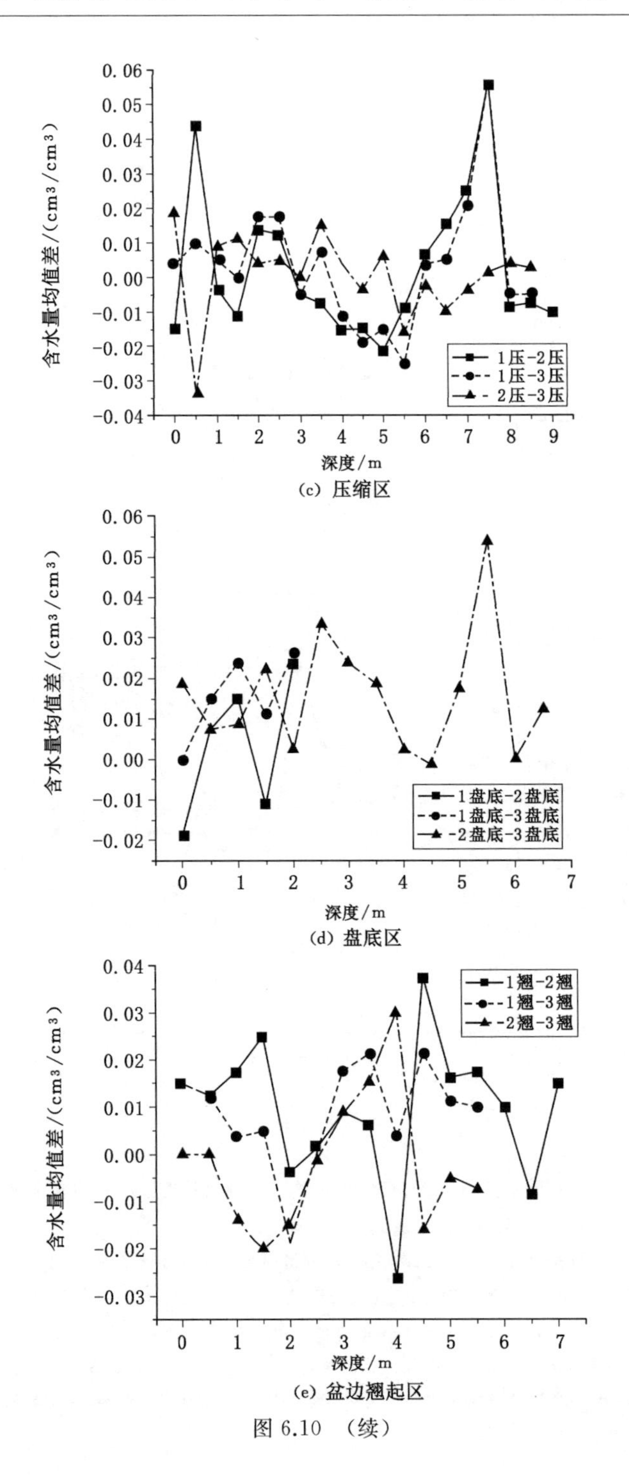

(c) 压缩区

(d) 盘底区

(e) 盆边翘起区

图 6.10 (续)

移,盘形盆底区除 0 m 和 1.5 m 深度第一次探测的土壤含水量比第二次探测的小,其余基本是逐渐减小的。⑤ 盆边翘起区除 2.0 m、4.0 m 和 6.5 m 深度外第一次探测时各深度土壤含水量均大于第二次和第三次探测的结果。第二次探测结果和第三次相比,第二次探测时 3～4 m 深度土壤含水量较大,其余深度均是第三次探测时土壤含水量更大。

土壤含水量总体变化规律见表 6.7,不管是未受采煤影响区,还是下沉盆地的不同变形区,在地表整个移动阶段内表层一定深度以浅土壤含水量基本呈减小的趋势,但变化量不大,小于 0.044 cm^3/cm^3。值得注意的是,表层土壤含水量减小的深度范围对于不同变形区是不一致的,未受采煤影响区小于 1.0 m,下沉盆地拉张区小于 4.5 m,压缩区小于 3.5 m,盘底区更深,大约可达 6 m。未受采煤影响区对应深度 1.5～4.0 m 土壤含水量增大的最大值为 0.035 cm^3/cm^3;压缩区对应深度 3.0～5.5 m 土壤含水量增大的最大值为 0.025 cm^3/cm^3;拉张区对应深度 5.0～8.0 m 土壤含水量增大的最大值为 0.021 cm^3/cm^3。

表 6.7 地表整个移动阶段内下沉盆地不同变形区砂介质土壤含水量变化规律

未受采煤影响区			拉张区			压缩区			盘底区		
深度/m	增减	变化幅度/(cm^3/cm^3)	深度/m	增减	变化幅度/m	深度/m	增减	变化幅度/(cm^3/cm^3)	深度/m	增减	变化幅度/(cm^3/cm^3)
<1.0	减小	<0.018	<4.5	减小	<0.025	<3.5	减小	<0.044	<6	减小	<0.026
1.5～4.0	增大	<0.035	5.0～8.0	增大	<0.021	3.0～5.5	增大	<0.025			
>4.5	减小	<0.039	>8.0	减少	<0.004	>5.5	减少	<0.056			

研究区 8 月份属于雨季,且野外采集数据的前一天晚上刚好有降雨,所以第一次采集的土壤含水量普遍大于第二次、第三次采集的土壤含水量是不难理解的。对于 11 月份采集的浅部土壤含水量大于 12 月份采集的土壤含水量,说明在干旱季节,对土壤含水量的影响主要为蒸发作用。从 8 月到 12 月的时间段,对于该研究区而言,是逐渐从雨季过渡到干旱季节的过程,因此在补给量持续减小的情况下,表层土壤含水量必然会减小。

对于整个研究区,表层一定深度以浅范围土壤含水量前面两次采集的数据基本都高于后面采集的数据,而且较未扰动区而言,其他开采下沉盆地变形区土壤含水量减小的幅度较大,中间深度土壤含水量增大幅度较小。推测表层土壤含水量减小的深度应该对应相应变形区土体受采煤影响的深度。这是因为表层土壤在未受采煤影响区及各种不同变形区受采煤扰动过程中受力以及位移不同,受采煤影响深度及程度有差异,土壤密实度不一致,受蒸发影响不同。根据表6.7不难推测，未受采煤影响区土壤受蒸发影响深度浅；拉张区土壤受蒸发影响较深；采煤对压缩区土壤的扰动深度小于对拉张区土壤的扰动深度；盘底区的土壤受采煤影响最大。

对于未受采煤影响区而言，由于土体未受采煤扰动，仍然处于自然压实状态，因此较密实，蒸发影响的深度相对于其他扰动区而言较浅，大约为1.0 m。下沉盆地拉张区长期处于受拉状态，因此土体受扰动影响深度较深，且较松散，裂缝相对发育，有永久裂缝存在，因此降雨入渗和蒸发影响的深度相对较深，该深度大约为4.5 m。

压缩区土体较未受煤影响区土体松散，但较上述的拉张区土壤而言，在后期的压力作用下会相对密实，因此降雨入渗的深度介于两者之间，约为3.5 m。对于移动盆地盘底区，虽此区域的土壤在盆地沉陷稳定后又回到原位，相当于垂直落下，但土体移动过程中垂直和水平位移最大。压缩区的土壤受扰动深度最大，所以蒸发和降雨的影响深度也最大，可达6 m。

而且较未受采煤影响区而言，扰动区深部土壤含水量增大较多，说明被扰动的松散土壤对下层土壤起到了一定的保护作用，避免蒸发影响到松散层之下的深度范围。

盆边翘起区出现的规律与其他区域的不一致，可能是因为第二次、第三次野外数据采集时，第一次采集时原本属于52304工作面盆边翘起区域受52305工作面开采的影响，不再翘起而下沉，具体情况可参见图5.18。

6.3.4 相同探测时间内下沉盆地不同变形区土壤含水量变化规律分析

在下沉盆地形成过程中，地表土体下沉过程中伴随土壤结构发生相应的变化，必然会引起土壤含水量随采煤活动的进行而发生相应的变化，但就单个采煤工作面而言，从开采到回采结束通常历时几个月到1 a不等，整个过程会经历雨季、旱季等不同的季节，因此地表点移动的整个过程中降雨量、蒸发量等的变化都会对土壤含水量的大小产生影响，而这些影响又很难通过量化的手段从总的影响中剔除，因此为了避免非采煤因素对土壤含水量变化规律的影响，特选择同一时间采集的数据，对开采扰动区和未受采煤影响区土壤含水量的变化规律，以及处于下沉盆地不同变形区的土壤含水量的变化进行分析，寻找采煤对土壤含水量变化的影响规律。

6.3.4.1 开采扰动区与未受采煤影响区土壤含水量变化规律分析

首先按地下采煤活动是否对地表产生影响，将地质雷达研究区内地表点分为两种类型，即未受5^{-2}煤层开采影响区和受5^{-2}煤层开采影响区，下沉盆地范围内土壤均会受到采煤影响，属于扰动区，下沉盆地外研究区的其他部分属于未扰动区。2013 年 8 月、11 月、12 月 3 次探测时间地质雷达测点与下沉盆地变形区对应关系见表 6.1～表 6.3。数据取样方法同 6.3.3 小节,不考虑土壤类型及下沉盆地的不同分区的情况下,分别按上述扰动区和未扰动区,对同一深度的土壤含水量数据求均值,并对 2 个区域数据做对比分析,结果见图 6.11。

从图 6.11 中可以看出,后两次探测的数据有同样规律:浅部未扰动区土壤含水量小于扰动区的,深部未扰动区土壤含水量大于扰动区的。

第一次探测时未扰动区各深度土壤含水量大于扰动区的,但 4.5 m、7.5 m 深度处不符合上述规律,扰动区的土壤含水量比未扰动区土壤含水量大,差异分别为 0.013 cm^3/cm^3、0.073 cm^3/cm^3。经过查阅野外钻孔编录资料,可知在 D4-10、D3-2 两个测点位置该深度处主要为黏土,黏土中存在含水量较大的砂,见图 6.12。

其中 D3-2 土样总体为黏土,但边缘存在一竖向裂缝,裂缝中出现含水量很大的砂土,见图 6.12(a)中黑色曲线至土样边缘部分;D4-10 土样也具备此特点,但裂缝不像前者规整,其中同样含有含水量很大的粒径不等的砂土。由此推断这两个取样点位置的土壤含水量大的原因是采煤导致地表裂缝产生,降雨之后雨水携带砂土沿裂缝向下渗透,遇到黏土,即相对隔水层的时候,水得以局部储存,该深度土壤含水量在局部范围内显著大于周围介质的含水量。

第二次探测时深度≤5.5 m 的未扰动区土壤含水量基本小于扰动区的,但变化不大,未扰动区土壤含水量较扰动区约小 0.001～0.013 cm^3/cm^3,其中 3.0～4.0 m 深度未扰动区土壤含水量大于扰动区的。深度＞5.5 m,未扰动区土壤含水量大于扰动域的,约大 0.019～0.051 cm^3/cm^3。

第三次探测时深度≤5.5 m 的未扰动区土壤含水量比扰动区约小 0.007～0.053 cm^3/cm^3,该深度以下未扰动区土壤含水量比扰动区约大 0.010～0.259 cm^3/cm^3。

对比第一次、第二次和第三次采集的数据在扰动区和未扰动区不同深度土壤含水量的变化规律,发现除了第一次之外,第二次和第三次探测存在共同的规律,大概以 5.5 m 为界,浅部未扰动区土壤含水量小于扰动区的,两者差异为 0～0.053 cm^3/cm^3,深部未扰动区土壤含水量大于扰动区的,两者差异为 0.010～0.259 cm^3/cm^3。推测采煤影响的地表土体的深度为 5.5 m,被扰动的土壤会变得松散,更易于接受降雨渗透。

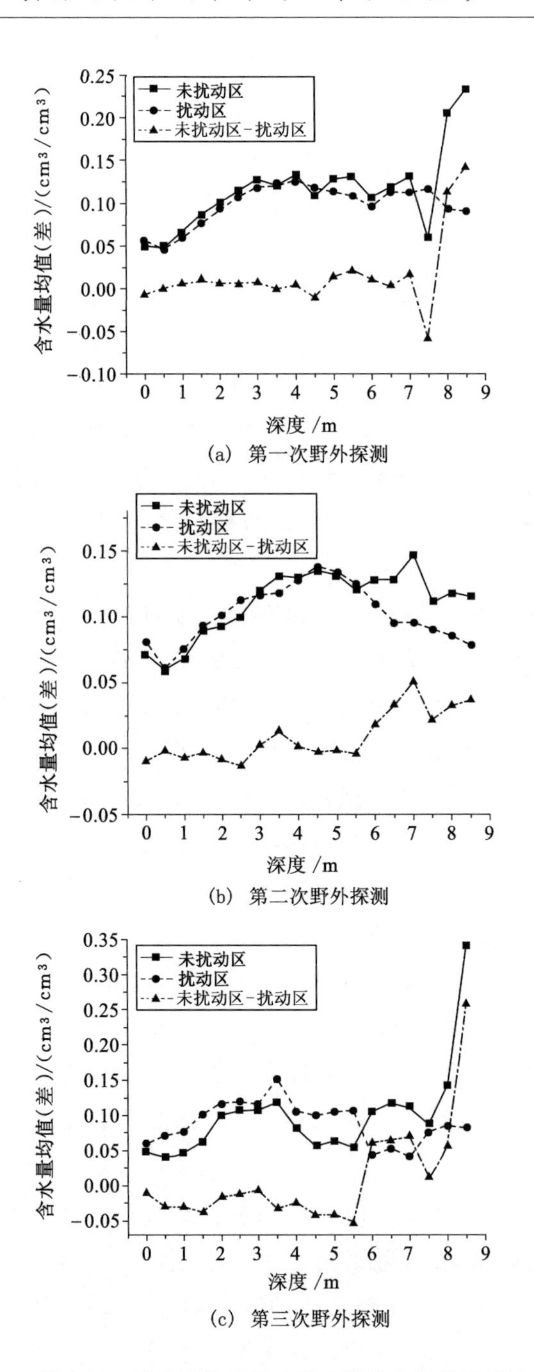

(a) 第一次野外探测

(b) 第二次野外探测

(c) 第三次野外探测

图 6.11　扰动区与未扰动区土壤含水量均值(差)

(说明:图中未扰动区−扰动区表示扰动区与未扰动区的土壤含水量均值差)

(a) D3-2　　(b) D4-10

图 6.12 D3-2、D4-10 土样野外照片

6.3.4.2 不同变形区同一介质含水量变化规律分析

由 6.1 节中土壤含水量的空间分布及 4.4 节中研究区地层结构分布状况可知，研究区浅地表主要分布砂和黏土两种介质，两种介质土壤含水量的差异约为 0.1 cm^3/cm^3，因此为了更好地研究采煤对浅地表土壤含水量的影响，分别对两种不同介质在下沉盆地不同变形区的含水量变化规律进行了研究。

(1) 砂土含水量变化规律

根据野外钻孔资料并结合 4.4 节中地质雷达解释的地层物性，挑选出物性为砂土的取样点，按 6.3.1 小节中变形分区与测点的对应关系，分别对位于未扰动区、拉张区、压缩区、盘底区和盆边翘起区内各取样点同一深度砂土含水量求其均值和标准差，并求未扰动区砂土含水量均值与下沉盆地不同变形区砂土含水量均值之差，见图 6.13。

① 未扰动区与下沉盆地不同变形区砂土含水量变化规律。由图 6.13 可知，除盘形盆底区浅部砂土含水量大于未扰动区外，未扰动区砂土含水量基本在各个深度上都大于下沉盆地不同变形区砂土含水量。第一次探测时 1.5～3.5 m 深度范围(除压缩区外)，扰动区的砂土含水量普遍大于未扰动区的砂土含水量，约大 0～0.040 cm^3/cm^3；在这个深度范围内压缩区与未扰动区砂土含水量相比较，变化规律不明显。第二次探测时深度≤3.5 m 以及 5.0～5.5 m 盘形盆底区砂土含水量大于未扰动区的，约大 0～0.046 cm^3/cm^3，其余深度范围基本都是未扰动区砂土含水量较大，虽然存在个别异常点，但异常点砂土含水量变化量小于 0.019 cm^3/cm^3。第三次探测时未扰动区砂土含水量普遍大于扰动区的，虽然局部深度存在异常，但异常点砂土含水量变化量小于 0.014 cm^3/cm^3。

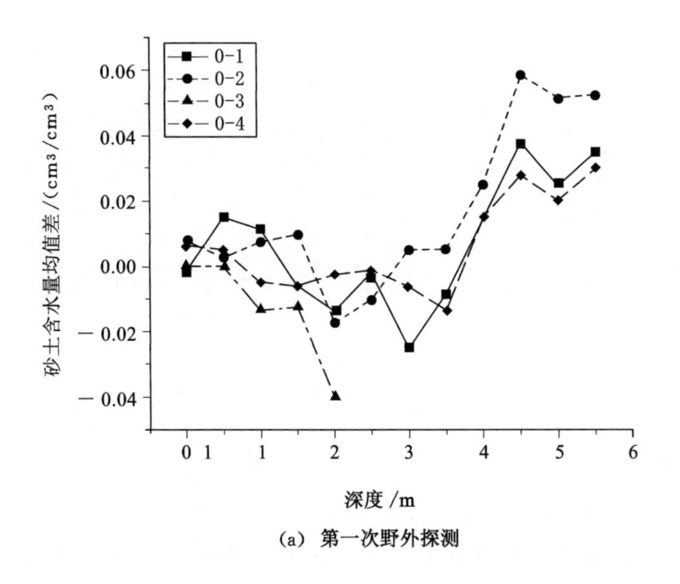

(a) 第一次野外探测

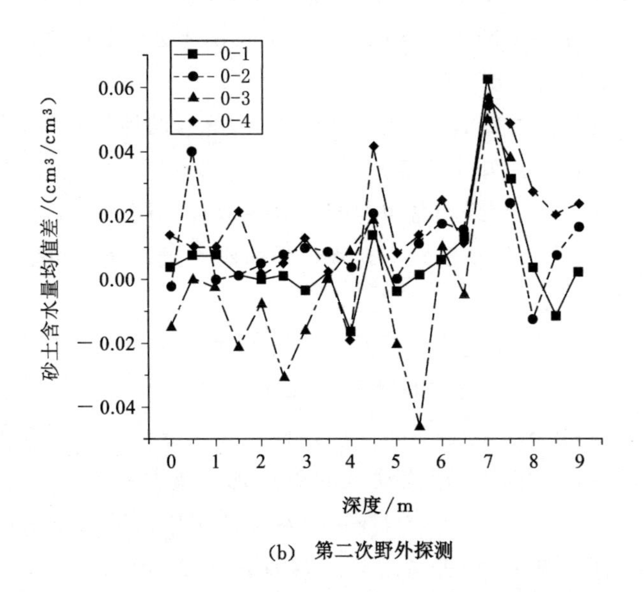

(b) 第二次野外探测

图 6.13 未扰动区与下沉盆地不同变形区砂土含水量均值差

（说明:图中未扰动区用 0 表示,拉张区用 1 表示,压缩区用 2 表示,盘形盆底区用 3 表示,盆边翘起区用 4 表示,其中 0－3 表示未扰动区与盘形盆底区砂土含水量均值差）

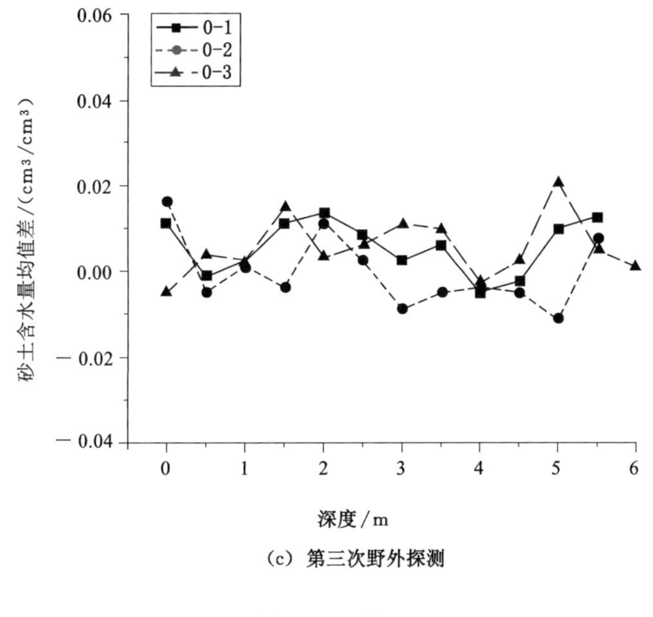

(c) 第三次野外探测

图 6.13 (续)

由图 6.13 砂土含水量变化规律可知:a. 盘形盆底区砂土较未扰动区的松散,因此更有利于降雨入渗。推测在研究区砂层中降雨入渗的最大影响深度可达 5.5 m。b. 5.5 m 以浅未扰动区有部分深度砂土含水量大于扰动区的,这也反映了降雨在地下介质中的入渗是不均匀的。c. 在降雨和蒸发的影响深度以下未扰动区的砂土含水量大于扰动区的。

② 下沉盆地不同变形区砂土含水量变化规律分析。对下沉盆地不同变形区内各深度砂土含水量均值进行比较,得到下沉盆地不同变形区砂土含水量均值差,如图 6-14 所示。

对比图 6.14 中三次野外探测采集数据可知,下沉盆地盘形盆底区砂土含水量基本大于拉张区、压缩区、盆边翘起区的,虽然有个别数据点存在异常,但异常点的砂土含水量变化量小于 0.011 cm^3/cm^3;第一次探测和第二次探测时拉张区和压缩区相比较变化规律相似,中间深度范围(第一次探测时 3.0~6.0 m、第二次探测时 1.5~6.5 m)拉张区的砂土含水量大于压缩区的,其余深度范围基本是拉张区的砂土含水量较小。第三次探测时拉张区各深度砂土含水量基本都大于压缩区的,虽然其中有部分深度存在异常,但异常点砂土含水量变化量小于0.005 cm^3/cm^3。因为下沉盆地形成后,盘底区地形上相对于其

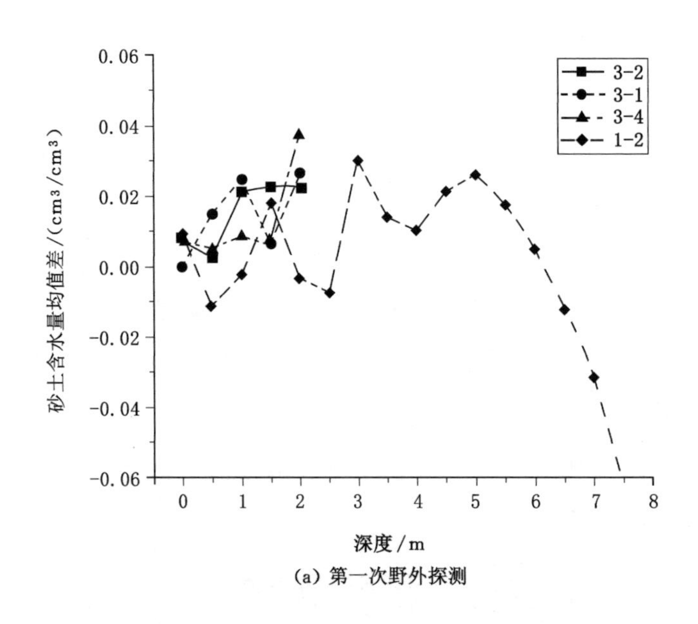

(a) 第一次野外探测

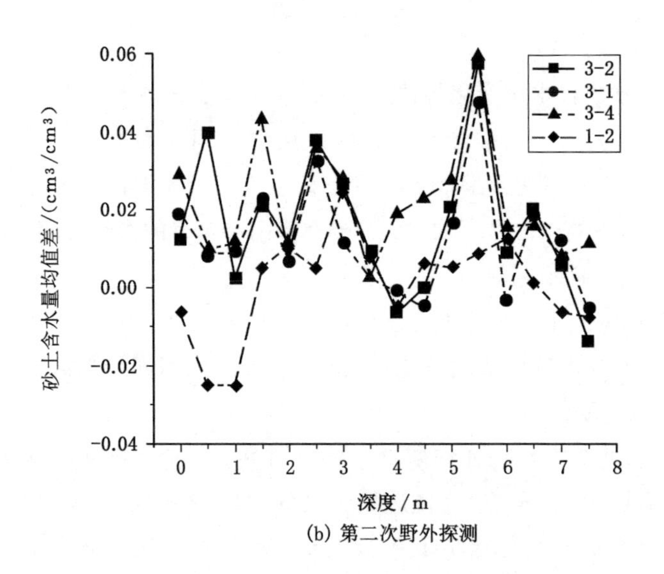

(b) 第二次野外探测

图 6.14　下沉盆地不同变形区砂土含水量均值差

（说明:图中拉张区用 1 表示,压缩区用 2 表示,盘形盆底区用 3 表示,盆边翘起区用 4 表示,其中 3－1 表示盘形盆底区与拉张区砂土含水量均值差）

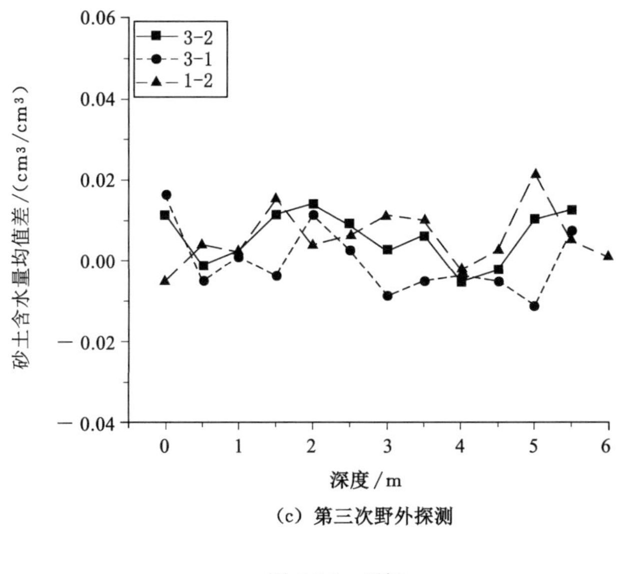

(c) 第三次野外探测

图 6.14 （续）

他部位较低，而拉张区及压缩区均处于盆地边缘的位置，地形上相对较陡，因此盘形盆底区更有利于雨水的汇集。压缩区地势最为陡峭，不容易接受降雨渗透，而拉张区裂缝广布，雨水容易渗入。拉张区浅部砂土含水量小，可能是因为在下沉盆地稳定后拉张区地表仍存在裂隙，增大了土壤蒸发的面积。但地形上压缩区较拉张区要陡峭，不利于雨水入渗，因此，拉张区深部砂土含水量较大。

(2) 黏土含水量变化规律

由图 6.4 可以看出，研究区内砂层虽然不是全区都有分布，但从统计学的角度来看，研究区内砂层从地表向下雷达整个探测深度范围基本都有分布。而地下黏土介质分布深度则不一致，研究区内大部分区域地表缺失，只有第一测线 D1 测点附近地表有黏土，其余区域黏土都只出现于地下某个深度，会导致某个深度缺乏黏土，因此只对黏土存在的深度做比较。

首先将未扰动区各深度黏土含水量与下沉盆地不同变形区黏土含水量对比，见图 6.15。由图可知，第一次、第二次采集的数据存在以下规律：未扰动区在 2.0 m 以浅范围黏土含水量基本都小于下沉盆地其他变形区的，未扰动区含水量约小 0～0.054 cm^3/cm^3；但在 2.5～3.5 m 深度未扰动区的黏土含水量基本大于扰动区的，未扰动区黏土含水量约大 0.008～0.098 cm^3/cm^3，该深度以下未扰动区的黏土含水量基本小于扰动区的，未扰动区含水量约小 0～

0.115 cm³/cm³。第三次数据采集时间，未扰动区和压缩区整个深度范围的规律正好与第一次、第二次的规律相反，拉张区和盘底区黏土含水量基本在各深度都大于未扰动区的。

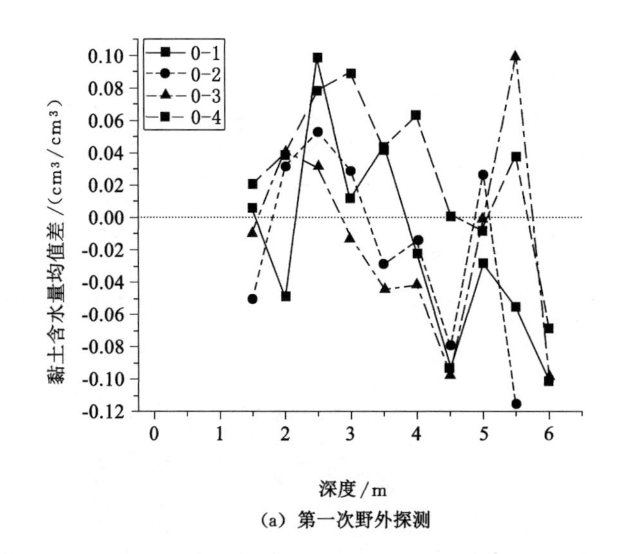

(a) 第一次野外探测

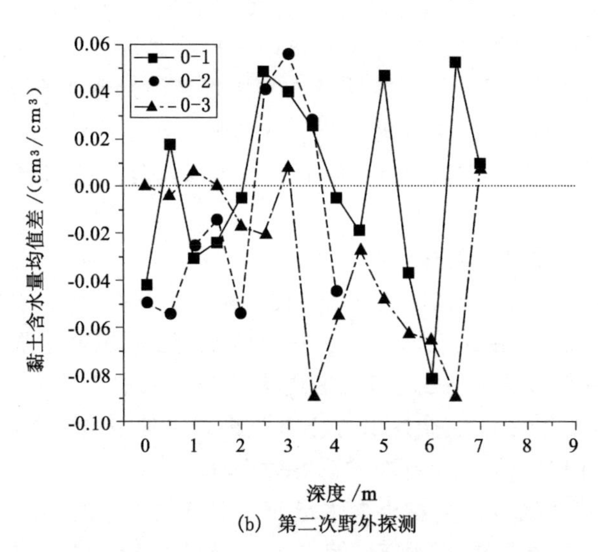

(b) 第二次野外探测

图 6.15　未扰动区与下沉盆地不同变形区黏土含水量比较

(说明:图中未扰动区用 0 表示,拉张区用 1 表示,压缩区用 2 表示,盘形盆底区用 3 表示,盆边翘起区用 4 表示,其中 0—3 表示未扰动区与盘形盆底区黏土含水量均值差)

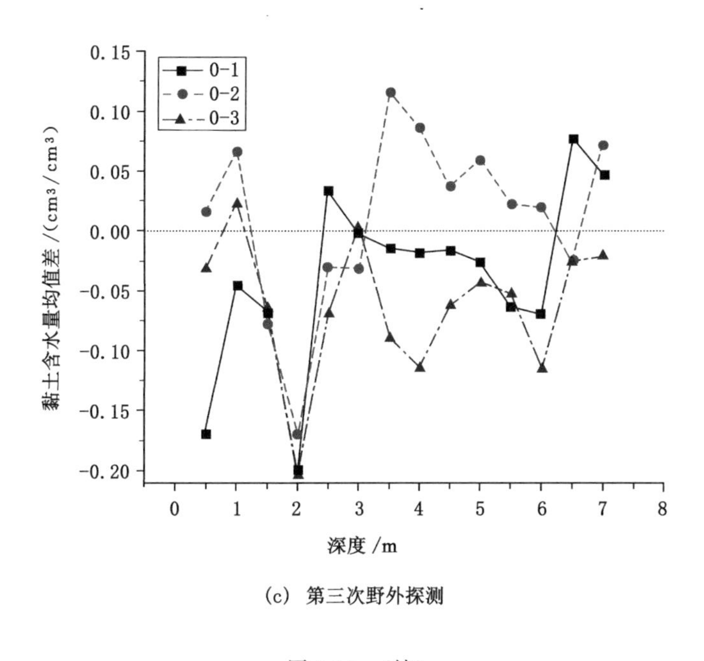

(c) 第三次野外探测

图 6.15 (续)

3.5～6.0 m 深度范围未扰动区的黏土含水量基本较小，可能是因为与砂土相比较，黏土本身是很好的隔水层，所以一旦出现黏土，降雨后较短时间内，降雨入渗影响的范围相对较浅，主要在黏土层浅部，而该研究区松散层基本不会受地下潜水毛细作用的影响，因此黏土含水量在较密实的未扰动区深部较小。6.0 m 深度以下不同变形区黏土含水量数据规律不再显著，主要是因为在研究区内黏土的埋深和本身的厚度有差异，而且因为黏土相对较致密，虽有部分黏土由基岩风化而成，较松散，但下部半风化岩石较硬，黏土下层取芯不易，导致在雷达反演含水量时缺乏标定数据，因此准确性稍差。且黏土各深度含水量差异较大，一个主要的原因是黏土下层大多分布有黏土风化母岩，凡是洛阳铲能取起土样的测点，都带回土样在室内进行了含水量分析，而这部分土样与黏土样比较，会存在含水量差异大的情况。

与砂土含水量变化规律相比，首先变化规律不同，砂土各深度的含水量基本都是未扰动区大于扰动区，但两者差别不大，不超过 0.063 cm^3/cm^3；总体上看未扰动区黏土含水量相对较小，但第一次和第二次探测时个别深度范围以及第三次探测时未扰动区和压缩区相比有例外。

将下沉盆地不同变形区黏土含水量做对比，见图 6.16。

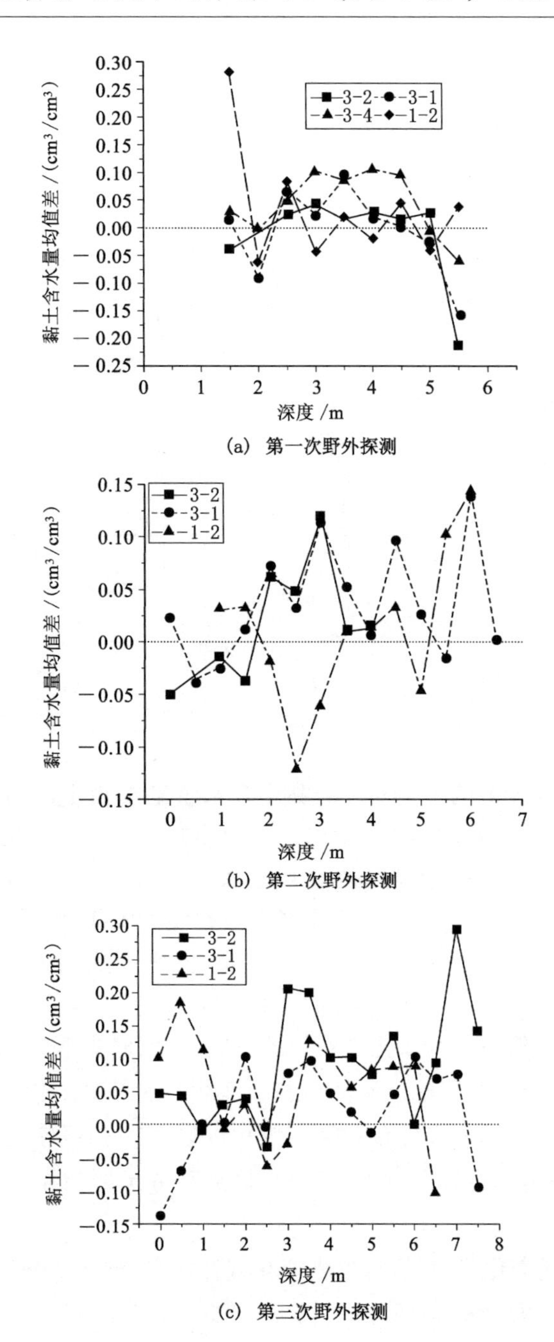

(a) 第一次野外探测

(b) 第二次野外探测

(c) 第三次野外探测

图 6.16 下沉盆地不同变形区黏土含水量均值差

（说明：图中拉张区用 1 表示，压缩区用 2 表示，盘形盆底区用 3 表示，盆边翘起区用 4 表示，其中 3－1 表示盘形盆底区与拉张区黏土含水量均值差）

由图6.16可知，盘形盆底区黏土含水量基本都大于其他变形区的(除了≤2 m的深度以及>5.5 m深度有一些例外)，大0～0.294 cm³/cm³。拉张区、压缩区相比较，基本表现出中间深度拉张区黏土含水量小，浅部和深部拉张区黏土含水量大，但第一次探测时拉张区和压缩区相比较规律不明显。

这与采煤造成下沉盆地边缘拉张区、压缩区裂缝广泛分布，大气降雨易于入渗是相吻合的，而盘形盆底区在达到稳定沉陷后期，地表土体在压力作用下逐渐压密实，与沉陷盆地边缘相比较，黏土土体较密实，不利于降雨入渗。但在2 m深度以下范围，盘形盆底区的黏土含水量大于盆边缘变形区的，也从另外一个角度说明，地表土体较密实，虽然不易于降雨的入渗，但雨水一旦渗透下去，却有利于土壤水的保持，对蒸发作用的抑制效果明显。

这说明黏土和砂两种介质受采煤扰动影响不一致，因此在受采煤沉陷扰动的过程中，砂土基本上相当于农民耕地一样，浅层被抖松，有利于降雨入渗，同时也使蒸发量增大。对于同一地区而言，若降雨量相同，蒸发量增大，必然会导致受采煤影响区砂土含水量减小；而黏土分布区域则在地表下沉过程中局部产生裂缝，但整体的结构并不发生大的变化。虽然裂缝的存在会使蒸发量增大，且蒸发量有限，但此类型裂缝一般都有一定的埋深，同时裂缝本身又是降雨入渗的优先通道，因此受扰动区浅层的土壤含水量并不小于未受扰动区的；加之黏土本身具有良好的隔水性能，从而导致大约在2.0～5.0 m的深度范围内未扰动区及盘形盆底区黏土的含水量大于扰动区的。这也从另外一个角度说明黏土的蒸发影响深度与砂层相比较浅，2.0 m以浅会受蒸发影响；砂层受蒸发影响的深度较大，大概为5.5 m。

6.3.5 煤炭开采动态影响区范围土壤含水量变化规律分析

根据6.2节中所述的煤炭开采过程中动态影响区范围的分布，对位于其中的测点在深度方向每0.5 m取样，求各深度土壤含水量均值，然后与未扰动区及下沉盆地其他变形区土壤含水量进行对比。因动态影响区范围较小，考虑到黏土分布的不均一性，不一定能有足够的数据供分析，因此不考虑松散层介质差异对52305工作面未扰动区、动态影响区内地质雷达各测点位置土壤含水量的均值进行计算，结果见图6.17和图6.18。

从图6.17中可以看出，3.0 m以浅深度范围内，动态影响区土壤含水量稍大于未扰动区的，含水量差异范围为0.01～0.014 cm³/cm³。但在该深度以下，未扰动区的土壤含水量要大于动态影响区的，含水量差异大约为0.001～0.051 cm³/cm³。虽然有部分深度范围未扰动区土壤含水量较动态影响区的小，但变化量不大，小于0.004 cm³/cm³。

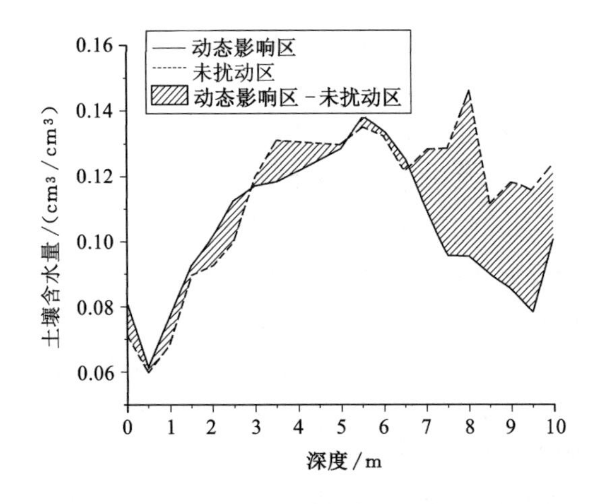

图 6.17　2013 年 11 月 52305 工作面动态影响区与未扰动区土壤含水量对比

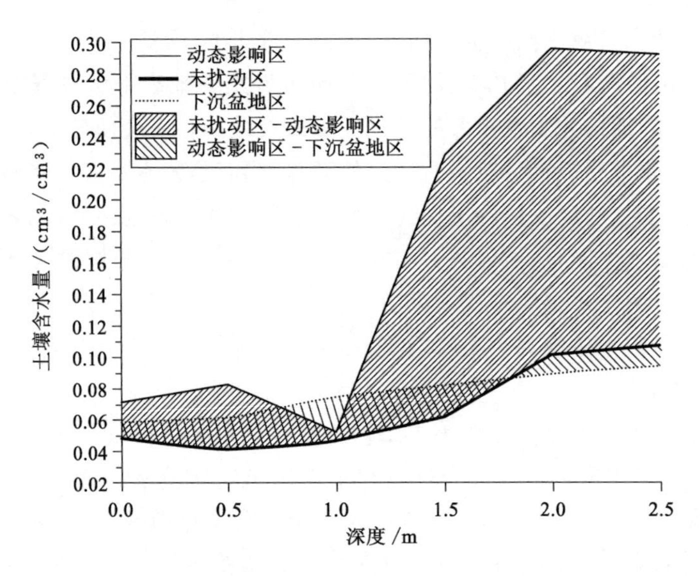

图 6.18　2013 年 12 月 52305 工作面动态影响区与研究区下沉盆地区土壤含水量对比

此外，从图 6.18 中可以看出，52305 工作面在 12 月份探测时，2.5 m 以内动态影响区的土壤含水量大于未扰动区的；动态影响区土壤含水量与下沉盆地土壤含水量相比较大，但 1 m 深度有例外。

6.3.6　采煤扰动区土壤含水量与倾斜变形关系

从上述分析不难得知，下沉盆地不同变形区的土壤含水量的变化规律不同。对于砂土而言，未扰动区土壤含水量在各深度方向都大于扰动区的土壤含水量，盘形盆底区土壤含水量大于拉张区和压缩区的。但对于黏土而言，未扰动区和盘形盆底区较拉张区和压缩区而言浅部含水量较小，但深部含水量较大。

为了探索地表变形与土壤含水量之间的关系，首先根据采煤沉陷观测资料拟合出倾向方向下沉曲线，见图 6.19，下沉曲线拟合公式见式(6.1)：

$$y_1 = 0.037 + \frac{-23.07}{5.4\sqrt{\pi/2}} \times e^{-2\left(\frac{x_1-17.95}{5.4}\right)^2} \tag{6.1}$$

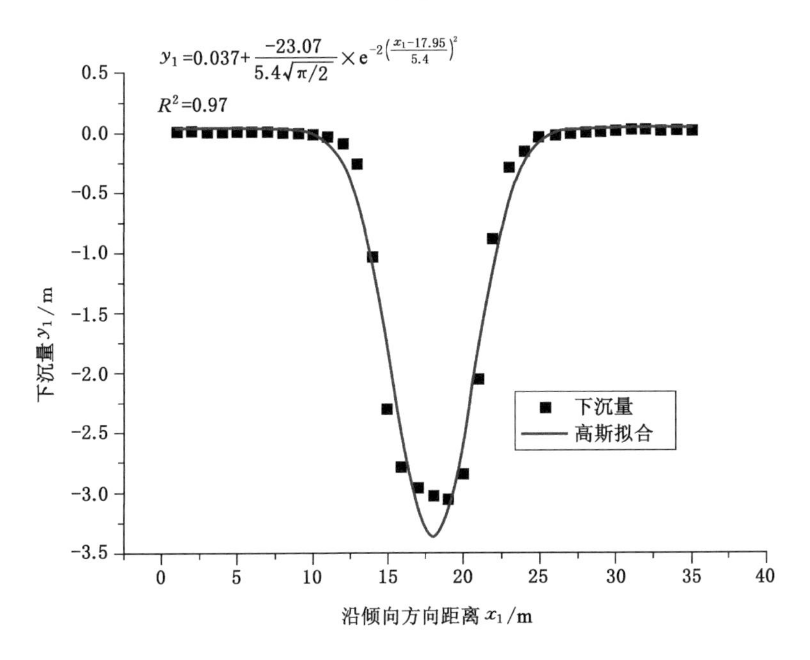

图 6.19 倾向方向拟合下沉曲线

化简后得：

$$y_1 = 0.037 - 2.72 \times e^{2\left(\frac{17.95-x_1}{5.4}\right)^2} \tag{6.2}$$

式中，y_1 表示下沉量，x_1 表示沿倾向方向距离，二者之间相关系数 $R^2=0.97$。

鉴于黏土在研究区没有砂土分布广泛，且深度分布不均匀，单独研究黏土在不同深度含水量不具有普遍性。因此首先将野外探测数据中沿下沉盆地倾向方向介质为砂土的测点选出，对每个测点探测深度范围砂土含水量求均值，然后对上述公式求一阶倒数，研究倾斜变形值与砂土含水量之间关系，如图 6.20 所示。

由图 6.20 可以看出，当倾斜变形值＞241 时，砂土含水量 y_2 与倾斜变形呈三次多项式的关系：

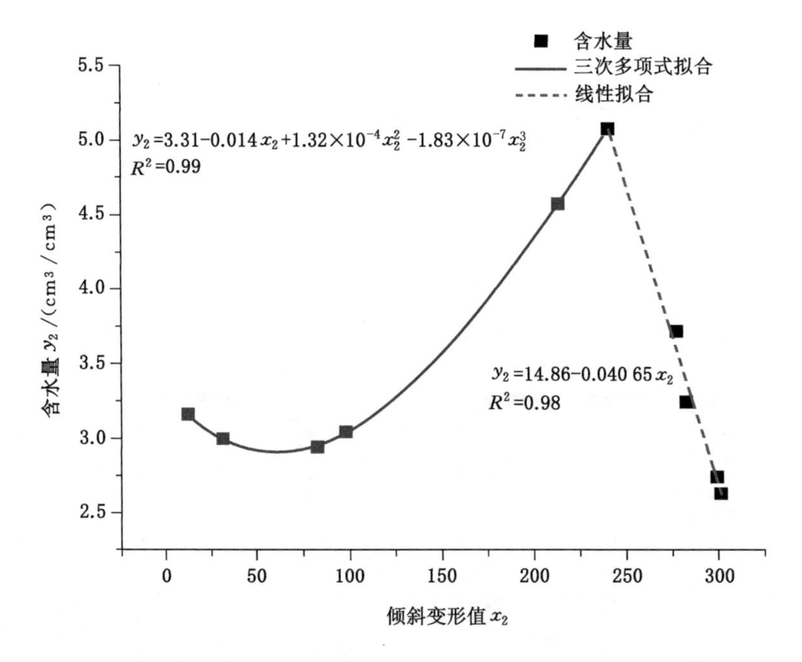

图 6.20　倾斜变形值与砂土含水量关系

$$y_2 = 3.31 - 0.014x_2 + 1.32 \times 10^{-4} x_2^2 - 1.83 \times 10^{-7} x_2^3 \tag{6.3}$$

二者相关系数 $R^2 = 0.99$。

当倾斜变形值>241 时，砂土含水量 y_2 与倾斜变形值 x_2 呈直线关系：

$$y_2 = 14.86 - 0.040\ 65x_2 \tag{6.4}$$

二者相关系数 $R^2 = 0.98$，此时随着倾斜变形值的增大，砂土含水量呈直线形下降。

总体来看，倾斜变形值较小和较大时，土壤含水量均比较小，但倾斜变形值在 213～277 时，砂土含水量较大。对比变形盆地分区及测点布置图可知，倾斜变形值为 82 的区域对应盘底区，倾斜变形值为 120～213 的区域对应拉张区，倾斜变形值大于 241 的区域对应压缩区。由此可知，压缩区砂土含水量随倾斜变形值的增大呈直线形下降，盘底区和拉张区砂土含水量的变化与倾斜变形值的关系符合式(6.3)中三次多项式的关系。

7 结论与展望

7.1 结论

针对西部干旱半干旱区采煤对浅地表生态环境的影响，采用地质雷达探测方法，探测了研究区浅部地层结构空间分布情况，利用 AEA 方法和 ARMA 方法分别反演了地质雷达有效探测深度范围内的土壤含水量。在分析研究区地表移动规律的基础上对下沉盆地不同变形区进行了划分，采用统计学方法分析和比较了不同变形区、不同土壤介质在采煤影响下土壤含水量的变化规律，得出了如下结论。

① 采用地质雷达数据建立了第一正半周期信号振幅包络与土壤含水量之间的关系，通过反演方法得出了浅部土壤含水量及其分布。反演结果表明 AEA 方法在该研究区的有效探测深度约为 0.45 m，通过 AEA 方法反演土壤含水量与实测土壤含水量误差小于 0.01 cm^3/cm^3。通过 BP 神经网络结合雷达功率谱属性反演了研究区 AEA 方法探测深度以下土壤含水量与实测土壤含水量误差范围小于 0.01 cm^3/cm^3。由此可见，在满足探测精度要求的情况下，可以采用此方法实现野外大范围土壤含水量的快速探测。

② 利用地质雷达数据解释了研究区浅部松散层的空间分布。在此基础上，根据研究区下沉盆地受力情况及变形特征划分不同变形区，采用统计学方法分析了地质雷达探测深度范围(≤9 m)内土壤含水量受采煤影响的变化规律，揭示了煤炭开采对土壤含水量的影响。研究结果表明以下结论：

(a) 地表点整个运动过程中未扰动区以及下沉盆地的不同变形区浅部土壤含水量在一定深度以浅减小，该深度以下 2～3 m 深度范围各区域土壤含水量增大，但不同变形区土壤含水量变化的幅度不同，土壤含水量变化规律不同的分界点深度不同，3 m 以下深度土壤含水量又减小。

(b) 在不考虑岩性差别的情况下，同一时间段，以深度 5.5 m 为界，浅部未扰动区的土壤含水量小于扰动区的。

(c) 考虑土壤介质差异的情况下，对砂土而言，未受采煤扰动区各深度的含水量大多都高于下沉盆地不同变形区的。下沉盆地盘形盆底区的砂土含水量基本均大于拉张区、压缩区、盆边翘起区的，下沉盆地拉张区各深度的砂土含水量基本都大于压缩区的。

(d) 总体上看，未扰动区黏土含水量相对较小，但第一次和第二次探测时个别深度范围以及第三次探测时未扰动区和压缩区相比有例外。

(e) 综合砂土和黏土含水量受采煤影响的变化规律，两者区别在于：砂土各深度的含水量基本都是未扰动区的大于扰动区的，但两者差别不大，不超过 0.063 cm^3/cm^3；黏土浅部和深部未扰动区的土壤含水量较扰动区的小，且含水量变化的幅度较砂土的偏大，变化量最大可达 0.202 cm^3/cm^3。

(f) 在研究区域内，采煤动态影响区范围中 3.0 m 深度以浅范围内的土壤含水量大于未扰动区的，但 3.0 m 深度以下则是未扰动区的土壤含水量较大。

③ 给出了下沉盆地倾斜变形与砂土含水量的关系模型。由模型可知，压缩区砂土含水量随倾斜变形值增大呈直线形下降，盘底区和拉张区砂土含水量的变化与倾斜变形值的关系符合下式中三次多项式的关系。

$$\begin{cases} y_2 = 3.31 - 0.014x_2 + 1.32 \times 10^{-4} x_2^2 - 1.83 \times 10^{-7} x_2^3 & \text{倾斜变形值} \leqslant 241 \\ y_2 = 14.86 - 0.040\ 65x_2 & \text{倾斜变形值} > 241 \end{cases}$$

7.2 创新点归纳

① 采用 AEA 方法实现了利用雷达早期信号振幅包络直接反演浅部土壤含水量；利用 BP 神经网络结合功率谱属性，采用 ARMA 方法对深部土壤含水量进行计算，实现了地质雷达以共偏移距方法在野外对土壤含水量的快速探测。

② 分别对下沉盆地不同变形区各深度土壤含水量在地表点整个运动过程的变化规律，相同土壤介质条件下同一时间、不同变形区各深度土壤含水量的变化规律，动态影响区范围内各深度土壤含水量与未扰动区及下沉盆地其他变形区土壤含水量变化规律进行了分析总结，给出了上述情况下研究区采煤影响下 9 m 左右深度范围内土壤含水量的变化规律。

③ 给出了地表下沉盆地倾斜变形值与砂土含水量变化之间的关系模型及倾斜变形值与不同深度砂土含水量变化间的关系。

7.3 展望

本研究虽然取得了一些有意义的结论，但仍然有不足和需要进一步完善的地方：

① 由于土壤含水量影响因素较多，对于浅层土壤含水量随季节变化中表现出的规律还不能做出充分的解释，以后可以在地质雷达研究的同时，研究气象因素影响下土壤含水量的变化规律，以便更准确地剔除降雨、蒸发作用等因素对土壤含水量的影响，给出采煤对土壤水影响的更精确的研究成果。

② 可以先进行地表沉陷观测，然后在此基础上根据不同下沉盆地变形区布置雷达测线测点，保证不同变形区内有足够多的数据量供统计分析。

参考文献

[1] SWANSON D A,SAVCI G,DANZIGER G,et al.Predicting the soil water characteristics of mine soils[M]//CAB International. Tailings and mine waste.[S.l.:s.n.],1999:345-349.

[2] THOMAS K A,SENCINDIVER J C,SKOUSEN J G,et al.Soil horizon development on mountaintop surface mine in southern West Virginia[J]. Green lands,2000,30:41-52.

[3] 赵红梅.采矿塌陷条件下包气带土壤水分布与动态变化特征研究[D].北京:中国地质科学院,2006.

[4] 雷少刚.荒漠矿区关键环境要素的监测与采动影响规律研究[D].徐州:中国矿业大学,2009.

[5] 赵永峰.神东矿区采煤塌陷对土壤理化性质及土壤含水量的影响[C]//中国科学技术协会.提高全民科学素质、建设创新型国家:2006 中国科协年会论文集(下册).[出版地不详:出版者不详],2006:3729-3733.

[6] 赵红梅,张发旺,宋亚新,等.神府东胜矿区不同塌陷阶段土壤水分变化特征[J].南水北调与水利科技,2008,6(3):92-96.

[7] 臧荫桐,汪季,丁国栋,等.采煤沉陷后风沙土理化性质变化及其评价研究[J].土壤学报,2010,47(2):262-269.

[8] 张发旺,宋亚新,赵红梅,等.神府-东胜矿区采煤塌陷对包气带结构的影响[J].现代地质,2009,23(1):178-182.

[9] 雷少刚,卞正富.探地雷达测定土壤含水量研究综述[J].土壤通报,2008,39(5):1179-1183.

[10] GALAGEDARA L W,PARKIN G W,REDMAN J D.An analysis of the ground-penetrating radar direct ground wave method for soil water content measurement [J]. Hydrological processes, 2003, 17 (18): 3615-3628.

[11] HUISMAN J A, BOUTEN W. Mapping surface soil water content with the ground wave of ground-penetrating radar[C]//Proceedings of the Ninth International Conference on Ground Penetrating Radar, April 29-May 2, 2002, Santa Barbara, California. [S.l.: s.n.], 2002: 162-169.

[12] GROTE K, HUBBARD S, RUBIN Y. Field-scale estimation of volumetric water content using ground-penetrating radar ground wave techniques[J]. Water resources research, 2003, 39: 1321-1335.

[13] STEELMAN C M, ENDRES A L. An examination of direct ground wave soil moisture monitoring over an annual cycle of soil conditions[J]. Water resources research, 2010, 46: 1-16.

[14] ERCOLI M, DI MATTEO L, PAUSELLI C, et al. Integrated GPR and laboratory water content measures of sandy soils: from laboratory to field scale[J]. Construction and building materials, 2018, 159: 734-744.

[15] TURESSON A. Water content and porosity estimated from ground-penetrating radar and resistivity[J]. Journal of applied geophysics, 2006, 58: 99-111.

[16] DU S, RUMMEL P. Reconnaisance studies of moisture in the subsurface with GPR[C]//Proceedings of the Fifth International Conference on Ground Penetrating Radar, June 12-16, Kitchener, Canada. [S. l.: s. n.], 1994: 1241-1248.

[17] FERRARA C, BARONE P M, STEELMAN C M, et al. Monitoring shallow soil water content under natural field conditions using the early-time GPR signal technique[J]. Vadose zone journal, 2013, 12(4): 1-9.

[18] DI MATTEO A, PETTINELLI E, SLOB E. Early-time GPR signal attributes to estimate soil dielectric permittivity: a theoretical study[J]. IEEE transactions on geoscience and remote sensing, 2013, 51: 1643-1654.

[19] 乔新涛，曹毅，毕如田.基于 AEA 法的黄土高原矿区复垦农田土壤含水量特征研究[J].土壤通报，2019，50(1)：63-69.

[20] 崔凡，陈柏平，吴志远，等.基于探地雷达功率谱和雷达波振幅包络估算砂壤含水量[J].农业工程学报，2018，34(7)：121-127.

[21] 吴志远，杜文凤，聂俊丽，等.基于探地雷达早期信号振幅包络值的黏性土壤含水量探测[J].农业工程学报，2019，35(22)：115-121.

[22] COMITE D, GALLI A, LAURO S E, et al. Analysis of GPR early-time

signal features for the evaluation of soil permittivity through numerical and experimental surveys[J]. IEEE journal of selected topics in applied earth observations and remote sensing,2016,9(1):178-187.

[23] 刘四新,蔡佳琪,傅磊,等.利用探地雷达精确探测铁路路基含水量[J].地球物理学进展,2017,32(2):878-884.

[24] 郭秀军,王淼,张刚,等.未饱和砂土含水量 GPR 反射波法检测研究[J].中国海洋大学学报(自然科学版),2010,40(11):141-145.

[25] 马福建,雷少刚,杨赛,等.土壤含水量与探地雷达信号属性的关系研究[J].土壤通报,2014,45(4):809-815.

[26] LUNT I A,HUBBARD S S,RUBIN Y.Soil moisture content estimation using ground-penetrating radar reflection data[J].Journal of hydrology,2005,307(1/2/3/4):254-269.

[27] ALLRED B,FREELAND R,GROTE K,et al.Ground-penetrating radar water content mapping of golf course green sand layers[J].Journal of environmental and engineering geophysics,2016,21(4):215-229.

[28] 崔凡.基于地质雷达的土地整理质量检测关键技术研究[D].北京:中国矿业大学(北京),2012.

[29] GALAGEDARA L W,PARKIN G W,REDMAN J D,et al.Assessment of soil moisture content measured by borehole GPR and TDR under transient irrigation and drainage [J]. Journal of environmental and engineering geophysics,2003,8(2):77-86.

[30] 王春辉,刘四新,仝传雪.探地雷达测量土壤水含量的进展[J].吉林大学学报(地球科学版),2006,36(增刊1):119-125.

[31] 杨峰,张全升,王鹏越,等.公路路基地质雷达探测技术研究[M].北京:人民交通出版社,2009.

[32] 彭苏萍,杜文凤,崔小琴,等.地质雷达探测项目报告[R].[出版地不详:出版者不详],2012.

[33] NIE J L,YANG F,PENG SP,et al.Geological radar detection algorithm research of water content in the shallow surface layers and its application [J].Disaster advances,2013,6(S3):44-53.

[34] LIU X B,CHEN J,CUI X H,et al.Measurement of soil water content using ground-penetrating radar: a review of current methods [J].

International journal of digital Earth,2019,12:95-118.

[35] BENEDETTO A.Water content evaluation in unsaturated soil using GPR signal analysis in the frequency domain[J].Journal of applied geophysics,2010,71:26-35.

[36] BITTELLI M.Measuring soil water content: a review[J]. HortTechnology,2011,21(3):293-300.

[37] BENEDETTO F,TOSTI F.GPR spectral analysis for clay content evaluation by the frequency shift method[J]. Journal of applied geophysics, 2013, 97: 89-96.

[38] 程琦,叶回春,董祥林,等.采用探地雷达频谱分析的复垦土壤含水量反演[J].农业工程学报,2021,37(6):108-116.

[39] PANZNER B,JÖSTINGMEIER A,ABBAS O.Estimation of soil electromagnetic parameters using frequency domain techniques[C]//Proceedings of the 13th International Conference on Ground Penetrating Radar,June 21-25,2010,Lecce,Italy.[S.l.]:IEEE,2010:1-5.

[40] 刘杰.基于探地雷达属性预测路基含水量的模型实验研究[J].铁道科学与工程学报,2018,15(9):2240-2245.

[41] TRAN A P,BOGAERT P,WIAUX F,et al.High-resolution space-time quantification of soil moisture along a hillslope using joint analysis of ground penetrating radar and frequency domain reflectometry data[J]. Journal of hydrology,2015,523:252-261.

[42] MINET J,WAHYUDI A,BOGAERT P,et al.Mapping shallow soil moisture profiles at the field scale using full-waveform inversion of ground penetrating radar data[J].Geoderma,2011,161(3/4):225-237.

[43] MINET J,BOGAERT P,VANCLOOSTER M,et al.Validation of ground penetrating radar full-waveform inversion for field scale soil moisture mapping[J].Journal of hydrology,2012,424:112-123.

[44] WU K J,RODRIGUEZ G A,ZAJC M,et al.A new drone-borne GPR for soil moisture mapping[J].Remote sensing of environment,2019,235:1-9.

[45] TOSTI F,PATRIARCA C,SLOB E,et al.Clay content evaluation in soils through GPR signal processing[J].Journal of applied geophysics,2013,97:69-80.

[46] GALAGEDARA L W, REDMAN J D, PARKIN G W, et al. Numerical modeling of GPR to determine the direct ground wave sampling depth[J]. Vadose zone journal, 2005, 4: 1096-1106.

[47] GROTE K, CRIST T, NICKEL C. Experimental estimation of the GPR groundwave sampling depth[J]. Water resources research, 2010, 46: 1-13.

[48] WOODWARD J, ASHWORTH P J, BEST J L, et al. The use and application of GPR in sandy fluvial environments: methodological considerations [J]. Geological society, London, special publications, 2003, 211(1): 127-142.

[49] CASSIDY N J, RUSSELL A J, MARREN P M, et al. GPR derived architecture of November 1996 jökulhlaup deposits, Skeiðarársandur, Iceland[J]. Geological society, London, special publications, 2003, 211: 153-166.

[50] HEINZ J, AIGNER T. Three-dimensional GPR analysis of various Quaternary gravel-bed braided river deposits (southwestern Germany) [J]. Geological society, London, special publication, 2003, 211: 99-110.

[51] BAKKER M A J, VAN DER MEER J J M. Structure of a Pleistocene push moraine revealed by GPR: the eastern Veluwe Ridge, the Netherlands[J]. Geological society, London, special publication, 2003, 211: 143-151.

[52] JAKOBSEN P R, OVERGAARD T. Georadar facies and glaciotectonic structures in ice marginal deposits, northwest Zealand, Denmark [J]. Quaternary science reviews, 2002, 21: 917-927.

[53] LONNE I, NEMEC W, BLIKRA L H, et al. Sedimentary architecture and dynamic stratigraphy of a marine ice-contact system [J]. Journal of sedimentary research, 2001, 71: 922-943.

[54] OVERGAARD T, JAKOBSEN P R. Mapping of glaciotectonic deformation in an ice marginal environment with ground penetrating radar [J]. Journal of applied geophysics, 2001, 47(3/4): 191-197.

[55] BANO M, MARQUIS G, NIVIÈRE B, et al. Investigating alluvial and tectonic features with ground-penetrating radar and analyzing diffractions patterns[J]. Journal of applied geophysics, 2000, 43: 33-41.

[56] BUYNEVICH I V, FITZGERALD D M. High-resolution subsurface (GPR) imaging and sedimentology of coastal ponds, Maine, U. S. A.: implications for Holocene back-barrier evolution[J]. Journal of sedimentary research, 2003, 73:

559-571.

[57] MÄKINEN J,RÄSÄNEN M.Early Holocene regressive spit-platform and nearshore sedimentation on a glaciofluvial complex during the Yoldia Sea and the Ancylus Lake phases of the Baltic Basin, SW Finland[J]. Sedimentary geology,2003,158:25-56.

[58] BOTHA G A, BRISTOW C S, PORAT N, et al. Evidence for dune reactivation from GPR profiles on the Maputaland coastal plain, South Africa[J]. Geological society, London, special publications, 2003, 211: 29-46.

[59] VAN DAM R L,SCHLAGER W,DEKKERS M J,et al.Iron oxides as a cause of GPR reflections[J].Geophysics,2002,67:536-545.

[60] VAN DAM R L,VAN DEN BERG E H,VAN HETEREN S,et al.Influence of organic matter in soils on radar-wave reflection: sedimentological implications [J].Journal of sedimentary research,2002,72:341-352.

[61] VAN DAM R L, VAN DEN BERG E H, SCHAAP M G, et al. Radar reflections from sedimentary structures in the vadose zone[J].Geological society,London,special publications,2003,211:257-273.

[62] VAN DAM R L, SCHLAGER W. Identifying causes of ground-penetrating radar reflections using time-domain reflectometry and sedimentological analyses [J].Sedimentology,2000,47:435-449.

[63] VAN DAM R L. Internal structure and development of an aeolian river dune in the Netherlands, using 3-D interpretation of ground-penetrating radar data[J].Netherlands journal of geosciences,2002,81:27-37.

[64] PELPOLA C P,HICKIN E J.Long-term bed load transport rate based on aerial-photo and ground penetrating radar surveys of fan-delta growth, Coast Mountains,British Columbia[J].Geomorphology,2004,57:169-181.

[65] ROBERTS M C,NILLER H P,HELMSTETTER N.Sedimentary architecture and radar facies of a fan delta, Cypress Creek, West Vancouver, British Columbia[J]. Geological society, London, special publications, 2003, 211: 111-126.

[66] NITSCHE F O,GREEN A G,HORSTMEYER H,et al.Late Quaternary depositional history of the Reuss delta, Switzerland: constraints from

high-resolution seismic reflection and georadar surveys[J]. Journal of quaternary science,2002,17(2):131-143.

[67] SANDBERG S K, SLATER L D, VERSTEEG R. An integrated geophysical investigation of the hydrogeology of an anisotropic unconfined aquifer[J]. Journal of hydrology,2002,267:227-243.

[68] BERES M,GREEN A G,PUGIN A.Diapiric origin of the Chessel-Noville Hills of the Rhone Valley interpreted from georadar mapping[J]. Environmental & engineering geoscience,2000,6(2):141-153.

[69] ÉKES C,FRIELE P.Sedimentary architecture and post-glacial evolution of Cheekye fan, southwestern British Columbia, Canada[J]. Geological society,London,special publications,2003,211:87-98.

[70] FRIELE P A,EKES C,HICKIN E J.Evolution of Cheekye fan,Squamish, British Columbia: Holocene sedimentation and implications for hazard assessment[J]. Canadian journal of earth sciences, 1999, 36(12): 2023-2031.

[71] MILLS H H, SPEECE M A. Ground-penetrating radar exploration of alluvial fans in the southern Blue Ridge Province, North Carolina[J]. Environmental & engineering geoscience,1997,Ⅲ(4):487-499.

[72] CARREÓN-FREYRE D,CERCA M,HERNANDEZMARIN M.Correlation of near-surface stratigraphy and physical properties of clayey sediments from Chalco Basin, Mexico, using ground penetrating radar[J].Journal of applied geophysics,2003,53:121-136.

[73] PIPAN M,BARADELLO L,FORTE E,et al.Ground penetrating radar study of the Cheko Lake area, Siberia[C]//Proceedings of the Eighth International Conference on Ground Penetrating Radar,May 23-26,2000, Goldcoast,Australia.[S.l.:s.n.],2000:329-334.

[74] GRANT J A, BROOKS M J, TAYLOR B E. New constraints on the evolution of Carolina Bays from ground-penetrating radar [J]. Geomorphology,1998,22:325-345.

[75] HOLDEN J,BURT T P, VILAS M. Application of ground-penetrating radar to the identification of subsurface piping in blanket peat[J].Earth surface processes and landforms,2002,27:235-249.

[76] SLATER L D, REEVE A. Investigating peatland stratigraphy and hydrogeology using integrated electrical geophysics[J]. Geophysics, 2002, 67(2): 365-378.

[77] POOLE G C, NAIMAN R J, PASTOR J, et al. Uses and limitations of ground penetrating RADAR in two riparian systems[M]//GIBERT J, MATHZEU J, FOURNIER F. Groundwater/surface water ecotones. Cambridge: Cambridge University Press, 1997: 140-148.

[78] DEGENHARDT Jr J J. Subsurface investigation of a rock glacier using ground-penetrating radar: implications for locating stored water on Mars [J]. Journal of geophysical research, 2003, 108(E4): 1-17.

[79] LEOPOLD M, VÖLKEL J. GPR images of periglacial slope deposits beneath peat bogs in the Central European Highlands, Germany[J]. Geological society, London, special publications, 2003, 211: 181-189.

[80] DEGENHARDT J J, Jr GIARDINO J R, JUNCK M B. GPR survey of a lobate rock glacier in Yankee Boy Basin, Colorado, USA[J]. Geological society, London, special publications, 2003, 211: 167-179.

[81] PEDLEY H M, HILL I, DENTON P, et al. Three-dimensional modelling of a Holocene tufa system in the Lathkill Valley, north Derbyshire, using ground-penetrating radar[J]. Sedimentology, 2000, 47: 721-737.

[82] ORLANDO L. Semiquantitative evaluation of massive rock quality using ground penetrating radar[J]. Journal of applied geophysics, 2003, 52(1): 1-9.

[83] XIA J H, FRANSEEN E K, MILLER R D, et al. Improving ground-penetrating radar data in sedimentary rocks using deterministic deconvolution[J]. Journal of applied geophysics, 2003, 54: 15-33.

[84] CAGNOLI B, ULRYCH T J. Singular value decomposition and wavy reflections in ground-penetrating radar images of base surge deposits[J]. Journal of applied geophysics, 2001, 48(3): 175-182.

[85] ANDERSON K B, SPOTILA J A, HOLE J A. Application of geomorphic analysis and ground-penetrating radar to characterization of paleoseismic sites in dynamic alluvial environments: an example from southern California[J]. Tectonophysics, 2003, 368: 25-32.

[86] GREEN A, GROSS R, HOLLIGER K, et al. Results of 3-D georadar surveying

and trenching the San Andreas Fault near its northern landward limit[J]. Tectonophysics,2003,368:7-23.

[87] ADRIAN N.Ground-penetrating radar and its use in sedimentology:principles, problems and progress[J].Earth-science reviews,2004,66:261-330.

[88] LEJZEROWICZ A,KOWALCZYK S,WYSOCKA A.Sedimentary architecture and ground penetrating radar (GPR) analysis of sandy-gravel esker deposits in Kozlow,Central Poland[C]//Proceedings of the 14th International Conference on Ground Penetrating Radar, June 4-8, 2012, Shanghai, China.[S.l.]: IEEE, 2012:670-675.

[89] BEST J L, ASHWORTH P J, BRISTOW C S, et al. Three-dimensional sedimentary architecture of a large, mid-channel sand braid bar, Jamuna River, Bangladesh[J]. Journal of sedimentary research, 2003, 73(4): 516-530.

[90] WOODWARD J,ASHWORTH P J,BEST J L,et al.The use and application of GPR in sandy fluvial environments: methodological considerations [J]. Geological society,London,special publications,2003,211:127-142.

[91] CORBEANU R M, SOEGAARD K, SZERBIAK R B, et al. Detailed internal architecture of a fluvial channel sandstone determined from outcrop,cores,and 3-D ground-penetrating radar: example from the Middle Cretaceous ferron sandstone,east-central Utah[J].AAPG Bulletin,2001,85:1583-1608.

[92] HAMMON Ⅲ W S,ZENG X X,CORBEANU R M,et al.Estimation of the spatial distribution of fluid permeability from surface and tomographic GPR data and core, with a 2-D example from the ferron sandstone,Utah[J].Geophysics,2002,67(5):1505-1515.

[93] HORNUNG J, AIGNER T. Reservoir architecture in a terminal alluvial plain:an outcrop analogue study (upper Triassic,southern Germany) part 1: sedimentology and petrophysics[J]. Journal of petroleum geology, 2002,25(1):3-30.

[94] BRISTOW C S, BEST J L, ASHWORTH P J. Use of GPR in developing a facies model for a large sandy braided river, Brahmaputra River, Bangladesh [C]//Proceedings of the Eighth International Conference on Ground Penetrating Radar, May 23-26, 2000, Goldcoast, Australia.[S.l.: s.n.], 2000,

4084:95-100.

[95] PEDERSEN K,CLEMMENSEN L B.Unveiling past aeolian landscapes:a ground-penetrating radar survey of a Holocene coastal dunefield system,Thy,Denmark[J].Sedimentary geology,2005,177:57-86.

[96] SAMBUELLI L,SILVIA B.Case study:a GPR survey on a morainic lake in northern Italy for bathymetry, water volume and sediment characterization[J].Journal of applied geophysics,2012,81:48-56.

[97] GERBER R,SALAT C,JUNGE A,et al.GPR-based detection of Pleistocene periglacial slope deposits at a shallow-depth test site[J].Geoderma,2007,139:346-356.

[98] REJIBA F,BOBÉE C,MAUGIS P.GPR imaging of a sand dune aquifer:a case study in the niayes ecoregion of Tanma, Senegal[J]. Journal of applied geophysics,2012,81:16-20.

[99] SOLDOVIERI F, PRISCO G, HAMRAN S E. A preparatory study on subsurface exploration on Mars using GPR and microwave tomography [J].Planetary and space science,2009,57:1076-1084.

[100] ARANHA P R A,AUGUSTIN C H R R,SOBREIRA F G.The use of GPR for characterizing underground weathered profiles in the sub-humid tropics[J].Journal of applied geophysics,2002,49:195-210.

[101] 白旸.巴丹吉林沙漠高大沙山的内部结构及形成过程研究[D].兰州:兰州大学,2011.

[102] 殷勇,朱大奎,唐文武,等.博鳌地区沙坝-潟湖沉积及探地雷达的应用[J].地理学报,2002,57(3):301-309.

[103] 唐文武,朱大奎,葛晨东,等.探地雷达(GPR)在海岸环境勘测中的应用[J].海洋地质与第四纪地质,2001,21(2):99-105.

[104] 赵艳玲,王金,贡晓光,等.基于探地雷达的复垦土壤层次无损探测研究[J].科技导报,2009,27(17):35-37.

[105] 彭亮,徐清,朱忠礼,等.应用低频微波波段 GPR 测量土壤结构[J].北京师范大学学报(自然科学版),2007,43(3):324-329.

[106] 胡振琪,陈宝政,陈星彤.应用探地雷达检测复垦土壤的分层结构[J].中国矿业,2005,14(3):73-75.

[107] 吴丰收.混凝土探测中探地雷达方法技术应用研究[D].长春:吉林大

学,2009.

[108] FRANKO K M, KATHERINE R G. Estimation of near-surface soil density using electrical and electromagnetic geophysical techniques[J]. Advances in unsaturated zone geophysics & process understanding, 2013,45:533.

[109] KRISTOFF M,MOHR A,BENDA A,et al.Monitoring shallow infiltration in sandy soil using GPR groundwave techniques [EB/OL]. [2023-10-18]. https://minds.wisconsin.edu/handle/1793/55340.

[110] SALAT C,JUNGE A.Dielectric permittivity of fine-grained fractions of soil samples from eastern Spain at 200 MHz[J].Geophysics,2010,75: J1-J9.

[111] FERRARA C. Ground penetrating radar early-time technique for soil electromagnetic parameters estimation [D]. Bologna: University of Bologna,2014.

[112] 陈后金,薛健,胡健.数字信号处理[M].北京:高等教育出版社,2004.

[113] 陈海英.AR 模型功率谱估计常用算法的性能比较[J].漳州师范学院学报(自然科学版),2009,22(1):48-52.

[114] 闫庆华,程兆刚,段云龙.AR 模型功率谱估计及 MATLAB 实现[J].计算机与数字工程,2010,38(4):154-156.

[115] 姚文俊.自相关法和 Burg 法在 AR 模型功率谱估计中的仿真研究[J].计算机与数字工程,2007,35(10):32-34.

[116] 张柏林,杨承志,吴宏超.基于 AR 模型的 Yule-Walker 法和 Burg 法功率谱估计性能分析[J].计算机与数字工程,2016,44(5):813-817.

[117] 刘明晓,王旭光.基于 MATLAB 实现的 AR 模型功率谱估计[J].电子设计工程,2017,25(17):129-132.

[118] 张敏.基于功率谱的高速公路出口换道危险行为识别[D].西安:长安大学,2020.

[119] 王志刚.自回归模型的定阶方法选择及弱信号探测[D].武汉:武汉理工大学,2020.

[120] 朱茂桃,刘建,王国林.路面不平度重构的 AR 模型阶数确定方法研究[J].公路交通科技,2010,27(7):25-28,51.

[121] 王庆蒙.基于奇异谱分析和人工神经网络模型的癫痫发作预测研究[D].

天津:河北工业大学,2007.

[122] 上官子昌,李守巨,赵家臻.基于进化神经网络的岩土边坡稳定性预测方法[J].哈尔滨工程大学学报,2006,27(增刊):92-96.

[123] 张寒,刘卫东,潘志敏,等.基于自适应概率神经网络的变压器健康状态评估[J].高压电器,2022,58(2):103-110.

[124] 艾青林,林小贝,徐巧宁.基于全连接神经网络与传递率函数相结合的钢结构损伤检测方法[J].高技术通讯,2021,31(8):824-835.

[125] 张蓓,李松涛,钟燕辉,等.基于 BP-PSO 联合算法的沥青混合料空隙率反演计算[J].大连理工大学学报,2020,60(1):75-82.

[126] ZADOR A M. A critique of pure learning and what artificial neural networks can learn from animal brains[J]. Nature communications, 2019,10:3770.

[127] VEZA I,AFZAL A,MUJTABA M A,et al.Review of artificial neural networks for gasoline, diesel and homogeneous charge compression ignition engine[J].Alexandria engineering journal,2022,61:8363-8391.

[128] 李光辉,王哲旭,徐汇,等.基于探地雷达和深度学习的果树根径预测方法[J].农业机械学报,2022,53(11):306-313,348.

[129] 李沁璘.人工神经网络综述[J].科学与信息化,2021(7):181-182.

[130] 杨光照.基于探地雷达的煤岩界面识别技术研究[D].徐州:中国矿业大学,2019.

[131] 方方,关惠元,卢章平,等.扬州漆木柜典型度预测方法[J].林业工程学报,2021,6(2):191-197.

[132] 王陈甜,张宁,刘禹佳.基于局部特征的卷积神经网络车灯识别[J].长春理工大学学报(自然科学版),2022,45(1):16-23.

[133] 陈水满,赵辉龙,许震,等.基于人工神经网络模型的福建南平市滑坡危险性评价[J].中国地质灾害与防治学报,2022,33(2):133-140.

[134] OLHOEFT G R.Electrical properties of rocks[M]//TOULOUKIAN Y S,JUDD W R,ROY R F.Physical properties of rocks and minerals.New York:McGraw-Hill,1981:257-330.

[135] REYNOLDS J M.An introduction to applied and environmental geophysics[M].2nd ed.[S.l.:s.n.],1997.

[136] COLLINSON J D, THOMPSON D B. Sedimentary structures[M].

[S.l.:s.n.],1982.

[137] CLEMMENSEN L B,PYE K,MURRAY A,et al.Sedimentology,stratigraphy and landscape evolution of a Holocene coastal dune system,Lodbjerg,NW Jutland,Denmark[J].Sedimentology,2008,48:3-27.

[138] NEAL A,DACKOMBE R V,ROBERTS C L.Applications of ground-penetrating radar (GPR) to the study of coarse clastic (shingle) coastal structures[J].Geological society, London,special publications, 2001, 175:139-171.

[139] SZERBIAK R B,MCMECHAN G A,CORBEANU R,et al.3-D characterization of a clastic reservoir analog:from 3-D GPR data to a 3-D fluid permeability model[J].Geophysics,2001,66:1026-1037.

[140] SHERIFF R E.Limitations on resolution of seismic reflections and geologic detail derivable from them[M]//PAYTON C E.Seismic stratigraphy:applications to hydrocarbon exploration.[S.l.:s.n.],1977:3-14,16.

[141] ENGHETA N,PAPAS C H,ELACHI C.Radiation patterns of interfacial dipole antennas[J].Radio science,1982,17:1557-1566.

[142] LEHMANN F,GREEN A G.Topographic migration of georadar data:implications for acquisition and processing[J].Geophysics,2000,65:836-848.

[143] HEINZ J.Sedimentary geology of glacial and periglacial gravel bodies (SW-Germany):dynamic stratigraphy and aquifer-sedimentology[D].Tübingen:University of Tübingen,2001.

[144] 杨峰,彭苏萍.地质雷达探测原理与方法研究[M].北京:科学出版社,2010.

[145] HARRY M J.探地雷达理论与应用[M].雷文太,童孝忠,周旸,等译.北京:电子工业出版社,2011.

[146] 煤炭科学研究院北京开采研究所.煤矿地表移动与覆岩破坏规律及其应用[M].北京:煤炭工业出版社,1981.

[147] 中国矿业学院,阜新矿业学院,焦作矿业学院.煤矿岩层与地表移动[M].北京:煤炭工业出版社,1981.

[148] 张欣,王健,刘彩云.采煤塌陷对土壤水分损失影响及其机理研究[J].安徽

农业科学,2009,37(11):5058-5062.

[149] 张建民,李全生,胡振琪,等.西部风积砂区超大综采工作面开采生态修复研究[J].煤炭科学技术,2013,41(9):173-177.